学ぶ人は、変えてゆく人だ。

目の前にある問題はもちろん、

人生の問いや、

社会の課題を自ら見つけ、

挑み続けるために、人は学ぶ。

「学び」で、

少しずつ世界は変えてゆける。

いつでも、どこでも、誰でも、

学ぶことができる世の中へ。

旺文社

JN047343

大学受験
Do
Start

図やイラストがカラーで見やすい

島村・宇都の

ゼロから
劇的にわかる 物理
熱・電磁気・原子の授業

島村誠・宇都史訓 共著

旺文社

「ゼロから」「劇的に」というタイトルにひかれてこの本を手に取った皆さん。これから物理の勉強を始めようとしていたり，もう学校で習っているけどなかなかついていけなかったり…，という状況ではないでしょうか？物理がものすごく得意だ！という人はあまりいないかもしれません。

この本は，はじめて物理を勉強する人や物理が苦手な人に向けて，「無理なく基本知識を身につけられる」，「苦手意識をなくして物理に向きあえる」ようにつくりました。物理は，物体の運動や状態を数式で表していく科目です。でも，はじめのうちはそこが嫌ですよね。そこで，ひたすら数式を並べるのではなく，文章による説明や，できるかぎり図をつけて，どんな現象を考えているのかイメージできるようにしました。

また，物理は知識を1つずつ積み上げていく科目でもあります。例えば，速度や加速度がどういうものかわかっていないと，等加速度直線運動の公式は使えません。物体にはたらく力にはどんなものがあるか知らないと，運動方程式は立てられません。ただ，いろんなことをまとめて身につけようとすると逆に効率が悪くなってしまうので，1つずつ順に，確実に知識を身につけられるように，各講をStepで区切りました。少し時間がかかっても，順にこなしていけばしっかりステップアップできるはずです。練習問題もついているので，知識が身についたかチェックできるようになっています。問題は，まずは自分でしっかりと考えてくださいね！

ものすごく当たり前のことを言うと，「やればできる」ようになります。でも，それは「やらないとできない」ということです。物理を勉強していくと決めたなら，まずやってみましょう，とにかくやってみましょう！

これから物理を勉強していく皆さんの手助けになれば何よりです。
さあ，頑張っていきましょう！

島村　誠
宇都史訓

本書の構成と使い方

　本書は，大人気予備校講師が，これから物理の入試対策をはじめる人，物理に苦手意識をもっている人，もっと物理が好きになりたい人のために書いた，高校物理のノウハウをすべて注ぎ込んだ渾身の一冊です。

　高校物理は，教科書(物理基礎・物理)の全範囲を5分野(「力学」，「熱」，「波動」,「電磁気」，「原子」)に分けて学習します。本書では，その中の「熱」，「電磁気」，「原子」について詳しく学びます。

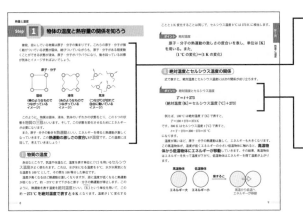

❶
超基礎からていねいに解説しているので，教科書なしでも無理なく学習できます。また，図やイラストにも解説を書き込み，現象をイメージしながら学習できるので，理解しやすくなっています。

❷
ポイントは，入試に絶対必要な重要事項と理解するべきところだけ，わかりやすくまとめました。

❸
本文の流れに沿って，間違えやすい点や注意点などを，先生の一言コメントでおさえることができます。

❹
学んだ内容を確認しながら，練習問題を解くことで，知識の定着と確認ができます。

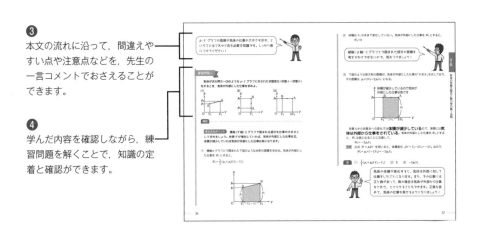

目次

電磁気編

5

原子編

著　者　紹　介

島村 誠（しまむら・まこと）
河合塾講師。物理を苦手とする生徒を中心に受け持ち，生徒がつまずきやすいポイントを熟知している。「ていねいに基本事項を積み重ねることで，入試問題を解く力が身につく！」ことを実感させる授業を展開し，授業終了後も生徒本人が納得できるまで，とことん付きあっている。著書に，『物理（物理基礎・物理）入門問題精講』（共著，旺文社）などがある。

宇都 史訓（うと・ふみのり）
河合塾講師。「物理は基本から1つ1つちゃんと勉強していけば誰でも得意科目にできる！」という方針のもと，ポイントを明確に指摘したわかりやすい授業を展開する。高1生から高卒生まで幅広い生徒を受け持ち，映像授業も担当している。著書に，『物理（物理基礎・物理）基礎問題精講』（共著，旺文社），『物理（物理基礎・物理）入門問題精講』（同）がある。『全国大学入試問題正解 物理』（旺文社）の解答執筆者。

STAFF　装丁デザイン：内津 剛（及川真咲デザイン事務所）
　　　　紙面デザイン：大貫としみ（株式会社 ME TIME）
　　　　先生イラスト：早川乃梨子
　　　　編集協力　　：吉田幸恵
　　　　企画・編集　　：梛原文彦

第 **1** 講

熱編

熱量と温度

この講で学習すること

1 物体の温度と熱容量の関係を知ろう

2 比熱の使い方を知ろう

3 熱量の保存の式を立てよう

4 物質の状態変化と熱量の関係を知ろう

Step 1 物体の温度と熱容量の関係を知ろう

　普段，目にしている物質は原子・分子の集まりです。これらの原子・分子が強く結びついている状態が固体，結びついていながらも，原子・分子がある程度動くことができる状態が液体，原子・分子がバラバラになり，飛び回っている状態が気体とイメージすればよいでしょう。

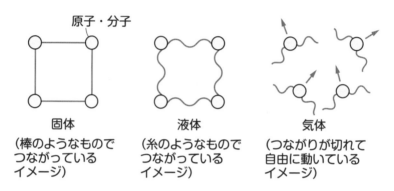

原子・分子

固体	液体	気体
（棒のようなもので つながっている イメージ）	（糸のようなもので つながっている イメージ）	（つながりが切れて 自由に動いている イメージ）

　このように，物質は固体，液体，気体のいずれかの状態をとり，この3つの状態を**物質の三態**といいます。そして，この状態を変化させるためにエネルギーが必要になります。

　また，原子・分子の動きを**熱運動**といい，エネルギーを得ると熱運動が激しくなっていきます。この**熱運動の激しさの度合い**が温度です。この温度に注目して，考えていきましょう！

Ⅰ 物質の温度

　身近なところで，気温や体温など，温度を表す単位に〔℃〕を用いる**セルシウス温度**がよく使われます。これは，水が氷になる温度を0℃，水が水蒸気になる温度を100℃として，その間を100等分した単位です。

　温度が高くなるほど熱運動は激しくなりますが，逆に温度が低くなると熱運動が弱くなって，約 −273℃ まで下がると原子・分子の熱運動が停止します。このように，熱運動を表す温度を**絶対温度**といい，〔K〕という単位を用いて，この**約 −273℃ を絶対温度で表すと 0 K** となります。温度が1℃変化する

ことと 1 K 変化することは同じで，セルシウス温度 0 ℃ は 273 K に相当します。

ポイント 絶対温度

原子・分子の熱運動の激しさの度合いを表し，単位は〔**K**〕を用いる。また，
$$(1 \, ℃ \, の変化)＝(1 \, K \, の変化)$$

Ⅱ 絶対温度とセルシウス温度の関係

式で表すと，絶対温度とセルシウス温度には次の関係が成り立ちます。

ポイント 絶対温度とセルシウス温度

$$T＝t＋273$$
$$(絶対温度 〔K〕＝セルシウス温度 〔℃〕＋273)$$

例えば，100 ℃ は絶対温度 T 〔K〕で表すと，
$$T＝100＋273＝373 \, K$$
です。300 K はセルシウス温度 t 〔℃〕で表すと，
$$t＝T－273＝300－273＝27 \, ℃$$
になります。

温度が高いほど，原子・分子の熱運動は激しく，エネルギーも大きくなります。この高温物体が，温度が低くエネルギーの小さい低温物体に触れると，**高温物体から低温物体にエネルギーが移動**していきます。その結果，高温物体はエネルギーを失って温度が下がり，低温物体はエネルギーを得て温度が上がります。

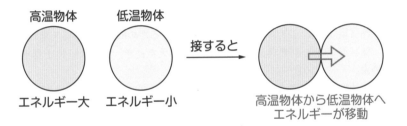

このとき移動したエネルギーを**熱量**といい，単位は仕事や力学的エネルギーなどでも用いる〔J〕です。物体は熱量のやりとりで温度が変化します。

Ⅲ 熱容量

ある物体全体の温度を 1 K（1 ℃）上げるのに必要な熱量（エネルギー）を，熱容量といいます。 熱容量の単位には〔J/K〕を用います。「/K ジュール毎ケルビン（毎ケルビン）」の部分が「1 K あたり」を示していますね。

例えば，熱容量が 50 J/K の物体であれば，温度を 1 K 上げるのに 50 J の熱量が，温度を 2 K 上げるには 100 J の熱量が必要になります。もちろん，物体から熱量を奪えば，その分温度が下がることになります。

この熱量と温度の関係を一般的な表現にすると，次の式で表されます。

> **ポイント** 熱量
>
> 熱容量 C の物体の温度を $\varDelta T$ 変化させるために必要な熱量 Q は，
>
> $$Q = C\varDelta T$$

デルタ「$\varDelta$」は変化量を表します。物理ではよく使う記号なのでこの機会に慣れておきましょう！

練習問題①

次の問いに答えよ。

(1) 熱容量 30 J/K の物体の温度を，20 ℃ 上げるために必要な熱量を求めよ。

(2) 熱容量 50 J/K の物体に 400 J の熱量を与えたとき，温度は何 K 上昇するか求めよ。

(3) 物体に 500 J の熱量を与えたところ，温度が 40 ℃ 上昇した。物体の熱容量を求めよ。

考え方のポイント $Q=C\Delta T$ の関係式を用いて求めましょう。温度の変化については，単位は ℃ と K のどちらを用いても値は同じなので，K にそろえるといいでしょう。

(1) 求める熱量を Q [J] として，熱容量 $C=30$ J/K，温度変化（上昇）$\Delta T=20$ K なので，$Q=C\Delta T$ より，

$$Q=30\times20=600 \text{ J}$$

(2) 上昇する温度を ΔT [K] として，熱容量 $C=50$ J/K，物体が得た熱量 $Q=400$ J なので，$Q=C\Delta T$ より，

$$400=50\times\Delta T \qquad \text{これより，} \qquad \Delta T=\frac{400}{50}=8 \text{ K}$$

(3) 物体の熱容量を C [J/K] として，物体が得た熱量 $Q=500$ J，温度変化（上昇）$\Delta T=40$ K なので，$Q=C\Delta T$ より，

$$500=C\times40 \qquad \text{これより，} \qquad C=\frac{500}{40}=12.5\fallingdotseq13 \text{ J/K}$$

答 (1) 600 J (2) 8 K (3) 13 J/K

Ⅳ 熱容量と温度変化

熱容量が何を示す値なのか，もう少し考えてみましょう。

もし，物体がやりとりする熱量 Q が一定であれば，熱容量 C と温度変化 ΔT は

$$C\Delta T=\text{一定}$$

となり反比例の関係になります。すると，熱容量 C が大きいほど温度変化 ΔT は小さく，温度が変わりにくいということになります。つまり，**熱容量は温度の変わりにくさ**を示しています。

ポイント 熱容量と温度変化

熱容量は温度の変わりにくさを示す

熱容量が大きい ⇒ 温度が変化しにくい

熱容量が小さい ⇒ 温度が変化しやすい

熱容量の「容量」は，器などの中に入れることができる量を示しますが，次のようなイメージをもつとわかりやすいです。

　物体には熱量を入れることができるマスのような箱があり，この箱が「熱量で満杯になると温度が1K上がる」ものと考えます。逆に，この箱から熱量をすべて取り出して空にすると，温度が1K下がるとします。

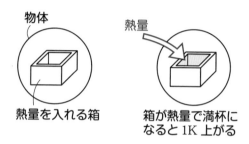

　この容量が大きいと，箱はなかなか満杯にならないので，温度が上がりにくいですね。ただ，一度満杯になったら，すぐ箱を空にすることもできないので，温度が下がりにくいことになり，温度が変わりにくいといえます。逆に，容量が小さいと，箱はすぐ満杯になって，すぐ空になります。これは温度が変わりやすいということですね。

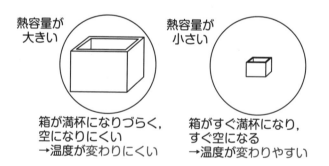

あくまでもイメージの話なので，実際に熱量を入れる箱があるわけではないですが，「容量」という単語をうまくとらえたいですね！

Step 2　比熱の使い方を知ろう

　熱容量は物体「全体」の温度を変えるための熱量ですが，材質によって温度が変わりやすかったり，変わりにくかったりすることは，普段の生活でも感じることがあるでしょう。例えば，熱いラーメンの汁をすするのに，粘土を焼いた陶器のレンゲや，木製のスプーンがよく使われますが，もしこれが鉄のスプーンだったら，どうなるでしょうか？機会があったら自宅で試してもらえばわかりますが，スプーン自体が熱くなってしまい，口に運びづらくなるはずです。

　このように，物質によって温まり具合が異なります。Step 1 Ⅳ で熱量を入れる「箱（マス）」が登場しましたが，今回は物質固有の箱の大きさに注目してみましょう！

Ⅰ 比熱

　「材質による」温度変化の違いを考えるとき，質量がバラバラだと比較できません。大きな物体は温度が変化しにくいだろうし，小さな物体は温度が変化しやすそうです。そこで，単位質量（1 g）あたりで考えることにして，**物質 1 g の物体を 1 K 上昇させるために必要な熱量**を比熱（比熱容量）といい，これで材質による違いを比べることができます。比熱の単位は $[J/(g \cdot K)]$ です。これは熱容量を質量で割っているので，

$$[J/K] \div [g] = \left[\frac{J}{K} \div g\right] = \left[\frac{J}{g \cdot K}\right] = [J/(g \cdot K)]$$

からわかります。

　この比熱は，**単位質量あたりの熱容量**ととらえることができて，比熱と熱容量の関係は次の式で表せます。

ポイント 比熱

　熱容量 C，質量 m の物体の比熱 c は，

$$c = \frac{C}{m}$$

13

物理では質量の単位は基本的に〔kg〕が用いられますが，比熱はミクロな視点から〔g〕で考えることが多いです。要するに〔kg〕だと大きすぎて，$\times 10^{-3}$ の計算がやたら出てきて，わずらわしいんですね。原子核の質量も〔kg〕では大きすぎて，扱いづらいのと似た感じです！

Ⅱ 熱容量と比熱の関係

比熱の関係式を変形すると，熱容量 C については，

$C = mc$

となりますね。すると，熱量と比熱の関係は次の式で表せます。

ポイント 熱量と比熱の関係

質量 m，比熱 c の物体の温度を $\varDelta T$ 変化させるために必要な熱量 Q は，

$$Q = mc\varDelta T$$

練習問題②

次の問いに答えよ。
(1) 熱容量 40 J/K，質量 100 g の物体の比熱を求めよ。
(2) 比熱 0.40 J/(g·K)，質量 50 g の物体の温度を 10℃ 上げるために必要な熱量を求めよ。
(3) 質量 200 g の物体に 300 J の熱量を与えたところ，温度が 6.0℃ 上昇した。この物体の比熱を求めよ。

解説

考え方のポイント 比熱と熱容量には $c = \dfrac{C}{m}$ の関係がありますね。熱量や温度変化も関わってきたら，$Q = mc\varDelta T$ の関係を用いて式をつくりましょう。

(1) 求める比熱を c_1 〔J/(g·K)〕として，$c=\dfrac{C}{m}$ より，

$$c_1=\frac{40}{100}=0.40 \text{ J/(g·K)}$$

(2) 求める熱量を Q 〔J〕として，$Q=mc\varDelta T$ より，

$$Q=50\times0.40\times10=2.0\times10^2 \text{ J}$$

(3) 求める比熱を c_2 〔J/(g·K)〕として，$Q=mc\varDelta T$ より，

$$300=200\times c_2\times6.0 \qquad \text{これより，} \qquad c_2=\frac{300}{200\times6.0}=0.25 \text{ J/(g·K)}$$

答 (1) 0.40 J/(g·K)　　(2) 2.0×10² J　　(3) 0.25 J/(g·K)

Step 3 熱量の保存の式を立てよう

　熱容量や比熱の使い方を身につけたら，次は 2 物体間の熱量のやりとりを考えていきましょう。

Ⅰ 熱量の保存

　Step 1 で，**高温物体から低温物体に向かってエネルギーが移動する**，という話をしました。温度差のある 2 物体を，十分に長い時間接したままにしておくと，**最終的には 2 物体は同じ温度**になります。この状態を**熱平衡**といいます。

　この状態になるまで，高温物体は熱量を失って温度が下がり，低温物体は熱量を得て温度が上がります。2 物体間だけで熱のやりとりがあったとすると，**高温物体が失った熱量は，そのまま低温物体が得た熱量**になっています。この熱量 (エネルギー) のやりとりを，**熱量の保存**といいます。

> 少し詳しいことをいえば，「熱」とは，このような温度差のある 2 物体間でのエネルギーの移動のかたちを示す言葉です！

ポイント　熱量の保存

　温度差のある 2 物体が接しているとき，
　　　(高温物体が失った熱量)＝(低温物体が得た熱量)

　「物体が失った熱量」も，基本的な計算の仕方は得た熱量の場合と変わりません。違うのは，温度変化については減少した値を用いるところです。次の 例 に取り組んでみましょう。

例 熱容量 30 J/K，温度 70℃ の物体Aと，Aよりも低温で熱容量 20 J/K の物体Bを接触させて，十分に時間が経過したとき，2物体とも温度が 50℃ になったとします。はじめのBの温度 T_B〔℃〕を求めてみましょう。

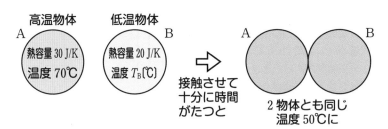

高温物体　低温物体

A
熱容量 30 J/K
温度 70℃

B
熱容量 20 J/K
温度 T_B〔℃〕

⇒ 接触させて十分に時間がたつと

A　B
2物体とも同じ温度 50℃に

熱平衡に至るまでに，物体Aの温度は 70℃ から 50℃ に下がったので，熱量を失ったことになります。温度変化は，減少した値を ΔT として，

$$\Delta T = 70 - 50 = 20℃$$

です。よって，失った熱量を Q_A〔J〕とすると，$Q = C\Delta T$ より，

$$Q_A = 30 \times 20 = 600 \text{ J} \quad \cdots\cdots①$$

ですね。この失った熱量 600 J は，すべて物体Bが得たことになります。温度変化

$$\Delta T = 50 - T_B \text{〔℃〕}$$

だけ温度が上がっているので，得た熱量を Q_B〔J〕とすると，

$$Q_B = 20 \times (50 - T_B) \text{〔J〕}$$

ここで，熱量の保存から $Q_A = Q_B$ が成り立つので，

$$600 = 20 \times (50 - T_B) \quad \cdots\cdots② \qquad これより，\qquad T_B = 20℃$$

が求められます。

このように，はじめのBの温度を求めることができました。少し詳しく書いたので式①と式②が分かれていますが，慣れてきたらまとめて，

$$30 \times (70 - 50) = 20 \times (50 - T_B)$$

(高温物体Aが失った熱量)＝(低温物体Bが得た熱量)

という式を，一気に立てられるようにしましょう。

どちらの物体が高温で熱を失うのか，低温で熱を得るのか，しっかり見分けましょう！

　熱容量 40 J/K の容器に水 100 g を
入れ，十分に時間がたつと水と容器全
体の温度が 20 ℃ になった。この水に，
質量 50 g，温度 80 ℃ の銅球を入れて
十分に時間がたったとき，水と容器，
銅球をあわせた全体の温度は何 ℃ に
なっているか求めよ。ただし，水の比

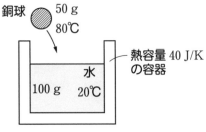

銅球 50 g 80℃

熱容量 40 J/K
の容器

水
100 g　20℃

熱は 4.2 J/(g·K)，銅の比熱は 0.40 J/(g·K) とし，熱のやりとりは水，容器，銅球
の間でのみあるものとする。

解説

考え方のポイント　まずは，高温物体と低温物体にあたるものはそれぞれ何
か，きちんと分けましょう。この問題では高温物体は銅球，低温物体は水と容器
です。水と容器ははじめ同じ温度になっているので，温度変化は等しくな
ります。そして，求めたいもの（今回は最終的な温度）を t [℃] とおき，
　　　（高温物体が失った熱量）＝（低温物体が得た熱量）
という，熱量の保存の式を立てます。

　銅球を入れて十分に時間がたったときの全体の温度を
t [℃] とする。
　銅球の熱容量を C_1 [J/K] とすると，$C=mc$ より，
　　　$C_1=50×0.40=20$ J/K
また，温度変化は減少した値を ΔT_1 [℃] とすると，
　　　$\Delta T_1=80-t$ [℃]
よって，銅球が失った熱量を Q_1 [J] とすると，$Q=C\Delta T$ より，
　　　$Q_1=20×(80-t)$ [J]
　一方，水と容器の熱容量の和を C_2 [J/K] とすると，
　　　$C_2=100×4.2+40=460$ J/K
また，上昇した温度変化の値を ΔT_2 [℃] とすると，$\Delta T_2=t-20$ [℃]
よって，水と容器が得た熱量を Q_2 [J] とすると，$Q_2=460×(t-20)$ [J]
ここで，熱量の保存より，$Q_1=Q_2$ なので，
　　　$20×(80-t)=460×(t-20)$　　これより，　$t=22.5≒23$ ℃

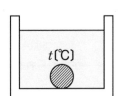

t[℃]

答　23℃

Step **4** 物質の状態変化と熱量の関係を知ろう

身近な物質である氷 (固体) は，0°C を上回れば水 (液体) に，100°C を上回れば水蒸気 (気体) になります。Step 1 でもあったように，固体・液体・気体では原子・分子のつながり方の強さが違うので，状態を変えるためにはこのつながりを変えるための熱量 (エネルギー) が必要になります。今回はこの状態変化に必要な熱量について見ていきましょう。

I 潜熱

物質が固体から液体，液体から気体へ状態が変化する間，加えられた熱量は原子・分子のつながりの強さを変えるために使われており，温度を変えるためには使われていません。そのため，熱量を加えてもその間の**温度は一定に保たれたままです。**

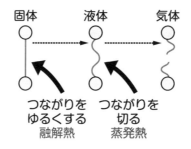

固体を液体にするために必要な熱量は融解熱，液体を気体にするために必要な熱量は蒸発熱といい，このような**物質の状態を変えるための熱量**を潜熱といいます。

> 熱量を加えると物体の温度が上がるはずですが，状態変化しているときは温度が上がらず，温度計の値が変わりません。温度変化に表れないので，隠れている (潜んでいる) 熱，つまり潜熱とよばれます！

物質の状態変化に必要な熱量
　　固体 → 液体：融解熱
　　液体 → 気体：蒸発熱

例 冷凍庫でよく冷やした容器に氷を入れて，ヒーターで熱量を加える場合の
熱のやりとりを考えてみましょう。はじめ，氷と容器は −15℃ とします。
　氷は 0℃ にならないと水に変化しないので，はじめのうちは加えている
熱量はすべて，氷と容器全体の**温度を上げるために**使われます。

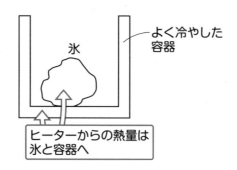

　そして，氷と容器がともに 0℃ になると，加えている熱量はすべて，**氷
を水にするために**使われるようになります。「0℃ の氷が 0℃ の水に
なる」ので**温度変化はありません**。

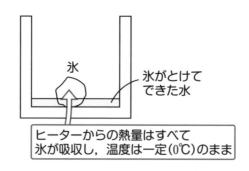

やがて，氷がすべて水になると，加えている熱量は再び温度を上げるために使われるので，水と容器が熱量を吸収します。

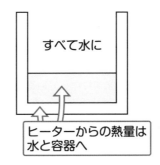

すべて水に

ヒーターからの熱量は
水と容器へ

物質の状態変化をともなう場合には，熱量がどの物体に対して加えられて，どのように使われているかを考えましょう！

練習問題④

熱容量 100 J/K の容器に 100 g の氷を入れて，氷と容器全体の温度が −15℃ の状態になった。この瞬間にヒーターの電源を ON にし，毎秒 200 J（200 W）の熱量を加えたところ，全体の温度の変化は下図のようになった。氷の比熱を 2.0 J/(g·K)，水の比熱を 4.2 J/(g·K) として，以下の問いに答えよ。

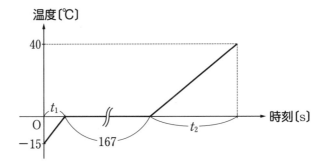

(1) 時間 t_1 [s] を求めよ。

(2) 氷の融解熱（0 °C の氷 1 g を 0 °C の水 1 g に変えるために必要な熱量）[J/g] を求めよ。

(3) 時間 t_2 [s] を求めよ。

解説

考え方のポイント 氷が **0 °C** になるまでは，「氷と容器」が得た熱量で式を立てますが，温度が **0 °C** のままになっている間の熱量はすべて「氷」の状態変化に使われます。**0 °C** から再び温度が上がった後は，「水と容器」が得た熱量について式を立てましょう。

(1) 氷 100 g の熱容量は 100×2.0 J/K なので，氷と容器全体の熱容量は，

$$100 \times 2.0 + 100 = 300 \text{ J/K}$$

であり，温度が $-15 °C$ から $0 °C$ まで上昇するときに吸収する熱量は，$Q = C \Delta T$ より，

$$300 \times 15 \text{ J}$$

になる。ヒーターから吸収する熱量は $200 \times t_1$ [J] と表せるので，

$$200 \times t_1 = 300 \times 15 \qquad これより， \qquad t_1 = 22.5 \fallingdotseq 23 \text{ s}$$

(2) 求める氷の融解熱を L [J/g] とすると，氷 100 g がすべて融解するために必要な熱量は，

$$100 \times L \text{ [J]}$$

である。ヒーターから吸収する熱量 200×167 [J] はすべて氷が水になるために使われるので，

$$200 \times 167 = 100 \times L \qquad これより， \qquad L = 334 \fallingdotseq 3.3 \times 10^2 \text{ J/g}$$

(3) 水 100 g の熱容量は 100×4.2 J/K なので，水と容器全体の熱容量は，

$$100 \times 4.2 + 100 = 520 \text{ J/K}$$

であり，温度が $0 °C$ から $40 °C$ まで上昇するときに吸収する熱量は，

$$520 \times 40 \text{ J}$$

になる。ヒーターから吸収する熱量は $200 \times t_2$ [J] と表せるので，

$$200 \times t_2 = 520 \times 40 \qquad これより， \qquad t_2 = 104 \fallingdotseq 1.0 \times 10^2 \text{ s}$$

答 (1) 23 s (2) 3.3×10^2 J/g (3) 1.0×10^2 s

第 **2** 講

気体の状態方程式と熱力学の第1法則

この講で学習すること

1 気体で成り立つ関係式を覚えよう

2 気体の内部エネルギーを表せるようになろう

3 気体がする仕事を表せるようになろう

4 熱力学の第1法則を式で表せるようになろう

Step	1	**気体で成り立つ関係式を覚えよう**

気体の状態では，**原子や分子が自由に激しく動き回って**います。身の
まわりにある空気は窒素や酸素がほとんどですが，窒素や酸素は原子 2 個が 1 つ
のかたまりとなっていて，このようなかたまりを**二原子分子**といいます。一方，
アルゴンやヘリウムのように，**原子 1 個**で動き回っているものもあり，こ
れを**単原子分子**といいます。

気体分子はものすごく小さいですが，ちゃんと質量はありますし，大きさもあ
ります。すると，分子どうしで引きあう力（分子間引力といいます）や，互いにぶ
つかりあったりするはずですが，このような**分子間ではたらく力や分子の
大きさが無視できるような気体**を**理想気体**といいます（無視できない気
体は実在気体といいます）。高校物理では，基本的に理想気体を扱いますので，こ
の本の中でも気体は基本的に理想気体のことだと思ってください。

I ボイル・シャルルの法則

気体の圧力，体積，絶対温度の関係について，理想気体で必ず成り立つ
ボイル・シャルルの法則というものがあります。まずはしっかり覚えてし
まいましょう。

ポイント ボイル・シャルルの法則

気体の出入りがなく，一定質量の気体の場合，圧力 p，体積
V，絶対温度 T について，

$$\frac{pV}{T} = 一定$$

の関係が成り立つ。T は絶対温度なので単位は $[\mathrm{K}]$ に注意！

一定質量の気体の状態が変化するとき，$\frac{pV}{T}$ のかたちにすると異なる状態でも
同じ値をとるということなのですが，具体的な使い方を見てみましょう。

例 圧力 p_1 [Pa]，体積 V_1 [m³]，温度 T_1 [K] の気体があります。気体の出入り
のない，風船に封じ込められているようなイメージで，気体分子の個数は変
わらない（一定質量）として，この気体が圧力 p_2 [Pa]，体積 V_2 [m³]，温度
T_2 [K] に変化したとします。

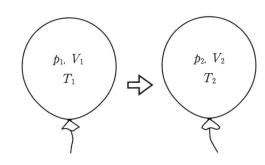

このとき，ボイル・シャルルの法則より，

$$\frac{p_1 V_1}{T_1} = \frac{p_2 V_2}{T_2}$$

という関係式を立てることができます。

このとき，もし**温度が変わらない**（$T_1 = T_2$）とすると，

$$\frac{p_1 V_1}{T_1} = \frac{p_2 V_2}{T_1} \qquad これより，\qquad p_1 V_1 = p_2 V_2$$

となって，$pV =$ 一定 という**ボイルの法則**を示す式になります。

> ポイント ▶ ボイルの法則
>
> 気体の出入りがなく，一定質量で温度が変わらないとき，
> 気体の圧力 p，体積 V について，
> $$pV = 一定$$

また，**圧力が変わらない**（$p_1 = p_2$）とすると，

$$\frac{p_1 V_1}{T_1} = \frac{p_1 V_2}{T_2} \qquad これより，\qquad \frac{V_1}{T_1} = \frac{V_2}{T_2}$$

となって，$\dfrac{V}{T} =$ 一定 という**シャルルの法則**を示す式になります。

気体の出入りがなく，一定質量で圧力が変わらないとき，
気体の体積 V，絶対温度 T について，

$$\frac{V}{T}=\text{一定}$$

それでは，実際にこれらの法則を使ってみましょう。

練習問題①

気体の出入りがないものとして，次の問いに答えよ。

(1) はじめ，圧力 p_1，体積 V_1，絶対温度 T_1 の気体が，圧力 p_2，絶対温度 T_2 に変化したときの体積を求めよ。

(2) はじめ，圧力 p，体積 V，絶対温度 T の気体が，圧力 $2p$，体積 $2V$ に変化したときの絶対温度を求めよ。

(3) はじめ，圧力 p [Pa]，体積 V [m³]，セルシウス温度 t [℃] の気体が，圧力が変わらないまま体積 $3V$ [m³] に変化したときのセルシウス温度を求めよ。

解説

(1) 変化後の体積を V_2 として，ボイル・シャルルの法則より，

$$\frac{p_1 V_1}{T_1}=\frac{p_2 V_2}{T_2} \quad \text{これより，} \quad V_2=\frac{p_1 T_2}{p_2 T_1}V_1$$

(2) 変化後の絶対温度を T' として，ボイル・シャルルの法則より，

$$\frac{pV}{T}=\frac{2p \times 2V}{T'} \quad \text{これより，} \quad T'=4T$$

(3) セルシウス温度 t [℃] は絶対温度では $t+273$ [K] と表される。また，変化後のセルシウス温度を t' [℃] とすると，絶対温度は $t'+273$ [K] であるから，ボイル・シャルルの法則より，

$$\frac{pV}{t+273}=\frac{p \times 3V}{t'+273}$$

$$t'+273=3(t+273)$$

これより，$t'=3t+546$ [℃]

答 (1) $\dfrac{p_1 T_2}{p_2 T_1}V_1$ (2) $4T$ (3) $3t+546$ [℃]

Ⅱ 理想気体の状態方程式

　ボイル・シャルルの法則は，気体の変化前と変化後の関係を示した式ですが，変化の前後ではなくて，気体の圧力や体積などについて，「そのときに成り立つ」関係式もあります。それが**理想気体の状態方程式**です。

　理想気体の状態方程式では，気体の圧力，体積，絶対温度のほか，**物質量**も用います。物質量は**気体分子の個数**を表したものですが，普段考えている気体の分子の個数は10個や100個，1億個というレベルではなく，あまりにも膨大な数です。そこで，約$6.02×10^{23}$**個を1つのかたまり**として考えることにして，この$6.02×10^{23}$個を**1 mol**で表し，この1 molあたりの粒子の数$6.02×10^{23}$/molを**アボガドロ定数**といいます。例えば，$12.04×10^{23}$個なら

$$\frac{12.04×10^{23}}{6.02×10^{23}/\text{mol}}=2\,\text{mol}$$

3 molなら

$$3\,\text{mol}×6.02×10^{23}/\text{mol}=18.06×10^{23}\ \text{個}$$

と表せます。

> もうあまり使わないかもしれませんが，鉛筆だと12本セットで1ダースといいますね。24本なら2ダース，3ダースなら36本，これと同じ感覚です！

　この物質量も用いて，理想気体の状態方程式は次のようになります。

ポイント　理想気体の状態方程式

　圧力 p，体積 V，絶対温度 T，物質量 n の理想気体において，

$$pV=nRT \quad （R：気体定数）$$

　気体定数Rについては，**気体の圧力**p**と体積**V，**絶対温度**T**を結びつける定数**ととらえておきましょう。

　理想気体の状態方程式は，気体で必ず成り立ちます。例えば，圧力 p_1 [Pa]，体積 V_1 [m³]，絶対温度 T_1 [K]，物質量 n_1 [mol] の気体なら，状態方程

式は,

$$p_1 V_1 = n_1 R T_1$$

になります。また, 圧力 $2p$ [Pa], 体積 $3V$ [m³], 絶対温度 $4T$ [K], 物質量 1 mol の気体なら, 状態方程式は,

$$2p \times 3V = 1 \times R \times 4T$$

になります。

では, この状態方程式を気体の変化で用いてみましょう。

 はじめ, 圧力 p_1 [Pa], 体積 V_1 [m³], 温度 T_1 [K], 物質量 n [mol] の気体が, 物質量は変わらず, 一定質量のまま圧力 p_2 [Pa], 体積 V_2 [m³], 温度 T_2 [K] に変化したとします。この変化の前後で, 関係式を立ててみましょう。

変化の前後で状態方程式は,

変化前：$p_1 V_1 = n R T_1$

変化後：$p_2 V_2 = n R T_2$

です。ここで, n と R は共通の値なので, それぞれ $\dfrac{p_1 V_1}{T_1} = nR$,

$\dfrac{p_2 V_2}{T_2} = nR$ としてみると,

$$\frac{p_1 V_1}{T_1} = \frac{p_2 V_2}{T_2} \ (= nR)$$

となりますが, これはボイル・シャルルの法則と同じですね。

　きちんと**状態方程式を立てることで, ボイル・シャルルの法則も表すことができます**。この理想気体の状態方程式は, 気体で必ず成り立つ式の基本としてしっかり身につけてください！

> 物質量が変化しないならボイル・シャルルの法則でパッと式をつくりましょう。もし, 物質量が変化するようなら, 状態方程式を立ててから考えます！

Step 2　気体の内部エネルギーを表せるようになろう

I　気体の内部エネルギー

　気体の分子はとても小さいですが，ちゃんと質量があり，さらに激しく飛びまわっているので，それぞれが**運動エネルギー**をもっています。理想気体では，この**気体分子の運動エネルギーの総和**が気体の**内部エネルギー**となります。

　特に，単原子分子の理想気体の場合には，物質量 n [mol]，絶対温度 T [K] のとき，内部エネルギー U [J] は，$U = \dfrac{3}{2}nRT$ と表せます。詳しくは第 5 講で説明します。また，状態方程式 $pV = nRT$ を利用すると，気体の圧力 p [Pa] と体積 V [m³] を用いて，$U = \dfrac{3}{2}pV$ とも表せます。なお，単原子分子でないときは，式が少し変わりますので，この後の第 4 講で紹介します。

> **ポイント**　単原子分子理想気体の内部エネルギー
>
> 　気体分子の運動エネルギーの総和が内部エネルギー U に等しく，物質量 n，絶対温度 T，圧力 p，体積 V のとき，
>
> $$U = \frac{3}{2}nRT = \frac{3}{2}pV \quad (R：気体定数)$$

> **練習問題②**
>
> 　単原子分子理想気体が次の問(1)〜(3)の状態にあるときの，それぞれの内部エネルギーを求めよ。ただし，気体定数を R [J/(mol・K)] とする。
> (1)　物質量 $3n$，絶対温度 $2T$ のとき。
> (2)　圧力 $4p$，体積 $\dfrac{1}{3}V$ のとき。
> (3)　物質量 2.0 mol，気体定数 $R = 8.3$ J/(mol・K)，セルシウス温度 27 ℃ のとき。

考え方のポイント $U=\dfrac{3}{2}nRT$ か $U=\dfrac{3}{2}pV$ のどちらかのかたちになります。与えられた文字や数値で決めましょう。

(1) 求める内部エネルギーを U_1 とすると，

$$U_1=\dfrac{3}{2}\times 3n\times R\times 2T=9nRT$$

(2) 求める内部エネルギーを U_2 とすると，

$$U_2=\dfrac{3}{2}\times 4p\times \dfrac{1}{3}V=2pV$$

(3) 絶対温度は $27+273=300\,\mathrm{K}$ であることに注意して，求める内部エネルギーを U_3〔J〕とすると，

$$U_3=\dfrac{3}{2}\times 2.0\times 8.3\times 300=7470\fallingdotseq 7.5\times 10^3\,\mathrm{J}$$

答 (1) $9nRT$ (2) $2pV$ (3) $7.5\times 10^3\,\mathrm{J}$

　単原子分子理想気体の内部エネルギーは，圧力 p や体積 V を用いて $U=\dfrac{3}{2}pV$ と表せますが，基本は $U=\dfrac{3}{2}nRT$ のかたちです。これは**物質量 n が一定のもとでは，内部エネルギーが気体の絶対温度 T のみで決まる**，ということで，**内部エネルギーは温度のみの関数である**ことが重要です。気体の圧力や体積がそれぞれ変化したとしても，**温度が変わらなければ内部エネルギーも変わらない**，ということはしっかり覚えておきましょう！

Step 3 気体がする仕事を表せるようになろう

気体が膨らむと，まわりのものを「押して動かす」ことができます。これは気体が仕事をしたということになります。この Step 3 では気体の仕事について学びましょう。

I 気体の圧力

気体がシリンダー内をなめらかに動くピストンで閉じ込められている状況を考えます。気体は外に広がろうとして，シリンダーやピストンを外側に向かって押しています。

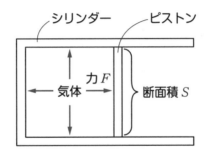

この気体が押す力について，**単位面積あたり（1 m² あたり）にはたらく力**が気体の**圧力**になります。上の図のように，気体が面積 S [m²] のピストンの面を大きさ F [N] の力で押していれば，気体の圧力 p は，$p = \dfrac{F}{S}$ [N/m²] になります。これまで圧力の単位を [Pa] としていましたが，**[Pa]＝[N/m²]** のことです。

また，圧力 p を使うと，ピストンの面を押す力の大きさ F は $F = pS$ [N] になります。

31

気体が単位面積 $(1\,\mathrm{m}^2)$ を押す力を気体の圧力といい，その大きさ p は面積 S の面に大きさ F の力がはたらいているとき，

$$p = \dfrac{F}{S}$$

Ⅱ 体積変化にともなう気体の仕事

気体を閉じ込めているシリンダーの壁は動きませんが，ピストンはなめらかに動くことができるとします。気体が膨張して圧力 p [Pa] のまま，断面積 S [m²] のピストンを l [m] だけ動かしたとすると，気体はピストンに大きさ pS [N] の力を加えて動かしたことになるので，ピストンや外部 (外の大気) に対して**仕事をした**ことになります。仕事は，力学で学んだように，

(一定の力)×(力の向きの移動距離)

でしたので，**気体が外部にした仕事**を W [J] とすると，

$\qquad W = pS \times l$

と表すことができます。

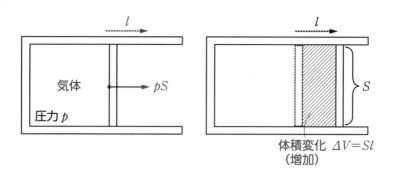

体積変化 $\varDelta V = Sl$
（増加）

上の W の式について，ほんの少し書き方を変えてみると，$W = p \times Sl$ とも書けます。この Sl は気体がピストンを押して広がった体積，つまり**体積の変化分** $\varDelta V$ [m³] と考えることができます。よって，気体がした仕事 W は次ページのように書けます。

ポイント 気体が外部にした仕事 W

一定の圧力 p で気体の体積が ΔV 変化したとき，

$$W = p\Delta V$$

気体が体積を増加させると，気体は外部に正の仕事をしたことになります。逆に，ピストンが押し込まれることで，体積が減少することもあります。この場合は，**気体が外部から仕事をされた，**あるいは**気体が外部に負の仕事をした，**と表現します。

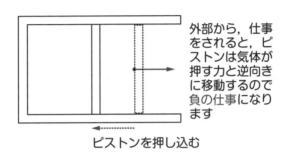

外部から，仕事をされると，ピストンは気体が押す力と逆向きに移動するので負の仕事になります

ピストンを押し込む

この気体の仕事について，次のような関係になります。

ポイント 気体の仕事の関係

（気体が外部にした仕事）＝－（気体が外部からされた仕事）

「した仕事」と「された仕事」は同じ大きさで正と負が逆になる，ということですね！

次の問(1)〜(3)の気体の状態変化で，気体が外部にした仕事を求めよ。ただし，シリンダー内のピストンはなめらかに移動できるものとする。

(1) 気体の圧力が p_1 で一定のまま，体積が V_1 から V_2 $(>V_1)$ に変化したとき。

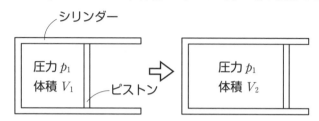

(2) 気体の圧力が p_2 で一定のまま，断面積 S のピストンがシリンダーの底面から長さ l_1 の位置から l_2 $(>l_1)$ の位置まで移動したとき。

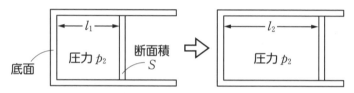

(3) ピストンが外部から押し込まれて，W の仕事をされたとき。

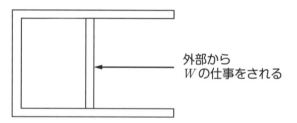

外部から
W の仕事をされる

解説

考え方のポイント　$W=p\varDelta V$ のかたちを使えるように，まず体積変化 $\varDelta V$ を求めましょう。

(3)では，「気体が外部からされた仕事」と「気体が外部にした仕事」は，大きさが同じで正負が逆になることを思い出しましょう。

(1) 気体の体積変化 $\varDelta V$ は，$\varDelta V = V_2 - V_1$ なので，気体が外部にした仕事を W_1 とすると，

$$W_1 = p_1 \times (V_2 - V_1) = p_1(V_2 - V_1)$$

(2) 気体の体積変化 ΔV は，

$$\Delta V = Sl_2 - Sl_1 = S(l_2 - l_1)$$

なので，気体が外部にした仕事を W_2 とすると，

$$W_2 = p_2 \times S(l_2 - l_1) = p_2 S(l_2 - l_1)$$

(3) 気体が外部からされた仕事が W なので，気体が外部にした仕事を W_3 とすると，

$$W_3 = -W$$

答 (1) $p_1(V_2 - V_1)$ (2) $p_2 S(l_2 - l_1)$ (3) $-W$

Ⅲ p–V グラフの読み取り方

気体が外部にした仕事を，下の左図のように**縦軸に圧力 p，横軸に体積 V をとった p–V グラフ**で見てみましょう。圧力 p_1 で一定のまま，状態Aから状態Bへ，体積が V_1 から V_2 へ変化すると，気体が外部にした仕事 W は，$W = p_1(V_2 - V_1)$ と表せます。これは，**横軸とグラフとで囲まれた長方形（斜線部分）の面積**になっています。

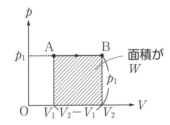
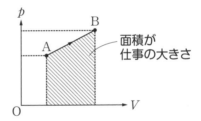

p–V **グラフの面積**が，**気体が外部にした仕事の大きさを示す**ということは，グラフがどのようなかたちになっていても変わりません。上の右図の斜線部分の台形面積も，気体が状態Aから状態Bまで変化するときの，気体が外部にした仕事を示します。逆に，状態Bから状態Aに変化したとき，体積が減少しているので，気体は外部から仕事をされたことになり，気体が外部にした仕事は負になります。ただ，仕事の大きさは斜線部分の面積なので同じです。

ポイント p–V グラフ

・縦軸に圧力 p，横軸に体積 V をとったグラフ
・横軸とグラフとで囲まれた部分の面積は気体のした仕事の大きさを示す

p-V グラフの面積が気体のした仕事の大きさを示す，ということはこれから先も必要な知識です。しっかり身につけてください！

気体が次の問(1)〜(3)のような p-V グラフに示された状態変化（状態A→状態B）をするとき，気体が外部にした仕事を求めよ。

(1)
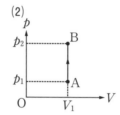

(2)

(3)
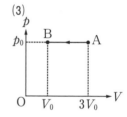

解説

考え方のポイント 横軸（V 軸）とグラフで囲まれる部分を仕事の大きさとして求めましょう。体積 V が増加していれば，気体が外部にした仕事は正，体積が減少していれば気体が外部にした仕事は負になります。

(1) 横軸とグラフとで囲まれた下図のような台形の面積を求める。気体が外部にした仕事を W_1 とすると，

$$W_1 = \frac{1}{2}(p_1 + p_2)(V_2 - V_1)$$

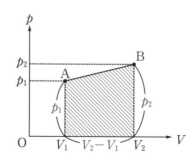

(2) 体積は V_1 のままで変化していない。気体が外部にした仕事を W_2 とすると，

$$W_2 = 0$$

縦軸（p 軸）とグラフとで囲まれた部分の面積を考えるわけではないので，気をつけましょう！

(3) 下図のような長方形の面積が，気体が外部にした仕事の「大きさ」を示しており，その面積は $p_0 \times 2V_0 = 2p_0V_0$ になる。

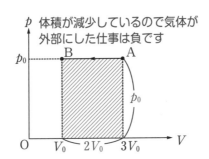

体積が減少しているので気体が外部にした仕事は負です

状態Aから状態Bへの変化では**体積が減少している**ので，実際には**気体は外部から仕事をされている**。気体が外部にした仕事を W_3 とすると，W_3 は負になることに注意して，

$$W_3 = -2p_0V_0$$

別解 公式 $W = p\Delta V$ を用いると，体積変化 $\Delta V = V_0 - 3V_0 = -2V_0$ なので，

$$W_3 = p_0 \times (-2V_0) = -2p_0V_0$$

 答 (1) $\dfrac{1}{2}(p_1 + p_2)(V_2 - V_1)$ (2) 0 (3) $-2p_0V_0$

気体の体積が変化すると，気体は外部に対して仕事をしたことになります。また，その仕事には正と負があって，負の場合は気体が外部から仕事をされた，ととらえることもできます。正負も含めて，気体の仕事を表せるようになりましょう！

Step 4 熱力学の第1法則を式で表せるようになろう

気体の内部エネルギーや仕事を表せるようになったら、次はこれらの関係を式で表せるようになりましょう。

I 熱力学の第1法則

力学分野でエネルギー保存の法則を学びましたが、気体についても同様にエネルギー保存の法則を考えることができて、**気体の内部エネルギー・熱量・仕事の関係を示したもの**が、**熱力学の第1法則**です。

気体の場合、**気体がもつ内部エネルギーは、外部から加える（吸収する）熱量や、外部からされた仕事の分だけ変化**します。

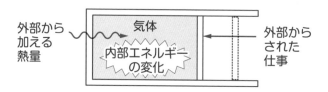

例えば、はじめ気体の内部エネルギーが 100 J だったとして、外部から熱量 30 J を吸収すれば、内部エネルギーは

$$100 + 30 = 130 \text{ J}$$

になります。さらに、外部からピストンが押し込まれて 20 J の仕事をされれば、された仕事の分だけエネルギーは増加するので、内部エネルギーは

$$130 + 20 = 150 \text{ J}$$

に変化します。

また、気体が吸収した熱量を、内部エネルギーの変化と気体が外部にした仕事で表すこともできます。

下の図のように、気体が熱量を吸収すると、気体の温度が上がり、内部エネルギーが変化し、気体が膨張（体積が増加）したとします。

この場合，**気体は吸収した熱量を内部エネルギーの変化と，外部への仕事に使う**ことになります。

例えば，気体が熱量を吸収し，内部エネルギーが 80 J 変化し，膨張して外部に 70 J の仕事をしたとすると，これらの和

　　　80＋70＝150 J

が気体が吸収した熱量になります。

「熱力学の第 1 法則」というと堅苦しく感じるかもしれませんが，とても単純なエネルギーと仕事の関係ですよ！

気体の内部エネルギーの変化に注目して考えてもいいですし，気体が吸収した熱量に注目して考えてもいいので，次のようにまとめておきましょう。

ポイント　**熱力学の第 1 法則**

　気体に関するエネルギー保存の法則

（ⅰ）　内部エネルギーの変化 $\varDelta U$ は，気体が吸収した熱量 Q，外部からされた仕事 W によって起きるので，
　　　　$\varDelta U = Q + W$

（ⅱ）　気体が吸収した熱量 Q は，内部エネルギーの変化 $\varDelta U$ と，気体が外部にした仕事 W' に使われるので，
　　　　$Q = \varDelta U + W'$

　ここで　$W' = -W$　の関係が成り立つ

　気体が圧縮される（体積が小さくなる）ときは(ⅰ)のかたち，気体が膨張する（体積が大きくなる）ときは(ⅱ)のかたちを使う，などと決めておくといいでしょう。

　気体の仕事に正と負があるように，**内部エネルギーの変化も正と負**があります。**温度が上昇すると内部エネルギーは増加し，温度が下降すると内部エネルギーは減少**します。内部エネルギーの変化 $\varDelta U$ は，**増加するなら正，減少するなら負**です。また，熱量についても吸収する場合を取り上げてきましたが，気体が熱量を失う（外部に放出する）こともあります。

気体が吸収する熱量Qは，**放出する場合は負**になります。熱力学の第1法則を使う場合には，正負にも気をつけてください。

次のいくつかの 例 で関係式の立て方を身につけましょう。すべての 例 で，気体はなめらかに動くピストンをもつシリンダー内に入っているものとします。

例 はじめ，内部エネルギーが50 Jの気体に，熱量30 Jを与えて，外部から気体に対して仕事をしたところ，内部エネルギーは100 Jになりました。気体が外部からされた仕事を求めましょう。

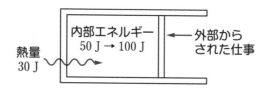

内部エネルギーの変化は $100-50=50$ J，気体が吸収した熱量は30 Jなので，気体が外部からされた仕事を W〔J〕とすると，熱力学の第1法則(i) $\varDelta U = Q + W$ より，

$$W = \varDelta U - Q = 50 - 30 = 20 \text{ J}$$

例 気体に60 Jの熱量を加えたところ，内部エネルギーが40 J増加して，気体は膨張したとします。気体が外部にした仕事を求めましょう。

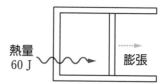

気体が吸収した熱量は60 J，内部エネルギーの変化が40 Jなので，気体が外部にした仕事 W'〔J〕は熱力学の第1法則(ii) $Q = \varDelta U + W'$ より，

$$W' = Q - \varDelta U = 60 - 40 = 20 \text{ J}$$

例 ピストンを固定した状態で気体に熱量80 Jを加えたところ，温度だけが上昇しました。気体の内部エネルギーの変化を求めましょう。

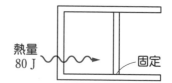

ピストンを固定しているので気体の体積は変わらず，気体が外部にした仕事 W' は0 Jです（気体が外部からされた仕事 W で考えても0 J）。気体が吸収した熱量は80 Jなので，内部エネルギーの変化 $\varDelta U$〔J〕は熱力学の第1法則(ii)の $Q = \varDelta U + W'$ より，

$$\varDelta U = Q - W' = 80 - 0 = 80 \text{ J}$$

（吸収した熱量がすべて内部エネルギーの変化のみに使われていることになります）

 気体を押し込んで，気体に外部から 50 J の仕事をしたところ，気体の温度は変わらなかったとします。気体は熱量を吸収したか，放出したか，また，その熱量の大きさはいくらでしょうか。

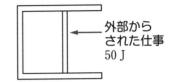

外部から
された仕事
50 J

気体の温度が変わらなかったことから，内部エネルギーの変化 $\varDelta U$ は 0 J です。気体が外部からされた仕事 W が 50 J なので，気体が吸収した熱量 Q 〔J〕は，熱力学の第 1 法則(i)の $\varDelta U = Q + W$ より，

$$Q = \varDelta U - W = 0 - 50 = -50 \text{ J}$$

Q は負の値なので，熱量を放出しており，その熱量の大きさは 50 J となります。

熱力学の第 1 法則で式を立てられるようになりましたか？内部エネルギーや仕事を正しく表すことができれば，とても単純な足し算と引き算をしているだけですね。また，内部エネルギーや仕事を表すために，そのときの気体の温度や圧力，体積が必要になることがありますが，それらは理想気体の状態方程式で結びつけることができます。状態方程式と熱力学の第 1 法則は，気体分野の学習では外せないものですので，しっかりと身につけましょう！

練習問題⑤

n 〔mol〕の単原子分子理想気体をシリンダー内にピストンで封入して，気体を圧力 p〔Pa〕，体積 V〔m³〕の状態 A から，圧力 $2p$〔Pa〕，体積 $3V$〔m³〕の状態 B へ図のように変化させた。気体定数を R〔J/(mol・K)〕として，以下の問いに答えよ。

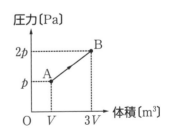

(1) 状態 A における気体の絶対温度〔K〕を求めよ。
(2) 状態 B における気体の絶対温度は，状態 A における絶対温度の何倍か。
(3) 状態 A から状態 B への変化で，気体が外部にした仕事〔J〕を求めよ。
(4) 状態 A から状態 B への変化で，気体の内部エネルギーの変化〔J〕を求めよ。
(5) 状態 A から状態 B への変化で，気体が外部から吸収した熱量〔J〕を求めよ。

考え方のポイント　圧力と体積がわかっているので，理想気体の状態方程式を立てることで温度を求めることができます。また，気体がした仕事は p–V グラフが与えられているので，グラフの面積を利用することができますね。内部エネルギーについては $U=\dfrac{3}{2}pV$ のかたちで表し，熱力学の第1法則を用いることができれば，最後まで解き切ることができます。

(1) 状態Aにおける気体の絶対温度を T_A〔K〕として，理想気体の状態方程式より，

$$pV=nRT_A \qquad これより，\qquad T_A=\frac{pV}{nR}\ 〔K〕$$

(2) 状態Bにおける気体の絶対温度を T_B〔K〕として，ボイル・シャルルの法則より，

$$\frac{pV}{T_A}=\frac{2p\times3V}{T_B} \qquad これより，\qquad T_B=6T_A \qquad よって，6倍$$

(3) 右図の台形の面積が，気体が外部にした仕事 W'〔J〕の大きさを示している。

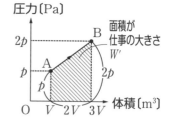

よって，$W'=\dfrac{1}{2}\times(p+2p)\times2V=3pV$〔J〕

(4) 気体の内部エネルギーの変化を $\varDelta U$〔J〕とすると，

$$\varDelta U=\frac{3}{2}\times2p\times3V-\frac{3}{2}pV=\frac{15}{2}pV\ 〔J〕$$

(5) 気体が外部から吸収した熱量を Q〔J〕として，熱力学の第1法則より，

$$Q=\varDelta U+W'=\frac{15}{2}pV+3pV=\frac{21}{2}pV\ 〔J〕$$

答　(1) $\dfrac{pV}{nR}$〔K〕　　(2) 6倍　　(3) $3pV$〔J〕　　(4) $\dfrac{15}{2}pV$〔J〕

(5) $\dfrac{21}{2}pV$〔J〕

気体の状態変化

この講で学習すること

1 さまざまな気体の状態変化の特徴を知ろう

2 熱機関のサイクルから熱効率を求めてみよう

Step 1 さまざまな気体の状態変化の特徴を知ろう

　第2講では，気体を「状態Aから状態Bに変化」させる場合などを考えましたが，気体の状態をさらに変化させていき，最終的にはじめの状態に戻る場合もあります。このような，**気体の状態を変化させていき，もとの状態に戻る一連の流れ**を**熱機関のサイクル**といいます。今回は p-V グラフで示される1サイクルについて，各過程をそれぞれ見ていきましょう。

第1講でも「状態変化」が出てきましたが，物質が固体・液体・気体と状態を変化させることは「相変化」ともいいます。ここでは，気体のまま圧力・体積・温度が変わることを状態変化としています！

I 定積変化・定圧変化・等温変化

例 右の p-V グラフのように，一定の物質量の気体の圧力 p と体積 V を，状態A→状態B→状態C→状態Dと変化させた後，状態Aに戻すとします。それぞれの状態の変化を見ていきましょう。

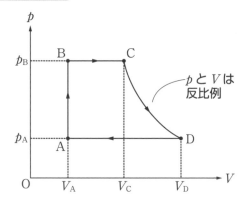

p と V は反比例

　まず，状態A→状態Bの過程は，圧力が $p_A \to p_B$ に変化していますが，体積は V_A のままです。この**体積が変わらない状態変化**を**定積変化**といいます。圧力や温度は変化しますが，**体積は変わらないので，気体が外部にした仕事 W' は 0** になります。

　次に，状態B→状態Cの過程は，圧力が p_B のままで，体積が $V_A \to V_C$ に変化しています。この**圧力が変わらない状態変化**を**定圧変化**といいます。この変化で気体が外部にした仕事 W' は，$W' = p\Delta V$ の公式で求めることができます。

さらに，状態C→状態Dの過程は，p-V グラフでは反比例のかたちになっています。これは，圧力と体積の積（pV）がつねに一定ということですが，理想気体の状態方程式 $pV=nRT$ で考えると，左辺の pV が一定なので右辺の nRT も一定になり，温度 T が一定であることを示しています。つまり，これは**温度が変わらない状態変化**で，**等温変化**といいます。

p-V グラフで，状態C→状態Dのような反比例のグラフは**等温曲線**といいます。等温曲線は p-V グラフ上で右上にあるほど温度 T が高いことを示しています。**気体の内部エネルギーは温度のみの関数である**ことを思い出すと，この等温変化では**内部エネルギーの変化 ΔU は 0** ということになります。

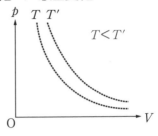

　最後の状態D→状態Aの過程は定圧変化ですね。状態B→状態Cでは気体は外部に仕事をしましたが，状態D→状態Aでは気体は外部から仕事をされています。ここまで取り上げた，定積変化，定圧変化，等温変化の特徴をきちんと覚えておきましょう。

ポイント 気体の状態変化①

・定積変化…体積の変わらない状態変化
　　　　　⇒　気体が外部にした仕事 $W'=0$
・定圧変化…圧力の変わらない状態変化 ⇒ $W'=p\Delta V$
・等温変化…温度の変わらない状態変化
　　　　　⇒　気体の内部エネルギーの変化 $\Delta U=0$

Ⅱ　断熱変化

　もう1つ，代表的な状態変化に，**気体が外部と熱のやりとりをしない**（熱を吸収も放出もしない）**断熱変化**があります。

この断熱変化で気体が膨張する，つまり外部に対して仕事をする場合を考えます。気体は，外部から熱を吸収せずに仕事をしますが，**自分のもつ内部エネルギーを使って（減らして）仕事をする**ということになります。

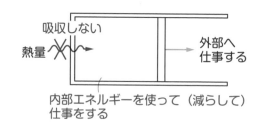

内部エネルギーが減少するので，気体の温度は下がります。温度 T が減少すると，理想気体の状態方程式 $pV = nRT$ より，圧力と体積の積である pV も減少します。等温変化の場合と比べると，**同じ体積変化では断熱変化の方が圧力は小さく**なりま

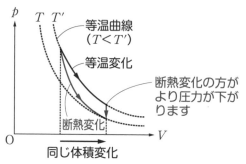

すので，p-V グラフでは等温変化と断熱変化に違いが現れます。

右の図のように断熱変化では温度が下がるので，**等温変化に比べて断熱変化の方がグラフの傾きの大きさが大きく**なります。外部と熱のやりとりをしないので，**断熱変化では気体の温度は変化しています**。

一方，等温変化は気体が体積を変えて仕事をしても温度が変化しないように，外部と熱のやりとりをしていますので，混同しないように気をつけてください。

断熱変化で気体が圧縮される場合は，気体が外部から仕事 W をされており，その仕事を気体がすべて吸収することになります。すると，内部エネルギーが増加して，温度は上がります。

ポイント　気体の状態変化②

・断熱変化…気体が外部と熱のやりとりをしない状態変化

⇒ 体積が増加すると温度が下がる
体積が減少すると温度が上がる

⇒ $\Delta U = -W' = W$

⇒ p-V グラフでは，等温変化に比べてグラフ
の傾きの大きさが大きくなる

Step 2 熱機関のサイクルから熱効率を求めてみよう

　それでは，実際に熱機関のサイクルを表す p–V グラフに示される状態変化を読み取れるようになりましょう。

I 状態変化を読み取る

例 物質量一定の単原子分子理想気体を，右の p–V グラフのように，気体の圧力 p と体積 V を A→B→C→D→A と状態変化させます。状態C→状態Dの変化は等温変化で，この過程で外部から吸収した熱量を Q_0 とします。各過程について気体のした仕事や内部エネルギーの変化，やりとりした熱量を求めてみましょう。

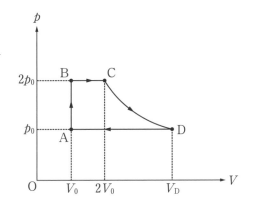

① 状態A→状態B

　グラフより，体積 V_0 の定積変化です。この過程では気体が外部にした仕事を W_1' とすると，

$$W_1'=0$$

となります。また，内部エネルギーの変化を ΔU_1 とすると，単原子分子理想気体の内部エネルギー $U=\dfrac{3}{2}pV$ の式を用いて，

$$\Delta U_1=\underbrace{\frac{3}{2}\times 2p_0\times V_0}_{\text{状態B}}-\underbrace{\frac{3}{2}p_0V_0}_{\text{状態A}}=\frac{3}{2}p_0V_0$$

と表すことができます。よって，この過程で気体が外部から吸収した熱量を Q_1 とすると，熱力学の第1法則 $Q_1=\Delta U_1+W_1'$ を用いて，

$$Q_1=\frac{3}{2}p_0V_0+0 \quad より \quad Q_1=\frac{3}{2}p_0V_0$$

となります。

② 状態B→状態C

圧力 $2p_0$ の定圧変化です。体積変化を ΔV_2 とすると，

$$\Delta V_2 = 2V_0 - V_0 = V_0$$

なので，気体が外部にした仕事を W_2' とすると，

$$W_2' = 2p_0 \times \Delta V_2 = 2p_0 V_0 \qquad \blacktriangleleft 気体が外部にした仕事 \quad W' = p\Delta V$$

です。あるいは，p-V グラフの面積を利用してもよいでしょう。仕事を求めるときに必要なものは**状態B→状態Cの変化を示す直線と横軸**ですので，他の線に惑わされずに下のように面積をとると，$W_2' = 2p_0 V_0$ と求めることができます。

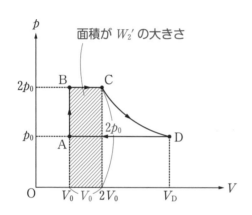

p-V グラフが与えられているなら，仕事の大きさは面積で考えた方がわかりやすいかもしれませんね！

また，内部エネルギーの変化を ΔU_2 とすると，

$$\Delta U_2 = \underbrace{\frac{3}{2} \times 2p_0 \times 2V_0}_{状態C} - \underbrace{\frac{3}{2} \times 2p_0 \times V_0}_{状態B} = 3p_0 V_0$$

となります。よって，気体が外部から吸収した熱量を Q_2 とすると，熱力学の第1法則 $Q_2 = \Delta U_2 + W_2'$ より，

$$Q_2 = 3p_0 V_0 + 2p_0 V_0 = 5p_0 V_0$$

となります。

③ 状態C→状態D

はじめに述べられているように，等温変化です。

状態Dの体積 V_D は，状態Cと状態Dでボイルの法則 $pV =$ 一定 より，

$$2p_0 \times 2V_0 = p_0 \times V_D \qquad よって \qquad V_D = 4V_0$$

ですね。気体が外部にした仕事を W_3' とすると，圧力が変化していくので，$W' = p\Delta V$ のかたちでは求めることができません。次に $p\text{-}V$ グラフの面積の利用ですが，$C \to D$ は曲線になっているので，面積を求めるには数学で学ぶ積分が必要になってしまいます。

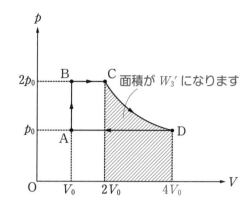

面積が W_3' になります

そこで，熱力学の第 1 法則に頼りましょう。

先に気体の内部エネルギーの変化を ΔU_3 として考えると，**等温変化で温度が変わらないので，内部エネルギーも変わらず，**

$$\Delta U_3 = 0$$

と決まります。この過程で気体が外部から吸収した熱量は Q_0 なので，熱力学の第 1 法則 $Q_3 = \Delta U_3 + W_3'$ を用いて，

$$Q_0 = 0 + W_3' \qquad より \qquad W_3' = Q_0$$

と求めることができます。

気体の仕事を求めるときにも，熱力学の第 1 法則が利用できることを覚えておきましょう！

ポイント 気体のした仕事 W' の求め方

① 定圧変化の場合，$W' = p\Delta V$ の公式を用いる

② $p\text{-}V$ グラフの面積を求める

③ 熱力学の第 1 法則を利用する

④ **状態D→状態A**

圧力 p_0 の定圧変化です。体積変化（増加）を ΔV_4 とすると，

$$\Delta V_4 = \underset{状態A}{V_0} - \underset{状態D}{V_D} = V_0 - 4V_0 = -3V_0$$

ですので，気体が外部にした仕事を W_4' とすると，

$$W_4' = p_0 \Delta V_4 = -3p_0 V_0$$

になります。$W_4' < 0$ であり，実際には体積が減少（$\Delta V_4 < 0$）していることからもわかるように，気体は外部から仕事をされています。外部からされた仕事 W_4 は，

$$W_4 = -W_4' = 3p_0 V_0$$

ですね。これも②状態B→状態Cと同じように，p-V グラフの面積から求めてもよいでしょう。

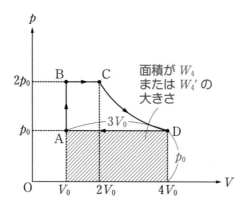

また，気体の内部エネルギーの変化を ΔU_4 とすると，

$$\Delta U_4 = \underbrace{\frac{3}{2} p_0 V_0}_{\text{状態A}} - \underbrace{\frac{3}{2} p_0 \times 4V_0}_{\text{状態D}} = -\frac{9}{2} p_0 V_0$$

となり，実際には内部エネルギーは減少しており，気体の温度は下がっています。

　この温度の関係は p-V グラフを見ればすぐにわかります。Step 1 の断熱変化でも触れたように理想気体の状態方程式 $pV = nRT$ が成り立っているので，**圧力と体積の積 pV は温度 T に比例しています**。つまり，pV が大きいほど温度 T が高くなっているので，**p-V グラフにおいて，右にある（V が大きい）ほど，そして上にある（p が大きい）ほど温度が高い状態になる**と判断できます。状態Aと状態Dを比べると，**Dの方がグラフ上で右にあるので温度が高く**，D→Aの過程は温度が下がる状態変化です。

　そして，気体が外部から吸収した熱量を Q_4 とすると，熱力学の第1法則 $\Delta U_4 = Q_4 + W_4$ より，

$$Q_4 = \Delta U_4 - W_4 = -\frac{9}{2}p_0 V_0 - 3p_0 V_0 = -\frac{15}{2}p_0 V_0$$

です。以上で，もとの状態Aに戻るので，熱機関の1サイクルを見たことになります。

Q_4 が負になっているということは，状態Dから状態Aの変化で気体は実際には熱を放出したということになりますね！

Ⅱ 熱効率

外部から熱を吸収して，それを用いて外部に仕事する装置を熱機関といい，吸収した熱量に対してどれだけ外部に仕事をできたのか，その割合を熱効率といいます。もう少し詳しくいうと，1サイクルで気体が実際に吸収した熱量に対する，外部にした正味の仕事の割合になります。

ポイント 熱効率 e

$$熱効率\ e = \frac{気体が外部にした正味の仕事\ W'}{気体が実際に吸収した熱量\ Q_{in}}$$

前項 Ⅰ 例 のサイクルではどのように熱効率を求めるのか，確認しましょう。

（i） 気体が外部にした正味の仕事 W'

「正味の」という言葉は，「**差し引きした**」ととらえてもらえばいいでしょう。各過程で気体が外部にした仕事は，$W_1{}'$，$W_2{}'$，$W_3{}'$，$W_4{}'$ とありますが，**気体が外部にした仕事を正として扱うので，気体が外部から仕事をされた場合には負**とします。各過程の仕事を，きちんと正負の符号を含めて足しあわせていくと，1サイクルで気体が外部にした正味の仕事 W' になります。

実際に計算してみると，

$$W' = W_1{}' + W_2{}' + W_3{}' + W_4{}' = 0 + 2p_0 V_0 + Q_0 + (-3p_0 V_0) = Q_0 - p_0 V_0$$

となります。$W_1'=0$ ですので，正の仕事 $W_2'+W_3'$ から負の仕事 W_4' の大きさを引いたものが正味の仕事 W' になっています。これを p-V グラフで見てみましょう。

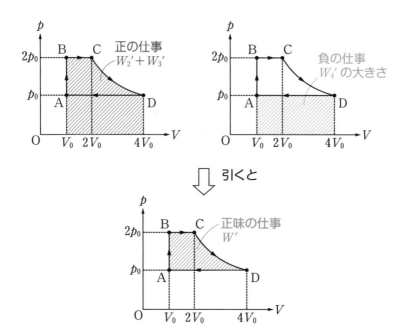

すると，**正味の仕事 W' は，1 サイクルで囲まれた部分の面積**になることがわかります。

▶ **ポイント** 気体が外部にした正味の仕事の求め方

　気体が外部にした仕事を正として，すべての過程の仕事を足しあわせる
　　または，
　p-V グラフの 1 サイクルで囲まれる部分の面積を求める

(ii)　気体が実際に吸収した熱量 Q_{in}

　気体が外部から吸収した熱量は，Q_1, Q_2, Q_0（状態 C →状態 D），Q_4 とありますが，この中で，Q_4 は負になっていましたので，**実際には放出された熱量**です。したがって，熱効率を求めるときに，気体が実際に吸収した熱量 Q_{in} には含

めません。よって，

$$Q_{in} = Q_1 + Q_2 + Q_0 = \frac{3}{2}p_0 V_0 + 5p_0 V_0 + Q_0 = Q_0 + \frac{13}{2}p_0 V_0$$

となります。

　これで，熱効率を求めることができます。今回の熱効率 e は，

$$e = \frac{W'}{Q_{in}} = \frac{Q_0 - p_0 V_0}{Q_0 + \frac{13}{2}p_0 V_0} = \frac{2(Q_0 - p_0 V_0)}{2Q_0 + 13p_0 V_0}$$

となります。

Q_{in} を求めるときに，「Q_4 を $-Q_4$ にすれば吸収じゃない？」というのはダ×です！符号で吸収・放出を入れ替えたところで，「実際に」吸収したことにはなりませんよ！

　最後に，1 サイクルで熱力学の第 1 法則を考えてみましょう。状態Aから変化を始めて，最終的にもとの状態Aに戻るので，**温度変化は 0** となります。そのため，**1 サイクルにおける内部エネルギーの変化 $\Delta U = 0$** ですので，1 サイクルで気体が吸収した熱量 $Q = Q_1 + Q_2 + Q_0 + Q_4$ と，気体が外部にした正味の仕事 W' について，熱力学の第 1 法則 $\Delta U = Q - W'$ より，

　　　　$0 = Q - W'$　　　より　　　$W' = Q$

つまり，1 サイクルでは**正味の仕事は気体が外部とやりとりする熱量だけで表現できる**ことになります。Q_4 は放出している熱量を示しているので，気体が放出した熱量の大きさを Q_{out} とすると，

　　　　$Q = Q_{in} - Q_{out}$

と書けます。よって，熱効率を熱量だけで表現すると，

　　　　$e = \dfrac{W'}{Q_{in}} = \dfrac{Q}{Q_{in}} = \dfrac{Q_{in} - Q_{out}}{Q_{in}}$

　この式で $Q_{out} = 0$，つまり，気体が熱を放出しなければ熱効率は $e = 1$（熱効率 100 % とも表現します）になります。しかし，熱効率 e については，$e = 1$ になったり，それより大きい値 $e > 1$ になったりすることはありません。**熱機関が 1 サイクルでもとの状態に戻るには，必ずどこかで熱を放出しなくてはいけない**ので，$Q_{out} = 0$ にはできません。この**熱効率 100 % の熱機関（永久機関といいます）は存在しない**ということが，熱力学の第 2 法則の表現の 1 つになります。

物質量を一定に保った単原子分子理想気体について，はじめの気体の圧力を p_0，体積を V_0 とし，この状態をAとする。この気体を，横軸に体積，縦軸に圧力をとった右のグラフ（p-V グラフ）のように，A→B→C→D→Aと変化させる。以下の問いに答えよ。

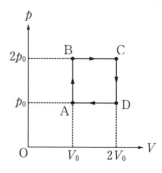

(1) 状態A→Bの過程で，気体が外部にした仕事 $W_1{}'$，内部エネルギーの変化 ΔU_1，気体が外部から吸収した熱量 Q_1 をそれぞれ求めよ。

(2) 状態B→Cの過程で，気体が外部にした仕事 $W_2{}'$，内部エネルギーの変化 ΔU_2，気体が外部から吸収した熱量 Q_2 をそれぞれ求めよ。

(3) 状態C→Dの過程と状態D→Aの過程は，気体が外部から熱を吸収する過程か，外部へ熱を放出する過程か，それぞれどちらか答えよ。

(4) 状態A→B→C→D→Aの1サイクルで，気体が外部にした正味の仕事を求めよ。

(5) 状態A→B→C→D→Aの1サイクルを熱機関とみなした場合の，熱効率を求めよ。

解説

考え方のポイント　各過程で気体が吸収した熱量は，気体の仕事や内部エネルギーの変化を表すことができれば，熱力学の第1法則で求めることができます。熱の吸収・放出も，熱量の正負を決めて熱力学の第1法則を用いればわかります。1サイクルで気体が外部にした正味の仕事は，p-V グラフの面積が使えそうです。あとは，熱効率の定義を思い出して，どの過程の熱量を用いるかを考えましょう。

(1) 状態A→Bの過程では体積変化は0なので，気体が外部にした仕事 $W_1{}'$ は，
$$W_1{}'=0$$
気体の内部エネルギーの変化 ΔU_1 は，単原子分子理想気体の内部エネルギー $U=\dfrac{3}{2}pV$ の式を用いて，
$$\Delta U_1=\underbrace{\frac{3}{2}\times 2p_0\times V_0}_{状態B}-\underbrace{\frac{3}{2}p_0V_0}_{状態A}=\frac{3}{2}p_0V_0$$

気体が外部から吸収した熱量 Q_1 は，熱力学の第 1 法則 $Q_1 = \Delta U_1 + W_1'$ より，

$$Q_1 = \frac{3}{2} p_0 V_0 + 0 = \frac{3}{2} p_0 V_0$$

(2) 状態 B→C の過程で気体が外部にした仕事 W_2' は，一定の圧力 $2p_0$ での体積変化を ΔV_2 とすると，

$$\Delta V_2 = \underset{\text{状態C}}{2V_0} - \underset{\text{状態B}}{V_0} = V_0$$

より，

$$W_2' = 2p_0 \times \Delta V_2 = 2p_0 V_0 \quad \blacktriangleleft 気体が外部にした仕事 \quad W' = p\Delta V$$

気体の内部エネルギーの変化 ΔU_2 は，

$$\Delta U_2 = \underset{\text{状態C}}{\frac{3}{2} \times 2p_0 \times 2V_0} - \underset{\text{状態B}}{\frac{3}{2} \times 2p_0 V_0} = 3p_0 V_0$$

気体が外部から吸収した熱量 Q_2 は，熱力学の第 1 法則 $Q_2 = \Delta U_2 + W_2'$ より，

$$Q_2 = 3p_0 V_0 + 2p_0 V_0 = 5p_0 V_0$$

(3) ①状態 C→D の過程：

体積変化は 0 なので，気体が外部にした仕事を W_3' とすると，

$$W_3' = 0$$

また，状態 C と D では D の方が温度は低い（p–V グラフで下にある）ので，状態 C→D は温度が減少している。よって，内部エネルギーの変化を ΔU_3 とすると，$\Delta U_3 < 0$ になる。

したがって，気体が吸収した熱量を Q_3 とすると，熱力学の第 1 法則 $Q_3 = \Delta U_3 + W_3'$ より，

$$Q_3 = \Delta U_3 + 0 = \Delta U_3 < 0$$

であるから，気体は熱を放出している。

②状態 D→A の過程：

体積は減少しているので，気体が外部にした仕事を W_4' とすると，

$$W_4' < 0$$

また，状態 D と A では A の方が温度は低い（p–V グラフで左にある）ので，状態 D→A は温度が減少している。よって，内部エネルギーの変化を ΔU_4 とすると，$\Delta U_4 < 0$ になる。

したがって，気体が吸収した熱量を Q_4 とすると，熱力学の第 1 法則 $Q_4 = \Delta U_4 + W_4'$ より，

$$Q_4 = \Delta U_4 + W_4' < 0$$

であるから，気体は熱を放出している。

(4) 1サイクルで，気体が外部にした正味の仕事を W' とすると，p-V グラフで囲まれた面積を求めればよく，

$$W' = (2p_0 - p_0)(2V_0 - V_0)$$
$$= p_0 V_0$$

(5) (1)～(3)より，気体が実際に熱を吸収した過程はA→B (Q_1) とB→C (Q_2) のみである。

よって，熱効率を e とすると，

$$e = \frac{W'}{Q_1 + Q_2} = \frac{p_0 V_0}{\frac{3}{2}p_0 V_0 + 5p_0 V_0}$$

$$= \frac{2}{13}$$

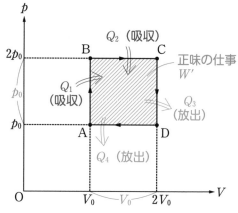

答

(1) $W_1' = 0$, $\Delta U_1 = \frac{3}{2}p_0 V_0$, $Q_1 = \frac{3}{2}p_0 V_0$

(2) $W_2' = 2p_0 V_0$, $\Delta U_2 = 3p_0 V_0$, $Q_2 = 5p_0 V_0$

(3) 状態C→D：熱を放出，状態D→A：熱を放出

(4) $p_0 V_0$ (5) $\frac{2}{13}$

第 **4** 講

気体のモル比熱

Step 1 モル比熱の使い方を知ろう

これまではヘリウムやアルゴンなどの単原子分子の理想気体についてのみ考えてきましたが，地球の大気の主成分は窒素 (N_2) や酸素 (O_2) で，これらは**原子2個が1つのかたまり**となっている**二原子分子**です。

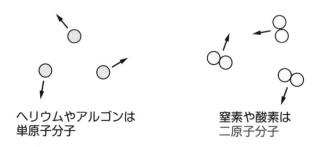

ヘリウムやアルゴンは
単原子分子

窒素や酸素は
二原子分子

また，二酸化炭素 (CO_2) や水蒸気 (H_2O) は三原子分子です。このように私たちの身のまわりでは，単原子分子以外の気体の方が一般的です。そこで，この講では単原子分子に限らない，さまざまな気体で用いることができる式を見ていきましょう。

I モル比熱

気体が吸収する熱量について，第3講までは熱力学の第1法則を用いて求めてきました。ここで第1講を思い出すと，熱容量や比熱という「質量1gの物体の温度を1K上昇させるのに必要な熱量」という量がありました。気体についても，このような量を用いて考えることがあり，**気体1molの温度を1K上昇させるのに必要な熱量**を**モル比熱**といいます。単位は $[J/(mol \cdot K)]$ です。

モル比熱を C $[J/(mol \cdot K)]$ とすると，1molの気体に C $[J]$ の熱量を加えると温度が1K上がる，ということになります。2molなら $2C$ $[J]$，3molなら $3C$ $[J]$ の熱量を加えるとそれぞれ温度が1K上がるので，n $[mol]$ では nC $[J]$ 必要になります。さらに，温度を ΔT $[K]$ 上げたいのであれば，さらに ΔT 倍の熱量の $nC\Delta T$ $[J]$ が必要になりますね。

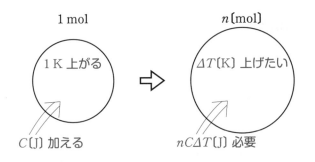

ポイント モル比熱 C $[J/(mol \cdot K)]$

気体 1 mol の温度を 1 K 上昇させるのに必要な熱量
⇒ n [mol] の気体を ΔT [K] 上昇させるのに必要な熱量
Q [J] は,

$$Q = nC\Delta T$$

いくつかの例で計算の練習をしてみましょう。

例 3 mol の気体に 300 J の熱量を加えると,温度が 5 ℃ 上昇しました。この気体のモル比熱を求めてみましょう。

この気体のモル比熱を C_1 $[J/(mol \cdot K)]$ とすると,$Q = nC\Delta T$ より,

300 $= 3 \times C_1 \times 5$　　これより,　$C_1 = 20$ $J/(mol \cdot K)$

となります。

例 モル比熱 12 $J/(mol \cdot K)$, 4 mol の気体を,温度 10 ℃ 上げるために加える熱量を求めてみましょう。

気体に加える熱量を Q_2 [J] とすると,$\Delta T = 10$℃ $= 10$ K なので,

$Q_2 = 4 \times 12 \times 10 = 480$ J

となります。

例 モル比熱 C $[J/(mol \cdot K)]$, n [mol],絶対温度 T [K] の気体に熱量 Q [J] を加えた後の,気体の絶対温度を求めてみましょう。

熱量を加えた後の気体の絶対温度を T' [K] とすると,気体の温度変化 $\Delta T = T' - T$ なので,

$$Q = nC(T' - T) \quad これより, \quad T' = T + \frac{Q}{nC} \text{ [K]}$$

となります。

Ⅱ 定積モル比熱

次に，シリンダー内にピストンで閉じ込めた n [mol] の気体について，加えた熱量と温度変化の関係を見てみましょう。

まず，ピストンを固定して，気体に熱量を加える場合を考えます。

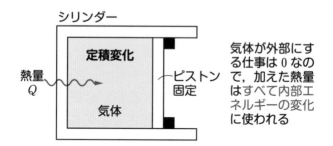

シリンダー

定積変化

気体

熱量 Q

ピストン固定

気体が外部にする仕事は 0 なので，加えた熱量はすべて内部エネルギーの変化に使われる

このとき，気体がどれだけ熱を吸収しても気体の体積は変わらないので，気体は定積変化をしています。この**定積変化におけるモル比熱**を定積モル比熱といいます。定積モル比熱は C_V と表すことが多いですが，この添え字の V は**体積 V が一定**ということです。

すると，この気体の温度を ΔT [K] 上げるために必要な熱量 Q [J] は，

$$Q = nC_V\Delta T$$

と表すことができます。

なお，単原子分子の理想気体では，気体定数を R とすると，$C_V = \dfrac{3}{2}R$ になっています。これは覚えるべきことなので，しっかり覚えましょう。

> **ポイント** 定積モル比熱 C_V [J/(mol·K)]
>
> 定積変化で，**1 mol** の気体の温度を **1 K** 上昇させるのに必要な熱量
> ⇒ n [mol] の気体を ΔT [K] 上昇させるのに必要な熱量 Q [J] は，
>
> $$Q = nC_V\Delta T$$
>
> 単原子分子の理想気体では，$C_V = \dfrac{3}{2}R$ （R：気体定数）

この定積変化では気体が外部にする仕事は 0 ですから，気体の内部エネルギーの変化を ΔU 〔J〕，加えた熱量を Q とすると，熱力学の第 1 法則より，

$$\Delta U = Q = nC_V \Delta T$$

が成り立ちます。

さらに，少し式のかたちを変えると，

$\dfrac{\Delta U}{\Delta T} = nC_V$ となりますが，これは縦軸に U，横軸に T をとったグラフの傾きと同じです。絶対温度 $T = 0$ のとき，内部エネルギー $U = 0$ なので，U–T グラフは右図のようになります。これより，内部エネルギー U は C_V を用いて，

$$U = nC_V T$$

というかたちになります。

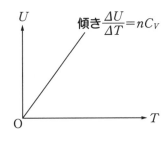

傾き $\dfrac{\Delta U}{\Delta T} = nC_V$

ポイント　気体の内部エネルギー U

n 〔mol〕の気体が絶対温度 T のとき，定積モル比熱 C_V を用いて，

$$U = nC_V T$$

※単原子分子の理想気体では $C_V = \dfrac{3}{2}R$ なので，

$$U = \dfrac{3}{2}nRT$$

気体の温度が ΔT 〔K〕変化したとき，内部エネルギーの変化 ΔU は，

$$\Delta U = nC_V \Delta T$$

※気体の状態変化の種類によらず，定積モル比熱を用いる

気体が単原子分子ではないとき，$U = \dfrac{3}{2}nRT$ のかたちにならないので注意しましょう！

Ⅲ 定圧モル比熱

次に，ピストンを固定せず，自由に動けるようにしましょう。

はじめ，図のように，ピストンには内部の気体の圧力によって押される力が右向きに，大気圧によって押される力が左向きにはたらいてつりあっています。

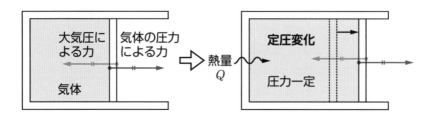

この状態から気体に徐々に熱を加えていくと，ピストンにはたらく力はつりあいの状態を保ったまま移動します。したがって，ピストンが自由に動けるときは，内部の気体の圧力は変わらないので，気体は定圧変化することになります。

この**定圧変化におけるモル比熱**を定圧モル比熱といいます。定圧モル比熱は C_p と表すことが多いです。定積モル比熱の場合と同様に，添え字の p は**圧力 p が一定**ということを示しています。

この気体の温度を ΔT〔K〕上げるために必要な熱量を Q〔J〕とすると，

$$Q = nC_p\Delta T$$

と表すことができます。

> **ポイント** 定圧モル比熱 C_p〔$J/(mol\cdot K)$〕
>
> 定圧変化で，1 mol の気体の温度を 1 K 上昇させるのに必要な熱量
> ⇒ n〔mol〕の気体を ΔT〔K〕上昇させるのに必要な熱量 Q〔J〕は，
>
> $$Q = nC_p\Delta T$$

Step 2 定積モル比熱と定圧モル比熱の関係を考えよう

　最後に，気体の状態変化について考えることで，定積モル比熱 C_V と定圧モル比熱 C_p の関係を導いてみましょう。

Ⅰ マイヤーの関係式

　断面積 S [m²] のシリンダー内をなめらかに動くピストンがあり，n [mol] の理想気体を封入します（※単原子分子とは限りません！）。はじめ，気体の温度が T [K]，圧力が p [Pa]，体積が V [m³] のところ，この気体に外部から熱量 Q [J] を加えて，気体の温度を ΔT [K] 上昇させ，体積を ΔV [m³] 増加させます。このとき，ピストンは固定せずに自由に動けるものとし，大気圧を p_0 [Pa]，気体定数を R [J/(mol·K)]，定積モル比熱を C_V [J/(mol·K)] とします。

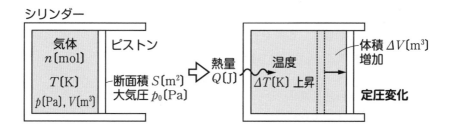

ピストンが自由に動けるので，気体は定圧変化をします。気体の圧力は，ピストンにはたらく力のつりあいを考えることで求めることができる。

　圧力×面積＝力 であることに注意して，右の図より，ピストンは大気圧

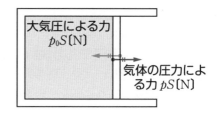

によって左向きに大きさ p_0S [N] の力を受けています。また，気体の圧力を p [Pa] とすると，気体は右向きに大きさ pS [N] の力でピストンを押しています。

　よって，ピストンにはたらく力のつりあいより，

$$pS = p_0S \qquad これより，\qquad p = p_0$$

となって，気体の圧力を求めることができます。定圧変化ですので，気体に熱を加えて温度を上げてもこの圧力は変わりません。

この変化で気体の圧力は変わりませんが，温度は ΔT [K] 上昇します。理想気体の状態方程式 $pV=nRT$ を考えると，p，n，R が一定なので V と T が比例し，**温度が上昇すると体積が増加する**ことになります。変化後の体積は $V+\Delta V$，温度は $T+\Delta T$ です。

この間，気体が外部にした仕事を W' [J] とすると，圧力が p で一定なので，

$$W'=p\Delta V$$

ですね。ここで，気体の変化前と変化後の状態方程式を立ててみると，

変化前：$pV=nRT$　……①

変化後：$p(V+\Delta V)=nR(T+\Delta T)$　……②

②−① より，$p\Delta V=nR\Delta T$ という関係をつくることができます。すると，気体が外部にした仕事は，

$$W'=p\Delta V=nR\Delta T$$

というように，ΔT を用いて表すことができます。

また，気体の内部エネルギーの変化 ΔU [J] は，内部エネルギー $U=nC_V T$ のかたちで考えれば，

$$\Delta U=nC_V(T+\Delta T)-nC_V T=nC_V\Delta T$$

になります。

すると，気体が吸収した熱量 Q [J] は熱力学の第 1 法則 $Q=\Delta U+W'$ より，

$$Q=\Delta U+W'=nC_V\Delta T+nR\Delta T=n(C_V+R)\Delta T　……③$$

です。

ただ，この変化は定圧変化ですので，この熱量は定圧モル比熱でも表すことができるはずです。定圧モル比熱を C_p [J/(mol·K)] とすると，

$$Q=nC_p\Delta T　……④$$

と表せるので，式③と④より，

$$n(C_V+R)\Delta T=nC_p\Delta T　　よって　　C_p=C_V+R$$

このように，**定圧モル比熱 C_p は定積モル比熱 C_V に比べて気体定数 R だけ大きい**，という関係式が導けます。この関係式を**マイヤーの関係式**といいます。これは単原子分子だけではなく，すべての気体で成り立つ関係です。単原子分子の理想気体の場合は，$C_V=\dfrac{3}{2}R$ でしたので，

$$C_p=\frac{3}{2}R+R=\frac{5}{2}R$$

になります。

ポイント　マイヤーの関係式

定圧モル比熱を C_p，定積モル比熱を C_V，気体定数を R とすると，

$$C_p = C_V + R$$

$$\left(\text{単原子分子}：C_V = \frac{3}{2}R,\ \ C_p = C_V + R = \frac{5}{2}R\right)$$

注目している気体が単原子分子とは限らないとき，内部エネルギーは定積モル比熱 C_V を用いて表すことになるので，気体の問題に取り組むときは「単原子分子」の気体かどうかを，きちんと確認しましょう！

練習問題①

図のように，物質量 n [mol] の理想気体を，鉛直に立てた断面積 S [m²] のシリンダーに，鉛直方向になめらかに動くことができる質量 M [kg] のピストンで封入する。ピストンは自由に動ける状態にしてあり，はじめの気体の温度は T [K] で，ピストンは静止していた。この状態で，外部から熱をゆっくりと加えていくと，気体の温度が $2T$ [K] になった。大気圧を p_0 [Pa]，気体定数を R [J/(mol·K)]，

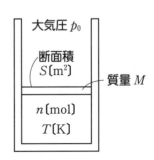

大気圧 p_0

断面積 S [m²]

質量 M

n [mol]

T [K]

定積モル比熱を C_V [J/(mol·K)]，重力加速度の大きさを g [m/s²] として，以下の問いに答えよ。

(1) はじめの状態における気体の圧力を求めよ。

(2) 気体の温度が T [K] から $2T$ [K] になるまでの間について，次の量を求めよ。
　① 気体の内部エネルギー変化
　② 気体が外部にした仕事
　③ 気体が外部から吸収した熱量

(3) この変化における気体のモル比熱を C_V と R を用いて表せ。

考え方のポイント　この場合はピストンの重さを考える必要があります。ピストンは自由に動ける状態で静止しているので，大気圧と気体の圧力による力と，重力による力のつりあいの式を立てることができます。また，この理想気体は単原子分子であるかどうかわからないので，内部エネルギーについては $U=nC_VT$ のかたちで表す必要があります。

(1)　気体の圧力を p [Pa] とすると，ピストンにはたらく力のつりあいより，

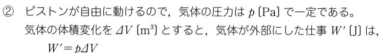

$$pS=p_0S+Mg \quad よって \quad p=p_0+\frac{Mg}{S} \text{[Pa]}$$

(2)　①　気体の温度変化を ΔT [K] とすると，
$$\Delta T=2T-T=T$$
よって，気体の内部エネルギーの変化を ΔU [J] とすると，
$$\Delta U=nC_V\Delta T=nC_VT \text{[J]}$$

②　ピストンが自由に動けるので，気体の圧力は p [Pa] で一定である。
気体の体積変化を ΔV [m³] とすると，気体が外部にした仕事 W' [J] は，
$$W'=p\Delta V$$
ここで，はじめの気体の体積を V [m³] とすると，熱を加える前と熱を加えた後の気体の状態方程式はそれぞれ，
熱を加える前：$pV=nRT$
熱を加えた後：$p(V+\Delta V)=nR\times 2T$　◀温度は T [K] 上昇している
2式を辺々引くと，$p\Delta V=nRT$ となるので，
$$W'=p\Delta V=nRT \text{[J]}$$

③　気体が外部から吸収した熱量を Q [J] とすると，熱力学の第1法則より，
$$Q=\Delta U+W'=nC_VT+nRT=n(C_V+R)T \text{[J]}$$

(3)　この変化における気体のモル比熱を C [J/(mol·K)] とすると，温度 $\Delta T=T$ [K] だけ上昇させるために加える熱量を Q' [J] とすると，
$$Q'=nC\Delta T=nCT$$
が成り立つ。これは(2)③の Q [J] に等しいので，
$$nCT=n(C_V+R)T \quad よって \quad C=C_V+R \text{[J/(mol·K)]}$$
（これは定圧モル比熱に等しい）

答　(1)　$p_0+\dfrac{Mg}{S}$ [Pa]

(2)　①　nC_VT [J]　　②　nRT [J]　　③　$n(C_V+R)T$ [J]

(3)　C_V+R [J/(mol·K)]

第 **5** 講

気体の分子運動論

この講で学習すること

Step 1 気体分子の衝突を考えてみよう

　ここまで気体について学んできましたが，そもそも気体の圧力とか内部エネルギーとは一体何なのか？気体を「分子の集まり」ととらえることで，圧力や内部エネルギーを求めてみましょう。なお，ここでは，単原子分子の理想気体について考えていきます。

　まず，Step 1 では，分子 1 個について考えていくことにします。

I 気体は分子の集まり

　私たちの身のまわりに存在する空気は，無数の気体分子の集まりです。下の図のように，この分子は目に見えない大きさで，あっちこっち飛びまわっていて，私たちに衝突しています。**無数の分子が続けてどんどん衝突してくる**ので，私たちは「分子が衝突した」というより，全体的に「気体から押された」と感じます。これが，気体が物体を押す力の正体で，単位面積あたりで考えれば圧力ということになります。

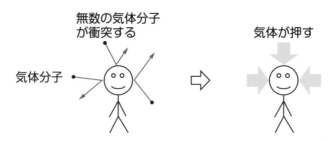

ポイント　気体分子が与える力

気体分子が衝突によって与える力の総和

気体分子が与える力（圧力）は，気体分子 1 個 1 個の運動について考えていくことで表すことができます。少し長いですが，一つひとつしっかり考えていきましょう！

Ⅱ 気体分子の速さ

下の図のように，x 軸，y 軸，z 軸をとった1辺の長さ L の立方体の容器があり，その中に単原子分子の気体が閉じ込められているとします。

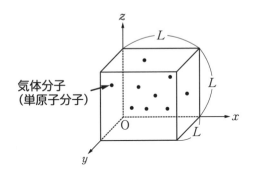

この中の1個の気体分子に注目しましょう。この分子の速さを v とします。気体分子は自由に飛びまわっているので，完全に右向きに進んでいるとか，完全に上向きに進んでいるとは限りません。そこで，空間的に表せるように，x 軸方向，y 軸方向，z 軸方向の各速度成分を v_x，v_y，v_z とすると，速さ v について，

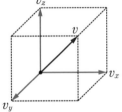

$$v^2 = v_x{}^2 + v_y{}^2 + v_z{}^2$$

という関係式をつくることができます。

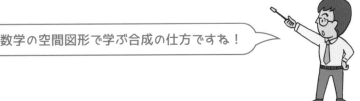

数学の空間図形で学ぶ合成の仕方ですね！

Ⅲ 気体分子が与える力積

気体分子が衝突によってどれだけの力を与えるのかを考えていきましょう。

容器内の気体分子は，容器の面に衝突して力を与えることになります。分子はとても速く動きまわっていて，**無数の分子が何度も面に衝突**しています。

重力の影響を無視すれば，**分子はあらゆる方向に均等に運動してい**

るので，立方体のどの面を見ても同じ大きさの力を受けているはずです。なので，**どこか1面だけを見ればいい**でしょう。ここでは，下の図のように立方体の右面Sを見ることにします。

面Sに気体分子が衝突することで，面Sと分子は力をおよぼしあいます。ここで，圧力とは面を垂直に押す力で表すものなので，**面Sに垂直な成分だけ，つまり x 成分だけを取り上げる**ことにします。分子と面Sが衝突している瞬間におよぼしあう力は垂直抗力です。

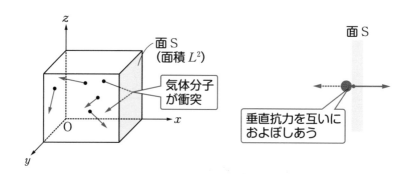

衝突でおよぼしあう力の大きさをパッと出すことは難しそうですが，力積なら，力学で学んだ関係式 **(運動量の変化)＝(力積)** が使えます。そこで，まずは衝突で気体分子1個が面Sに与える力積の大きさを求めましょう。ただ，面Sは動かないので，**分子が受ける力積を求めて，その反作用を面Sに与えるとして求めます**。分子が受ける力積は，分子の運動量の変化ですね。つまり，**分子の運動量変化の大きさが，分子が面Sに与える力積の大きさ**ということになります。

ポイント 気体分子1個が1回の衝突で与える力積の大きさ

衝突した気体分子1個の運動量の変化と同じ大きさ

---

x 成分だけに注目すると，気体分子は面Sに速度 v_x で衝突します。このとき，**分子と面Sの衝突は弾性衝突**と考えます。面Sは固定された壁と同じなので，衝突した直後の分子の速度は逆向きの $-v_x$ になります。

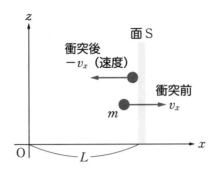

分子の質量を m とすると，分子の運動量の変化は，

$$m(-v_x) - mv_x = -2mv_x$$

です。− (マイナス) がついているのは，**分子自体は衝突で x 軸の負の向きに垂直抗力を受けた**からですね。この反作用が，分子が面Sに与える力積です。力積の大きさ I は，

$$I = 2mv_x$$

と求めることができます。

> 運動量は，(質量)×(速度) で定義されていましたね。
> 衝突後に分子の速度の符号が逆になる，つまり $-v_x$ に
> なるということは基本的なことのようですが，運動量
> の変化を求めるためにとても重要ですよ！

Ⅳ 1個の気体分子が時間 Δt で与える力積

気体分子の速さはかなり大きいので，ある時間で何度も面Sに衝突します。分子が一度面Sに衝突した後，再び面Sに衝突するためには，反対側の面に衝突して折り返してくる必要があります。次ページの図のように，1辺の長さが L なので，**往復 $2L$ の距離を x 軸方向に速さ v_x で進むと再衝突する**ことができます。すると，再衝突までの時間は，$\dfrac{2L}{v_x}$ です。

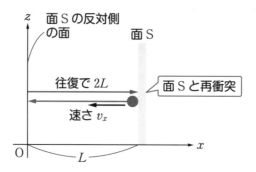

v_x は x 軸方向の「速度」ですが，x 軸方向の速さは衝突で変わらないので，ここでは $v_x>0$ として，x 軸方向を進むときの「速さ」として扱っています！

「ある時間」を Δt とすると，Δt での衝突回数は，

$$\Delta t \div \frac{2L}{v_x} = \frac{v_x \Delta t}{2L}$$

◀（時間）÷（1回衝突するのにかかる時間）=（時間内の衝突回数）

となります。

したがって，1個の分子が時間 Δt で面Sに与える力積は，

$$I \times \frac{v_x \Delta t}{2L} = 2mv_x \times \frac{v_x \Delta t}{2L} = \frac{mv_x^2 \Delta t}{L}$$

と表せます。

練習問題①

　　右図のように，x 軸，y 軸，z 軸をとる1辺の長さ l の立方体の容器があり，その中に単原子分子の理想気体が閉じ込められている。x 軸方向の速度成分が v_x の気体分子1個の運動について，以下の問いに答えよ。ただし，重力の影響は無視できるものとし，気体分子1個の質量を m とする。

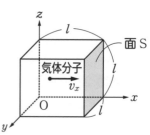

(1) 面Sに衝突する直前と，衝突した直後の分子の x 軸方向の運動量をそれぞれ求めよ。ただし，面Sと分子は弾性衝突するものとする。

(2) 図の面Sに衝突したときに面Sに与える力積の大きさを求めよ。

(3) 分子が面Sに衝突してから，次に面Sに衝突するまでの時間を求めよ。

⑷ 時間 $\varDelta t$ の間に，分子が面Sと衝突する回数を求めよ。

⑸ 分子が時間 $\varDelta t$ で面Sに与える力積の大きさを求めよ。

解説

考え方のポイント　**Step 1** の流れの確認です！行き詰まってしまったら，**Step 1** をもう一度読みながら解いていきましょう！

⑴ 面Sに衝突する直前の分子の x 軸方向の速度は v_x なので，運動量は mv_x
また，面Sに弾性衝突した直後の分子の x 軸方向の速度は $-v_x$ になるので，運動量は，
$$m(-v_x)=-mv_x$$

⑵ 作用・反作用の法則より，分子が面Sに与えた力積の大きさは，分子が面Sから受けた力積の大きさに等しい。分子が面Sから受けた力積は分子の運動量変化に等しく，分子の運動量変化を求めると，
$$(-mv_x)-(mv_x)=-2mv_x \quad \blacktriangleleft（変化後の運動量）-（変化前の運動量）$$
よって，分子が面Sに与えた力積の大きさを I とすると，
$$I=2mv_x$$

⑶ 分子が面Sに衝突した後，再び面Sに衝突するまで，x 軸方向に距離 $2l$ だけ進む。よって，再び面Sに衝突するまでの時間は，$\dfrac{2l}{v_x}$

⑷ 時間 $\varDelta t$ の間の衝突回数は，
$$\varDelta t \div \frac{2l}{v_x}=\frac{v_x \varDelta t}{2l}$$

⑸ 1回の衝突で，⑵で求めた大きさ I の力積を与えるので，⑷の回数分では，
$$I \times \frac{v_x \varDelta t}{2l}=2mv_x \times \frac{v_x \varDelta t}{2l}=\frac{mv_x{}^2 \varDelta t}{l}$$

答　⑴　直前：mv_x，直後：$-mv_x$　　⑵　$2mv_x$　　⑶　$\dfrac{2l}{v_x}$

　　⑷　$\dfrac{v_x \varDelta t}{2l}$　　⑸　$\dfrac{mv_x{}^2 \varDelta t}{l}$

気体の圧力を表してみよう

Step 1 では気体分子 1 個に注目して、与える力積を求めました。次は、気体の分子全体で与える力積を考えることで、気体の圧力を表してみましょう！

I 気体分子全体が与える力積

Step 1 と同じ設定で考えていきましょう。立方体容器に閉じ込められている気体分子の総数を N 個とします。

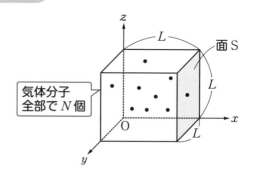

分子全体が面 S に与える力積は、Step 1 で考えた 1 個の分子が与える力積の大きさ $\dfrac{mv_x{}^2 \varDelta t}{L}$ と、分子の総数 N を掛ければよさそうですね。

ただ、分子がどの方向に進んでいるかはバラバラなので、面 S に与える x 軸方向の力積も分子によって異なります。そのため、**個数に掛ける力積の大きさは平均の値**にする必要があります。

$\dfrac{mv_x{}^2 \varDelta t}{L}$ のうち、m は分子の質量で、同じ気体分子であればすべての分子に共通です。また、容器の 1 辺の長さ L も、時間 $\varDelta t$ も同じです。ただ、v_x **は分子によって異なります**。x 軸方向に速く動いている分子もあれば、x 軸方向の速度成分をほとんどもたない分子もあるでしょう。そこで、式中の $v_x{}^2$ については平均の値をとることにして、$\overline{v_x{}^2}$ と表します。すると、1 個の分子が与える平均の力積の大きさは $\dfrac{m\overline{v_x{}^2} \varDelta t}{L}$ となるので、N 個の分子が与える力積の大きさは、

$$\frac{m\overline{v_x{}^2} \varDelta t}{L} \times N = \frac{Nm\overline{v_x{}^2} \varDelta t}{L}$$

と表すことができます。

Ⅱ 気体分子の平均の速さ

気体分子の速さ v は，Step 1 Ⅱ で説明したように，
$$v^2 = v_x{}^2 + v_y{}^2 + v_z{}^2 \quad \cdots\cdots ①$$
で表すことができます。これも前項 Ⅰ と同じように，N 個の平均で考えることにしましょう。

1個1個の分子はまったくバラバラに動いていますが，**無数にある分子で平均すれば，速度成分はどの方向にも大体同じような値になる**でしょう。すると，速度成分の2乗の平均値は
$$\overline{v_x{}^2} = \overline{v_y{}^2} = \overline{v_z{}^2} \quad \cdots\cdots ②$$
という関係になります。この，**どの方向にも等しくなる**ことを**等方性があ**るとか**等方的である**などといいます。

> **ポイント** 気体分子運動の等方性
>
> 気体分子の x, y, z 軸方向の速度成分 v_x, v_y, v_z について，分子全体で2乗の平均値 $\overline{v_x{}^2}$, $\overline{v_y{}^2}$, $\overline{v_z{}^2}$ は等しく，
> $$\overline{v_x{}^2} = \overline{v_y{}^2} = \overline{v_z{}^2}$$

また，式①は**分子全体の平均値で考えても同じ関係**になり，
$$\overline{v^2} = \overline{v_x{}^2} + \overline{v_y{}^2} + \overline{v_z{}^2} \quad \cdots\cdots ③$$
となります。式②より，$\overline{v_y{}^2} = \overline{v_x{}^2}$，$\overline{v_z{}^2} = \overline{v_x{}^2}$ なので，式③を $\overline{v_x{}^2}$ で表すと，
$$\overline{v^2} = \overline{v_x{}^2} + \overline{v_x{}^2} + \overline{v_x{}^2} = 3\overline{v_x{}^2}$$

したがって，x 軸方向の2乗の平均値 $\overline{v_x{}^2}$ と速さの2乗の平均値 $\overline{v^2}$ の関係は，
$$\overline{v_x{}^2} = \frac{1}{3}\overline{v^2}$$

と表すことができます。この関係は，$\overline{v_y{}^2}$，$\overline{v_z{}^2}$ を用いても同じです。

> **ポイント** 気体分子の速さと速度成分の関係
>
> 気体分子全体で，気体分子の速度成分の2乗の平均値 $\overline{v_x{}^2}$，$\overline{v_y{}^2}$，$\overline{v_z{}^2}$ と速さの2乗の平均値 $\overline{v^2}$ との関係は，
> $$\overline{v_x{}^2} = \frac{1}{3}\overline{v^2}, \qquad \overline{v_y{}^2} = \frac{1}{3}\overline{v^2}, \qquad \overline{v_z{}^2} = \frac{1}{3}\overline{v^2}$$

すると，Step 1で表した，気体分子全体の与える力積の大きさを示す式は，

$$\frac{Nm\overline{v_x^2}\Delta t}{L}=\frac{Nm\times\frac{1}{3}\overline{v^2}\times\Delta t}{L}=\frac{Nm\overline{v^2}\Delta t}{3L}\quad\cdots\cdots④$$

と表せます。

Ⅲ 気体の押す力と圧力

　気体分子1個1個がどんどん衝突することで面Sに与える力積の大きさは式④のかたちで表せます。ただ，気体の圧力というのは，物がガンガンとぶつかってくる，というよりも全体的にググーっと押してくる感じですよね。そこで，気体全体が面Sを押す力の大きさの総和をFとすると，時間Δtで面Sに与える力積の大きさは$F\Delta t$と表すことができます。これは式④と同じものなので，

$$F\Delta t=\frac{Nm\overline{v^2}\Delta t}{3L}\qquad これより，\qquad F=\frac{Nm\overline{v^2}}{3L}$$

となります。

　また，面Sの面積はL^2なので，単位面積あたりの力である圧力pは，

$$p=\frac{F}{L^2}=\frac{Nm\overline{v^2}}{3L^3}$$

になります。この式中の$\boldsymbol{L^3}$**は気体の体積**のことですね。そこで，体積$V=L^3$とすると，

$$p=\frac{Nm\overline{v^2}}{3V}$$

　これが，気体の分子運動から考えた，気体の圧力を表す式です。

練習問題②

　　右図のように，x軸，y軸，z軸をとる1辺の長さlの立方体の容器があり，その中にN個の単原子分子からなる理想気体が閉じ込められている。気体分子1個の質量をmとすると，x軸方向の速度成分がv_xである分子1個が，時間Δtの間の衝突によって容器の右面Sに与える力積の大きさは$\frac{mv_x^2\Delta t}{l}$と表される。重力の影響は無視できるものとして，以下の問いに答えよ。

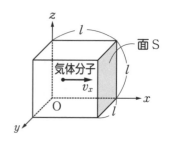

(1) 気体分子の x, y, z 軸方向の速度成分 v_x, v_y, v_z について，分子全体の 2 乗の平均値を $\overline{v_x^2}$, $\overline{v_y^2}$, $\overline{v_z^2}$ とするとき，$\overline{v_x^2}$, $\overline{v_y^2}$, $\overline{v_z^2}$ の関係を式で表せ。

(2) 気体分子全体の速さの 2 乗の平均値を $\overline{v^2}$ とする。$\overline{v_x^2}$ を $\overline{v^2}$ を用いて表せ。

(3) 気体分子全体が時間 Δt の間に面 S に与える力積の大きさを求めよ。

(4) 気体が面 S を押す力の大きさを求めよ。

(5) 気体の圧力を求めよ。

解説

(1) 速度成分の大きさはどの方向にも等しいと考えられるので，$\overline{v_x^2} = \overline{v_y^2} = \overline{v_z^2}$

(2) 気体分子全体の平均で考えると，気体分子 1 個の場合と同じ関係になり，

$$\overline{v^2} = \overline{v_x^2} + \overline{v_y^2} + \overline{v_z^2}$$

この関係式に，(1)の関係を用いると，

$$\overline{v^2} = \overline{v_x^2} + \overline{v_x^2} + \overline{v_x^2} = 3\overline{v_x^2} \qquad \text{これより，} \qquad \overline{v_x^2} = \frac{1}{3}\overline{v^2}$$

(3) 1 個の気体分子が面 S に与える力積の大きさの平均は，与式で v_x^2 について平均をとって，$\dfrac{m\overline{v_x^2}\Delta t}{l}$ と表せる。また，(2)の関係式を用いると，

$$\frac{m\overline{v_x^2}\Delta t}{l} = \frac{m \times \dfrac{1}{3}\overline{v^2} \times \Delta t}{l} = \frac{m\overline{v^2}\Delta t}{3l}$$

よって，N 個での力積の大きさは，

$$\frac{m\overline{v^2}\Delta t}{3l} \times N = \frac{Nm\overline{v^2}\Delta t}{3l}$$

(4) 気体が面 S を押す力の大きさの総和を F とすると，時間 Δt での力積の大きさは $F\Delta t$ と表せる。これは(3)に等しいので，

$$F\Delta t = \frac{Nm\overline{v^2}\Delta t}{3l} \qquad \text{これより，} \qquad F = \frac{Nm\overline{v^2}}{3l}$$

(5) 面 S の面積は l^2 であるから，気体の圧力を p とすると，

$$p = \frac{F}{l^2} = \frac{Nm\overline{v^2}}{3l^3}$$

答 (1) $\overline{v_x^2} = \overline{v_y^2} = \overline{v_z^2}$ (2) $\overline{v_x^2} = \dfrac{1}{3}\overline{v^2}$ (3) $\dfrac{Nm\overline{v^2}\Delta t}{3l}$

(4) $\dfrac{Nm\overline{v^2}}{3l}$ (5) $\dfrac{Nm\overline{v^2}}{3l^3}$

Step 3 単原子分子理想気体の内部エネルギーを導こう

Step 2 では，気体分子の運動を考えることで，気体の圧力を表しました。
Step 3 では，さらに状態方程式も使って，内部エネルギーを表してみましょう！

I 気体の内部エネルギーと気体分子の運動エネルギー

気体分子 1 個 1 個はとても小さいですが，質量をもって飛びまわっています。
つまり，**運動エネルギーをもっている**ということですね。この**気体分子
の運動エネルギーの総和が気体の内部エネルギー**になります。分子
1 個の質量を m，速さを v とすると，運動エネルギーは $\frac{1}{2}mv^2$ と表せます。こ
れに気体分子の総数 N 個をかけると内部エネルギーが表せますが，Step 1 と同
じように，速さについては平均をとって運動エネルギーは $\frac{1}{2}m\overline{v^2}$ で計算します。
すると，気体の内部エネルギー U は，

$$U=\frac{1}{2}m\overline{v^2}\times N \quad \cdots\cdots ①$$

で求めることができます。

この式をさらに変形して，$U=\frac{3}{2}nRT$ を導いてみましょう！

▶ **ポイント** 理想気体の内部エネルギー

気体分子の運動エネルギーの総和

> ここで考えているのは，単原子分子の場合です。窒素
> や酸素などの二原子分子や二酸化炭素などの三原子分
> 子では，回転運動のエネルギーもあるので，「内部エネ
> ルギー」は $\frac{1}{2}mv^2$ の和ではありません。「単原子分子
> かそうでないか」はとても重要な違いなので，気をつけ
> てください！

Ⅱ 気体分子1個の運動エネルギー

まず，Step 2で求めた気体の圧力の式 $p = \dfrac{Nm\overline{v^2}}{3V}$ で，右辺の分母にある V を払ってみると，

$$pV = \frac{Nm\overline{v^2}}{3} \quad \cdots\cdots ②$$

左辺に「pV」のかたちができましたが，見覚えがありますよね。これは n [mol] の理想気体の状態方程式 $pV = nRT$ の左辺のかたちです。つまり，式②は，

$$nRT = \frac{Nm\overline{v^2}}{3}$$

と書き換えることができます。ここから，ちょっと強引に分子1個の運動エネルギー $\dfrac{1}{2}m\overline{v^2}$ のかたちにしてみましょう。左辺と右辺を入れ替えて，両辺に $\dfrac{3}{2N}$ を掛けてみると，

$$\frac{Nm\overline{v^2}}{3} \times \frac{3}{2N} = nRT \times \frac{3}{2N}$$

これより，

$$\frac{1}{2}m\overline{v^2} = \frac{3nRT}{2N} \quad \cdots\cdots ③$$

このように，気体分子1個の運動エネルギーの平均値を表すことができますね。

Ⅲ 気体の内部エネルギーは温度の関数

さあ，気体の内部エネルギーを表してみましょう！式①に式③を代入すると，気体の内部エネルギー U は，

$$U = \frac{1}{2}m\overline{v^2} \times N = \frac{3nRT}{2N} \times N$$

これより，

$$U = \frac{3}{2}nRT$$

となります。R は気体定数なので一定，容器などに閉じ込めた気体なら物質量 n も一定になるので，内部エネルギー U は絶対温度 T に比例することがわかります。これを，**内部エネルギーは温度のみの関数である**といえる理由です。

Ⅳ ボルツマン定数

　内部エネルギーを導こう！という目標は達成できました。ここからは，気体分野で出てくる新しい物理量を 2 つほど学んでいきましょう。

　まず，**ボルツマン定数**という物理量です。これは，**気体分子 1 個に対する気体定数**に相当します。

　気体定数 R は理想気体の状態方程式で使いましたね。状態方程式は，ボイル・シャルルの法則から導くことができました。ボイル・シャルルの法則は，圧力 p と体積 V の積が絶対温度 T に比例するというものですね。式で表すと，

$$pV \propto T$$

「$\propto$」は「比例する」という記号です。これを「$=$」にするためには比例定数が必要です。そこで，**1 mol の気体についての比例定数として気体定数 R** があって，1 mol の気体では，

$$pV = RT$$

という関係になります。もし 2 mol なら，比例定数を $2R$ にして，

$$pV = 2RT$$

です。同じように考えて，物質量が n 〔mol〕なら，

$$pV = nRT \quad \cdots\cdots ④$$

という，覚えるべき状態方程式になりますね。

　あり得ないのですが，もし，気体分子 1 個だけからなる気体があるとしたら，このときの比例定数をどうしましょうか？

　ここで，ボルツマン定数 k が登場します。ボルツマン定数は，「気体分子 1 個に対する気体定数」なので，気体分子 1 個だけからなる気体では，比例定数として k を使うことになって，

$$pV = kT$$

となります。もし，気体分子が 2 個あれば，

$$pV = 2kT$$

です。気体分子が N 個あれば，

$$pV = NkT \quad \cdots\cdots ⑤$$

ですね。この気体分子 N 個が物質量 n 〔mol〕に対応していれば，式④と式⑤で，

$$nRT = NkT$$

となるので，これより，

$$k = \frac{nR}{N} \quad \cdots\cdots ⑥$$

という関係式をつくることができます。すると，項目 Ⅱ の式③はボルツマン定

数を用いて書き換えることができて，

$$\frac{1}{2}m\overline{v^2}=\frac{3}{2}\times\frac{nR}{N}\times T=\frac{3}{2}\times k\times T \qquad \text{よって，}\qquad \frac{1}{2}m\overline{v^2}=\frac{3}{2}kT$$

このように，気体分子1個の運動エネルギーの平均値はボルツマン定数を使って表すことができます。

> **ポイント** 気体分子（単原子分子）1個の運動エネルギーの平均値
>
> 気体分子1個の運動エネルギーの平均値 $\overline{K}$ は，ボルツマン定数 k と絶対温度 T を用いて，
>
> $$\overline{K}=\frac{3}{2}kT$$

ここで，1 mol の気体分子の個数を示すアボガドロ定数 N_A を用いると，気体分子の個数 N は，$N=nN_A$ と表せるので，これを式⑥に代入すると

$$k=\frac{nR}{N}=\frac{R}{N_A}=\frac{8.31\,\text{J/(mol}\cdot\text{K)}}{6.02\times10^{23}\,/\text{mol}}\fallingdotseq1.38\times10^{-23}\,\text{J/K}$$

と定まります。

Ⅴ 二乗平均速度

項目 Ⅱ の式③を使って，もう少し考えてみましょう。式③を変形して，

$$\overline{v^2}=\frac{3nRT}{mN}$$

両辺に平方根をとると，

$$\sqrt{\overline{v^2}}=\sqrt{\frac{3nRT}{mN}}=\sqrt{\frac{3RT}{mN_A}}$$

この，$\sqrt{\overline{v^2}}$ を**二乗平均速度**といって，気体分子の速さを表す1つのかたちです。速度 v [m/s] を2乗したものの平均 $(\overline{v^2})$ の平方根をとっているので，単位はちゃんと [m/s] に戻っています。

この式の中の「mN_A」は，分子1個の質量 m と1 mol の分子の個数（アボガドロ定数）N_A を掛けあわせたものなので，**気体分子 1 mol あたりの質量**を示しています。これは気体の**モル質量**とよばれる物理量で，単位は **[kg/mol]** です。この**モル質量は気体の種類によって決まっている**ので，モル質

量を M とすると，2乗平均速度は，

$$\sqrt{\overline{v^2}} = \sqrt{\frac{3RT}{M}}$$

となります。

ポイント 気体分子の二乗平均速度

質量 m，絶対温度 T の気体分子の二乗平均速度 $\sqrt{\overline{v^2}}$ は，気体定数を R，アボガドロ定数を N_A，気体のモル質量を M とすると，

$$\sqrt{\overline{v^2}} = \sqrt{\frac{3RT}{mN_A}} = \sqrt{\frac{3RT}{M}}$$

例 温度 27℃ のヘリウム（原子量 4）気体について，ヘリウム原子の二乗平均速度を求めてみましょう。気体定数を $R = 8.3$ J/(mol·K) とします。

化学では原子量や分子量は 1 モルあたりの質量として〔g〕で示されています。ヘリウムの原子量は 4.0 なので，1 モルあたり 4.0 g であることがわかります。これがヘリウムのモル質量です。ただ，物理では質量の単位には〔kg〕を用いる必要があります。すると，ヘリウムのモル質量は $M = 4.0$ g$= 4.0 \times 10^{-3}$ kg です。また，温度は 27℃ なので，絶対温度は $T = 273 + 27 = 300$ K として，ヘリウム原子の二乗平均速度は，

$$\sqrt{\overline{v^2}} = \sqrt{\frac{3RT}{M}} = \sqrt{\frac{3 \times 8.3 \times 300}{4.0 \times 10^{-3}}} = \sqrt{\frac{3 \times 8.3 \times 3}{40} \times 10^6}$$

$$= \frac{3}{2}\sqrt{\frac{8.3}{10}} \times 10^3 \fallingdotseq 1.4 \times 10^3 \text{ m/s}$$

となります。

気温 27℃ の空気中の音速が約 348 m/s なので，上の値はそれよりも速いですね。こんな速い分子が自分たちのまわりを飛びまわっているのに，全然そんな感じがしないのがまた不思議ですね！

第**1**講

電場

この講で学習すること

Step 1 クーロンの法則を覚えよう

　ここから，高校物理で力学と並んでもう1つの大きなテーマである電磁気について学習しましょう。
　　　　　　　　　　　　　　　　　　　　　　　　　　　　　↳電気＋磁気

　まずは，電気についてです。はじめのうちは覚えることが多いのですが，一つひとつていねいに学習を進めましょう。

I モノをかたちづくる小さな粒子

　地球上に存在するすべてのモノは，**原子**という小さな粒が集まってできています。その原子は，**原子核**と**電子**という，より小さな粒子からできています。さらに原子核は，**陽子**と**中性子**という，もっと小さな粒子に分けることができます。

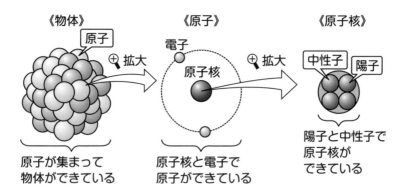

《物体》	《原子》	《原子核》
原子が集まって 物体ができている	原子核と電子で 原子ができている	陽子と中性子で 原子核が できている

II 電気をもつ粒子にはたらく力

　前項 I で説明した粒子の中には，電気をもつものがあります。電気には正と負があり，

　　　　陽子 … **正（＋）の電気をもつ粒子**
　　　　　　　　　せい（プラス）
　　　　電子 … **負（－）の電気をもつ粒子**
　　　　　　　　　ふ（マイナス）

ということが知られています。

　電気をもつ粒子は，他の電気をもつ粒子に力を与えたり，力を受けたりします。このような**電気どうしのおよぼしあう力**を**電気力**または**静電気力**といいます。

下の図のように，同じ符号どうしの場合は，遠ざけようとする**斥力**（反発力）
　　　　　　　└→正と正，負と負
がはたらきます。一方，異なる符号どうしの場合は，近づけようとする**引力**が生
じます。　　　　　　└→正と負

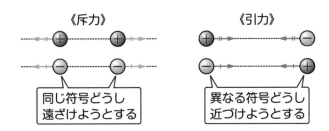

《斥力》　　　　　　　　《引力》

同じ符号どうし
遠ざけようとする

異なる符号どうし
近づけようとする

Ⅲ クーロンの法則

静電気力の大きさには，

① **物体のもつ電気の量**
② **電気をもつ物体どうしの距離**

が関わってきます。

物体がもつ電気のことを**電荷**といい，その電荷の量を**電気量**といいます。こ
　　　　　　　　　　　└→正の場合は正電荷，負の場合は負電荷
の**電気量が大きいほど，電荷がおよぼしあう静電気力の大きさが**
大きくなります。電気量の単位には〔**C**〕を使います。
　　　　　　　　　　　　　クーロン

物体の大きさを無視した電荷を**点電荷**といいます。「ものすごく小さな球体
が電気をもっている」というイメージです。

2 つの点電荷がおよぼしあう静電気力の大きさは，次の**クーロンの法則**を
用いて求めることができます。

ポイント クーロンの法則

電気量の大きさ Q_1，Q_2 の 2 つの点電荷が，距離 r だけ離
れているとき，互いにおよぼしあう静電気力の大きさ F は，
クーロンの法則の比例定数を k とすると，

$$F = k\frac{Q_1 Q_2}{r^2}$$

このかたち，万有引力の法則 $F=G\dfrac{Mm}{r^2}$ にそっくりですね！

┌─── 万有引力の法則 ───┐
質量 をもつ物体は
互いに 万有引力 をおよぼしあう
└─────────────────┘
⟷
┌─── クーロンの法則 ───┐
電気量 をもつ点電荷は
互いに 静電気力 をおよぼしあう
└─────────────────┘

静電気力は，万有引力と同様に**互いにおよぼしあう力**なので，2つの電荷に同じ大きさの力が作用します。

《点電荷がともに正の場合》   《点電荷が正と負の場合》

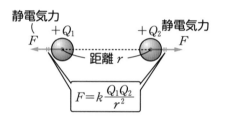

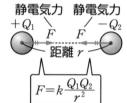

電気量の大きい電荷の方が，小さい電荷よりも大きな静電気力を受ける…ではないことに注意しましょう！

　ここで，クーロンの法則の比例定数 k の値は，点電荷の置かれたまわりの物質によって異なり，特に真空中での k の値を k_0 とすると，
　　$k_0 = 9.0 \times 10^9 \ \text{N·m}^2/\text{C}^2$
となります。空気中の k の値も k_0 とほぼ等しいです。

例　2つの点電荷がおよぼしあう静電気力の，大きさと向き（互いに近づくか遠ざかるか）を求めてみましょう。クーロンの法則の比例定数を
$k = 9.0 \times 10^9 \ \text{N·m}^2/\text{C}^2$ とします。
　①　距離 d だけ離れている電気量 $+q_1$ $(q_1 > 0)$ と $-q_2$ $(q_2 > 0)$ の点電荷がおよぼしあう静電気力

電気量の大きさは q_1, q_2 なので，求める静電気力の大きさを F_1 とすれば，クーロンの法則より，

$$F_1 = k\frac{q_1 q_2}{d^2}$$

電気量が正と負なので，静電気力の向きは互いに近づく向き（引力）になります。

② 距離 0.020 m だけ離れている電気量 -4.0×10^{-7} C と -2.0×10^{-8} C の点電荷がおよぼしあう静電気力

電気量の大きさは 4.0×10^{-7} C と 2.0×10^{-8} C なので，求める静電気力の大きさを F_2 とすれば，クーロンの法則より，

$$F_2 = 9.0 \times 10^9 \times \frac{4.0 \times 10^{-7} \times 2.0 \times 10^{-8}}{(2.0 \times 10^{-2})^2}$$

$\quad\quad \hookrightarrow 0.020\,\text{m} = 2.0 \times 10^{-2}\,\text{m}$

$$= \frac{9.0 \times 4.0 \times 2.0}{2.0^2} \times 10^{9-7-8+4}$$

$$= 18 \times 10^{-2}$$

$$= 0.18\,\text{N}$$

電気量がともに負なので，静電気力の向きは互いに遠ざかる向き（斥力）になります。

力の大きさをクーロンの法則で求めて，向きは電荷（電気量）の正負で決めましょう！

Step 2 電場の考え方を理解しよう

Ⅰ 電場のイメージ

電荷どうしがおよぼしあう静電気力は，**接触していないのにはたらく力**です。これは，電荷が下の図のように「**離れている他の電荷に静電気力を与えられる空間**である電場をつくり出しているから」と考えます。電場は電界ともいいます。

あるところに電荷を
置いてみると

電荷のまわりに
電場が広がる
ようなイメージ

電荷がなければ電場もないのですが，電荷を置いた
瞬間に，その電荷のまわりに電場という空間がバッ
と広がる，みたいなイメージです！

Ⅱ 電場の定義

下の図のように，点電荷Aの電場中に他の点電荷Bが入ると，BはAから電場を通して静電気力を受けることになります。

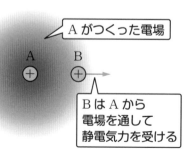

Aがつくった電場

A　B

BはAから
電場を通して
静電気力を受ける

　点電荷Aのつくる電場は，どのくらい電気的な影響を与える空間なのか？それを明確にするために，ある場所の電場は，

＋1Ｃの点電荷が受ける静電気力

で定義されます。前ページの図でいうと，点電荷Bを ＋1Ｃ として，

　　　（Bの受ける静電気力）＝（AがBの位置につくる電場）

となります。

> **ポイント**　電場（電界）の定義
>
> 　　（電場）＝（＋1Ｃ の点電荷が受ける静電気力）
> 　⟶　ある点の電場は，＋1Ｃ の点電荷を置いて，この点電荷
> 　　　が受ける静電気力を考えればよい

Ⅲ　電場の強さと向き

　静電気力の大きさはクーロンの法則で，向きは電荷の正負で求められたように，電場の強さと向きを考えてみましょう。

　下の図のように，ある点に電気量 ＋Q [C] （$Q>0$）の点電荷Aを置いたとき，この電荷から距離 r [m] だけ離れた点Pの電場を考えます。

　Ⅱ より，（点Pの電場）＝（点Pにある ＋1Ｃ の点電荷が受ける静電気力）となるので，点Pに ＋1Ｃ の点電荷があるものとして，＋1Ｃ が受ける静電気力を考えると，それが点Pの電場になります。静電気力の大きさはクーロンの法則より，

$$k\frac{Q\times 1}{r^2}=k\frac{Q}{r^2}$$

と求められます。これが，点電荷Aが点Pにつくる電場の強さ（大きさ）です。電場の強さの単位は [N/C]（ニュートン毎クーロン）を使います。「1Ｃが受ける力」を示していますね。

　また，このときの電場の向きは，＋と＋の電荷がおよぼしあう力なので，Aから遠ざかる向きです。

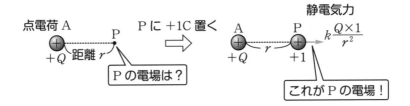

例 右の図のように，ある点に電気量 $-Q$ [C] $(Q>0)$ の点電荷Bを置いたとき，この点電荷から距離 r [m] だけ離れた点Pの電場の強さと向きを求めてみましょう。

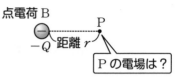

点Pでの電場の強さを E [N/C] とすると，クーロンの法則より，

$$E=k\frac{Q\times1}{r^2}=k\frac{Q}{r^2} \text{ [N/C]}$$ ◀ 電気量は「大きさ」で計算する！

また，点Pでの電場の向きは，負と正の電荷がおよぼしあう力なので，下の図のようにBに近づく向きとなります。

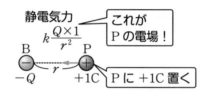

ポイント 電場の強さと向き

電気量 Q の点電荷が，距離 r の位置につくる電場の強さ E は，クーロンの法則の比例定数を k とすると，

$$E=k\frac{|Q|}{r^2}$$

$Q>0$（正電荷）のときは点電荷から遠ざかる向き，$Q<0$（負電荷）のときは点電荷に近づく向き

練習問題①

右図のように，x-y 平面の原点Oに電気量 $-q$ $(q>0)$ の点電荷があるとき，点 P$(d, 0)$，点 Q$(0, -d)$，点 R$(d, -d)$ の電場の強さと向きを求めよ。クーロンの法則の比例定数を k とする。

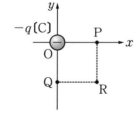

解説

考え方のポイント 各点に $+1\,\mathrm{C}$ の点電荷を置いてみましょう。電場の強さは，点電荷の電気量の大きさと，電場を求める点までの距離で求めることができます。電場の向きは，点電荷が負であることから，点電荷に近づく向きですね。

点P：点電荷からPまでの距離は d であるから，求める電場の強さを E_1 とすれば，

$$E_1 = \frac{kq}{d^2} \quad \blacktriangleleft E = k\frac{Q}{r^2} \text{ の } Q \text{ は電気量の「大きさ」！}$$

また，電場の向きは，下図aのように x 軸負の向きとなる。

点Q：点電荷からQまでの距離は d であるから，求める電場の強さを E_2 とすれば，

$$E_2 = \frac{kq}{d^2}$$

また，電場の向きは，下図aのように y 軸正の向きとなる。

点R：点電荷からRまでの距離は $\sqrt{2}\,d$ であるから，求める電場の強さを E_3 とすれば，

$$E_3 = k\frac{q}{(\sqrt{2}\,d)^2} = \frac{kq}{2d^2}$$

また，電場の向きは，下図bのようにRからOに近づく向きとなる。

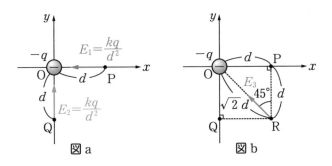

図a　図b

答　点P：$\dfrac{kq}{d^2}$，x 軸負の向き　　点Q：$\dfrac{kq}{d^2}$，y 軸正の向き

点R：$\dfrac{kq}{2d^2}$，RからOの向き

Ⅳ 電場と静電気力の関係

電荷が受ける静電気力を，電場を使って表してみます。

例 $+Q$ 〔C〕$(Q>0)$ の点電荷Aから距離 r 〔m〕だけ離れた点Pに電気量 $+q$ 〔C〕
$(q>0)$ の点電荷Bを置いたとき，点電荷Bが受ける静電気力を考えてみま
しょう。下の図より，点電荷Bが受ける静電気力の大きさを F とすれば，クー
ロンの法則を用いて，

$$F=k\frac{Qq}{r^2}$$

となります。ここで点
Pの電場の強さを E と

(P) $\boxed{F=k\dfrac{Qq}{r^2}=qE}$

静電気力の向きは
電場の向きと同じ

すると $E=k\dfrac{Q}{r^2}$ となるので，上の式は，

$$F=q\times k\frac{Q}{r^2}=qE$$

と表すことができ，**静電気力 F は，電場 E の q 倍**とわかります。

また，点Pの電場の向きは点電荷Aから遠ざかる向きで，点電荷Bが受け
る静電気力と同じです。つまり，正電荷は電場と同じ向きに静電気力を受
けます。

点Pに $-q$ 〔C〕$(q>0)$ の点電荷Cを置く
と，右の図のように，求める静電気力の大き
さ F は，点電荷Bと同じく $F=qE$ です。
しかし，静電気力の向きはAに近づく向き
なので，電場の向きとは逆です。つまり，負
電荷は電場と逆向きに静電気力を受けます。

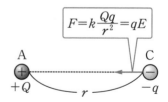

ポイント 電場と静電気力の関係

電場 E の位置で，電気量 q の点電荷が受ける静電気力 F
は，

$$F=qE$$

$q>0$（正電荷）のときは電場と同じ向き，$q<0$（負電荷）
のときは電場と逆向きに力を受ける

Step **3** 電場を合成してみよう

　電場は +1 C の電荷が受ける静電気「力」なので，他の力と同様に**ベクトルとして合成することができます。**

Ⅰ 一直線上での電場の合成

例 下の図のように，電気量がともに +Q（Q>0）の点電荷 A と B を，一直線上で距離 2a だけ離して置きます。このとき，AB の中間点 P における電場と，A から左に距離 a だけ離れている点 Q の電場を，それぞれ求めてみましょう。

① 点 P での電場

　点電荷 A と点電荷 B は，**それぞれ別々に電場をつくっています。**
下の図のように，点電荷 A が点 P につくる電場の強さは $E_A = k\dfrac{Q}{a^2}$ で，向きは A から遠ざかる向きです。一方，点電荷 B が点 P につくる電場の強さは $E_B = k\dfrac{Q}{a^2}$ で，向きは B から遠ざかる向きです。

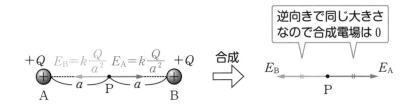

　この 2 つの電場は逆向きで同じ大きさですから，ベクトルとして合成すると打ち消しあいます。よって，点 P の合成電場は 0 になります。

② 点Qの電場

下の図のように，点電荷Aが点Qにつくる電場の強さは $E_A' = k\dfrac{Q}{a^2}$ で，向きはAから遠ざかる向きです。一方，点電荷Bが点Qにつくる電場の強さは $E_B' = k\dfrac{Q}{(3a)^2} = \dfrac{kQ}{9a^2}$ で，向きはBから遠ざかる向きです。

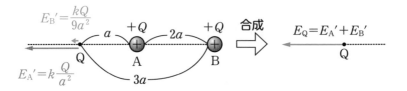

この2つの電場は同じ向きですね。ベクトルとして合成すると，点Qの合成電場の強さは，

$$E_Q = E_A' + E_B' = \frac{kQ}{a^2} + \frac{kQ}{9a^2} = \frac{10kQ}{9a^2}$$

となり，向きはAから遠ざかる向きになります。

合成電場を求めるときに，「AとBの電気量はあわせて $+2Q$ だから…」というように，先に電荷を合計しないようにしましょう。AとBはそれぞれ別々に電場をつくっているので，まずは電荷それぞれがつくる電場を考えることから始めましょう！

Ⅱ 平面内での電場の合成

例 右の図のような x-y 平面を考えます。この平面内の点 $(-a,\ 0)$ に電気量 $+Q\,(Q>0)$ の点電荷Cを置き，点 $(a,\ 0)$ に電気量 $+Q$ の点電荷Dを置きます。このとき，点 $R(0,\ a)$ の電場はどうなるでしょうか。

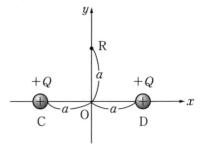

① それぞれの点電荷がつくる電場

点電荷Cから点Rまでの距離は $\sqrt{2}\,a$ とわかります。よって，点電荷C が点Rにつくる電場の強さ E_1 は，$E_1 = k\dfrac{Q}{(\sqrt{2}\,a)^2} = \dfrac{kQ}{2a^2}$ で，向きは点電荷 Cから遠ざかる向きです。

一方，点電荷Dから点Rまでの距離も $\sqrt{2}\,a$ とわかります。よって，点電荷Dが点Rにつくる電場の強さ E_2 は，$E_2 = k\dfrac{Q}{(\sqrt{2}\,a)^2} = \dfrac{kQ}{2a^2}$ で，向きは点電荷Dから遠ざかる向きです。 ◀ $E_1 = E_2$ になっている！

E_1，E_2 を表すベクトルを x-y 平面に描き込むと，下の図のようになります。

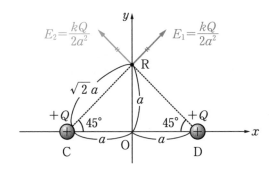

② 電場ベクトルの分解 → 合成

この2つの電場を合成しましょう。電場はベクトルなので，分解できますね。下の図のように，**x 成分と y 成分に分けて成分ごとに合成**していきます。

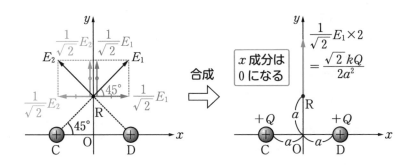

【x 成分】 前ページの図より，大きさがともに $\dfrac{1}{\sqrt{2}}E_1$ で逆向きになっているので，打ち消しあって 0 になります。 $\quad\rightarrow E_1=E_2$ なので，$\dfrac{1}{\sqrt{2}}E_2=\dfrac{1}{\sqrt{2}}E_1$

【y 成分】 大きさがともに $\dfrac{1}{\sqrt{2}}E_1$ で同じ向き（y 軸正の向き）なので，合成すると，

$$\frac{1}{\sqrt{2}}E_1\times 2=\sqrt{2}\,E_1=\sqrt{2}\times\frac{kQ}{2a^2}=\frac{\sqrt{2}\,kQ}{2a^2}$$

したがって，合成電場の向きは y 軸正の向きで，大きさは $\dfrac{\sqrt{2}\,kQ}{2a^2}$ となります。

ポイント 電場の合成

複数の電荷がつくる電場は，ベクトルとして合成する
⟶ 向きが違うときは，各電場を分解して，成分ごとに合成する

点電荷のつくる電場，静電気力の求め方など，次の練習問題でここまでの確認をしましょう！

練習問題②

右図のような x–y 平面において，点 $(-d,\ 0)$ に電気量 $+Q\,(Q>0)$ の点電荷Aを置き，点 $(d,\ 0)$ に電気量 $-Q$ の点電荷Bを置く。クーロンの法則の比例定数を k として，以下の問いに答えよ。

(1) 原点Oの電場の強さと向きを求めよ。

(2) 点 $S(0,\ \sqrt{3}\,d)$ の電場の強さと向きを求めよ。

(3) 点Sに電気量 $-2q\,(q>0)$ の点電荷Cを置いたとき，Cが受ける静電気力の大きさと向きを求めよ。

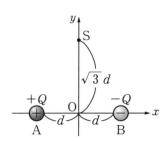

解説

考え方のポイント　　まずは，点電荷 A，B がつくる電場をそれぞれ求めましょう。その後，方向が違うときは，x 成分と y 成分に分解して，成分ごとに合成します。電場中で，電気量 q の電荷が受ける静電気力の大きさは，電場の q 倍になります！

(1)　点電荷 A，B から原点 O までの距離はともに d である。よって，点電荷 A，B がそれぞれ原点 O につくる電場の強さ E_A，E_B は，

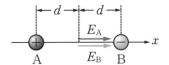

$$E_A = k\frac{Q}{d^2}, \qquad E_B = k\frac{Q}{d^2}$$

電場の向きは，上図のようにともに x 軸正の向きになる。以上より，2 つの電場を合成して，原点 O の電場の強さは，

$$E_A + E_B = \frac{2kQ}{d^2}$$

電場の向きは，x 軸正の向きとなる。

(2)　点電荷 A，B から点 S までの距離はともに $2d$ である。よって，点電荷 A，B がそれぞれ点 S につくる電場の強さ $E_A{}'$，$E_B{}'$ は，

$$E_A{}' = k\frac{Q}{(2d)^2} = \frac{kQ}{4d^2}, \qquad E_B{}' = k\frac{Q}{(2d)^2} = \frac{kQ}{4d^2}$$

電場の向きは，それぞれ右図のようになる。この電場を x 軸方向，y 軸方向に分解すると，下図のようになる。

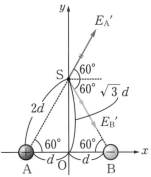

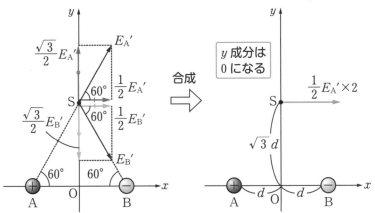

【**x 成分**】 前ページの図より，大きさがともに $E_A{}'\cos 60° = \dfrac{1}{2}E_A{}'$ で同じ向き

（x 軸正の向き）なので，合成すると， ⟶ $E_A{}' = E_B{}'$ なので，$\dfrac{1}{2}E_B{}' = \dfrac{1}{2}E_A{}'$

$$\frac{1}{2}E_A{}' \times 2 = E_A{}' = \frac{kQ}{4d^2}$$

【**y 成分**】 大きさがともに $E_A{}'\sin 60° = \dfrac{\sqrt{3}}{2}E_A{}'$ で逆向きになっているので，打

ち消しあって 0 になる。

　以上より，点 S での合成電場の強さは x 成分のみで $\dfrac{kQ}{4d^2}$，向きは x 軸正の向き

になる。

(3) 点電荷 C は，電場の $-2q$ 倍の静電気力を受
けるので，求める静電気力の大きさは，

$$2qE_A{}' = 2q \times \frac{kQ}{4d^2} = \frac{kQq}{2d^2}$$

　静電気力の向きは，負電荷であることから，
右図のように x 軸負の向きとなる。

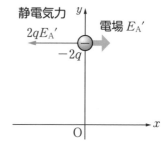

答　(1) 強さ：$\dfrac{2kQ}{d^2}$，向き：x 軸正の向き

　　(2) 強さ：$\dfrac{kQ}{4d^2}$，向き：x 軸正の向き

　　(3) 大きさ：$\dfrac{kQq}{2d^2}$，向き：x 軸負の向き

Step **4** 電場を電気力線で考えよう

I 電気力線とは

① 点電荷が1つの場合

　正の点電荷が1つだけ存在する場（空間）を考えます。点電荷のまわりには電場があり，その向きを見ていくと，下の図のように正の点電荷から遠ざかる向きになります。この各点の電場の向きをつないだ線が**電気力線**です。

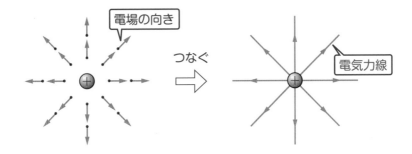

　一方，負の点電荷が1つだけ存在する場では，電場の向きは下の図のように負の点電荷に近づく向きになり，電気力線を描くと図のようになります。

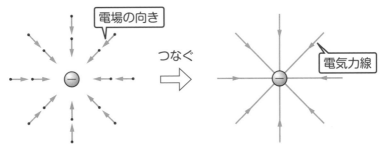

　「正電荷からは電気力線が出ていく」「負電荷には電気力線が入っていく」というイメージですね！

正の点電荷から出た電気力線は無限遠まで進み，負の点電荷に入る電気力線は無限遠から来る，と考えます。

② 点電荷が2つの場合

正の点電荷と負の点電荷が1つずつある場では，電気力線はどのように描けるのでしょうか？

電気力線は，正電荷からは出ていき，負電荷には入っていく性質があるので，右の図のように**正電荷から出て負電荷に入る**かたちになります。また，**途中で折れ曲がらず，交差せず，枝分かれしません**。

《正と負の場合》

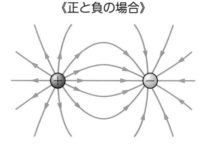

また，正と正の場合，負と負の場合の電気力線は，下の図のようになります。

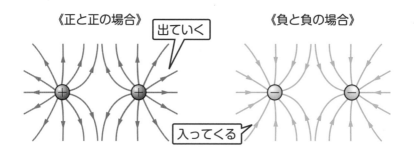

《正と正の場合》　出ていく

入ってくる

《負と負の場合》

ポイント 電気力線

・電場の向きを示した線
・正電荷から出て負電荷に入る。正電荷のみなら無限遠へ出て，負電荷のみなら無限遠から入る
・途中で折れ曲がったり，交差したり，枝分かれしない

Ⅱ 電気力線と電場の強さ

　前項 Ⅰ より，電場の向きは電気力線の向きと同じでした。では，電場の強さと電気力線は，関係があるのでしょうか？
　実は，**電場の強さは電気力線の本数で表される**のです。

ポイント 電気力線と電場の強さ

　電場の強さは，単位面積を垂直に貫く電気力線の本数で表される
　　　　　　↳ 1 m²

例　右の図のように正の点電荷から電気力線が出ているとき，位置Aと位置Bの電場の強さを考えてみましょう。

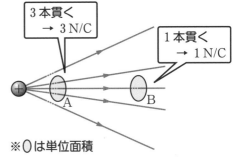

3本貫く → 3 N/C

1本貫く → 1 N/C

※◯は単位面積

　Aでは単位面積あたり3本の電気力線が貫いているので，Aの電場の強さは3 N/Cになります。
　一方，Bでは単位面積あたり1本の電気力線が貫くので，電場の強さは1 N/Cですね。

点電荷では放射状に電気力線が描かれるので，点電荷から離れるほど単位面積を貫く本数が少なくなり，電場が弱くなることがわかります！

Ⅲ ガウスの法則

　電場を考える上で，電気力線の本数はとても重要です。電荷から何本の電気力線が出ていくのか，あるいは入るのか。この電荷と電気力線の本数の関係は，**ガウスの法則**によって決まっています。

電気量の大きさ Q の電荷に出入りする電気力線の本数 N は、クーロンの法則の比例定数を k とすると、ガウスの法則より、

$$N = 4\pi k Q$$

ガウスの法則を用いて電気力線の本数を求め、さらに電場の強さを導いてみましょう。

例 電気量 $+Q$〔C〕($Q>0$)の点電荷が1つだけ存在する場で、電気力線の総本数と、点電荷から距離 r〔m〕だけ離れたところの電場の強さを考えます。

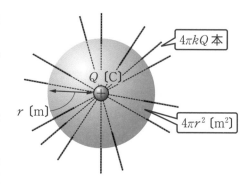

点電荷は非常に小さな球体で、電気力線が全方向にまっすぐ出ています。ガウスの法則より、この電気力線の総本数は $4\pi kQ$ になります。

この点電荷から「距離 r〔m〕だけ離れたところ」というと、上の図のように、**点電荷を中心とする半径 r〔m〕の球の表面すべて**になります。この球の表面積は $4\pi r^2$〔m²〕ですね。

Ⅱ より、電場の強さ E〔N/C〕は**単位面積を貫く電気力線の本数**なので、

$$E = \frac{\text{電気力線の総本数}}{\text{面積}} = \frac{4\pi kQ}{4\pi r^2} = k\frac{Q}{r^2} \qquad \blacktriangleleft クーロンの法則と同じ！$$

このように、ガウスの法則で考えても、クーロンの法則で考えても同じ結果になることがわかります。

電気力線を描くと、本来目で見えない電場がどんなふうに存在しているのか、イメージしやすくなります。「本数」や「電荷への出入りのしかた」などに注目して、電気力線を用いた電場の見方を身につけましょう！

第 **2** 講

電位

Step 1 静電気力による位置エネルギーを表そう

I 「静電気力による位置エネルギー」とは

第1講で学習したように，点電荷を置くと，そのまわりに電場が広がります。この電場の中に他の電荷が入ると，右の図のように，どこにいても必ず静電気力を受けます。

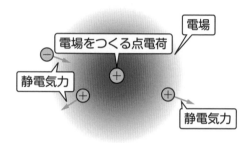

このどこにいても受ける力は，力学分野で考えると，重力もそうですね。重力を受ける空間では，高さによって位置エネルギーを決めることができます。同様に，静電気力でも場所によって位置エネルギーを考えることができそうです。

II 静電気力による位置エネルギーの表し方

① 静電気力と万有引力はそっくり！

第1講 Step 1 III で学習したように，静電気力 $F=k\dfrac{Qq}{r^2}$ と万有引力 $F=G\dfrac{Mm}{r^2}$ は，考え方や式のかたちがとてもよく似ていました。そこで，静電気力による位置エネルギーを考えるために「万有引力による位置エネルギー」を参考にしましょう。

② 万有引力による位置エネルギー

　下の図のように，質量 M の物体のまわりで，距離 r だけ離れたところにある質量 m の物体の万有引力による位置エネルギー U は，無限遠を基準 $(U=0)$ として，

$$U = -G\frac{Mm}{r}$$

◀ エネルギーが負になっているのは，万有引力の向きと基準（無限遠）に向かう向きが逆になっているから。

と表せました。

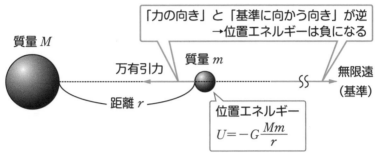

「力の向き」と「基準に向かう向き」が逆
→位置エネルギーは負になる

質量 M

万有引力　質量 m

距離 r

無限遠（基準）

位置エネルギー
$$U=-G\frac{Mm}{r}$$

位置エネルギーの正負の違いがあやふやな人は，力学編に戻りましょう！

③ 静電気力による位置エネルギー

　では，上の ② を参考にして，静電気力による位置エネルギーを考えてみましょう。下の図のように，電気量 $+Q\,(Q>0)$ の点電荷による電場の中で，距離 r だけ離れたところにある電気量 $+q\,(q>0)$ の点電荷がもつ，静電気力による位置エネルギー U_1 を考えます。

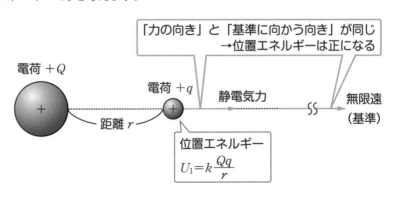

「力の向き」と「基準に向かう向き」が同じ
→位置エネルギーは正になる

電荷 $+Q$

電荷 $+q$　静電気力

無限遠（基準）

距離 r

位置エネルギー
$$U_1 = k\frac{Qq}{r}$$

無限遠を基準として，万有引力による位置エネルギーと同様に考えると，$G \rightarrow k$，$M \rightarrow Q$，$m \rightarrow q$ に対応するので，クーロンの法則の比例定数を k とすると，

$$U_1 = k\frac{Qq}{r}$$ ◀ 静電気力の向きと基準（無限遠）に向かう向きが同じなので，位置エネルギーは正になる。

と表せます。

 例 下の図のように，電気量 $-Q$ $(Q>0)$ の点電荷による電場の中で，距離 r だけ離れたところにある電気量 $+q$ $(q>0)$ の点電荷がもつ，静電気力による位置エネルギー U_2 を表してみましょう。

無限遠を基準として，万有引力による位置エネルギーと同様に考えると，

$$U_2 = -k\frac{Qq}{r}$$ ◀ 静電気力と基準（無限遠）に向かう向きが逆なので，位置エネルギーは負になる。

と表せます。

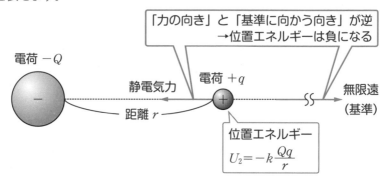

「力の向き」と「基準に向かう向き」が逆
→位置エネルギーは負になる

電荷 $-Q$　　静電気力　電荷 $+q$　　　　無限遠（基準）

距離 r

位置エネルギー
$U_2 = -k\dfrac{Qq}{r}$

ポイント 静電気力による位置エネルギー

電気量 Q の点電荷から距離 r だけ離れた位置で，電気量 q の点電荷がもつ静電気力による位置エネルギー U は，クーロンの法則の比例定数を k とすると，

$$U = k\frac{Qq}{r} \quad (\text{無限遠を基準}\,(U=0)\,\text{とする})$$

点電荷の符号どうしを掛け算して，正になったら位置エネルギーも正，負になったら位置エネルギーも負になります！

次の(1)〜(3)の位置エネルギーを，それぞれ求めよ。ただし，無限遠を位置エネルギーの基準とし，クーロンの法則の比例定数を k とし，(3)では $k = 9.0 \times 10^9 \, \text{N} \cdot \text{m}^2/\text{C}^2$ を用いよ。

(1) 電気量 $+q_1 \, (q_1 > 0)$ の点電荷から距離 R だけ離れた位置にある，電気量 $+q_2$ $(q_2 > 0)$ の点電荷がもつ静電気力による位置エネルギー U_1

(2) 電気量 $+Q \, (Q > 0)$ の点電荷から距離 $3r$ だけ離れた位置にある，電気量 $-2Q$ の点電荷がもつ静電気力による位置エネルギー U_2

(3) 電気量 $-4.0 \, \text{C}$ の点電荷から距離 $2.0 \, \text{m}$ だけ離れた位置にある，電気量 $+3.0 \, \text{C}$ の点電荷がもつ静電気力による位置エネルギー U_3 〔J〕

解説

考え方のポイント 位置エネルギーでは正負の符号も大事になります。位置エネルギーの公式 $U = k\dfrac{Qq}{r}$ を用いるときは，Q と q には電荷の符号も含めて代入します。

(1) $U_1 = k\dfrac{(+q_1) \times (+q_2)}{R} = \dfrac{kq_1q_2}{R}$

(2) $U_2 = k\dfrac{(+Q) \times (-2Q)}{3r} = -\dfrac{2kQ^2}{3r}$

(3) $U_3 = 9.0 \times 10^9 \times \dfrac{(-4.0) \times (+3.0)}{2.0} = -5.4 \times 10^{10} \, \text{J}$

答 (1) $\dfrac{kq_1q_2}{R}$　　(2) $-\dfrac{2kQ^2}{3r}$　　(3) $-5.4 \times 10^{10} \, \text{J}$

Step 2 電位の考え方を理解しよう

I 電位の定義

第1講のおさらいですが、電場の中に +1 C の点電荷を置くとして、この

+1 C の点電荷が受ける静電気力 ⟹ 電場

と定義していました。この Step 2 ではさらに、

+1 C の点電荷がもつ
静電気力による位置エネルギー ⟹ 電位

という定義に基づいて、電位について学習していきましょう。

電位の単位には [V]（ボルト）を用います。電位は1C あたりのエネルギーなので、[V]＝[J/C] と表すことができます。

また、この講では、点電荷による電位についてはすべて**無限遠を基準**とします。

> **ポイント** 電位の定義
>
> （電位）＝（+1 C の点電荷がもつ静電気力による位置エネルギー）

II 点電荷による電位

右の図のように、ある点に電気量 +Q [C] (Q>0) の点電荷Aを置いたとき、この点電荷から距離 r [m] だけ離れた点Pの電位 V_1 [V] を考えます。

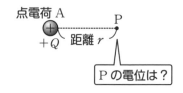

I より、（点Pの電位）＝（点Pにある +1 C の点電荷がもつ静電気力による位置エネルギー）となるので、

$$V_1 = k\frac{Q \times 1}{r} = k\frac{Q}{r} \text{ [V]}$$

となります。

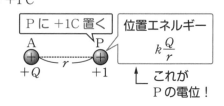

電気量 $-Q$ [C] $(Q>0)$ の点電荷Bを置いたとき，この点電荷から距離 r [m] だけ離れた点Pの電位 V_2 [V] を求めてみましょう。

I より，(点Pの電位)＝(点Pにある $+1$ C がもつ静電気力による位置エネルギー) となるので，

$$V_2 = k\frac{(-Q) \times 1}{r} = -k\frac{Q}{r} \text{ [V]}$$

となります。

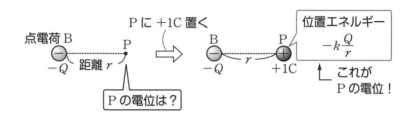

ポイント 点電荷による電位

電気量 Q の点電荷から距離 r だけ離れた位置の電位 V は，クーロンの法則の比例定数を k とすると，

$$V = k\frac{Q}{r} \quad （無限遠を基準（V=0）とする）$$

点電荷による電位は，「電気量」と「距離」で決めることができます。また，点電荷が正電荷なら正の電位，負電荷なら負の電位になります！

次の(1)～(4)について，それぞれの電位を求めよ。ただし，無限遠を電位の基準とし，クーロンの法則の比例定数を k とする。(3)，(4)では，$k = 9.0 \times 10^9 \, \text{N·m}^2/\text{C}^2$ を用いよ。

(1) 電気量 $+q \, (q > 0)$ の点電荷から，距離 d だけ離れた位置の電位 V_1

(2) 電気量 $-3Q \, (Q > 0)$ の点電荷から，距離 $2r$ だけ離れた位置の電位 V_2

(3) 電気量 $+2.0 \, \text{C}$ の点電荷から，距離 $2.0 \, \text{m}$ だけ離れた位置の電位 $V_3 [\text{V}]$

(4) 電気量 $-8.0 \times 10^{-6} \, \text{C}$ の点電荷から，距離 $0.40 \, \text{m}$ だけ離れた位置の電位 $V_4 [\text{V}]$

解説

考え方のポイント 電位でも正負の符号が大事です。点電荷による電位の公式 $V = k\dfrac{Q}{r}$ では，電気量 Q は電荷の符号も含めて用います！

(1) $V_1 = k\dfrac{+q}{d} = \dfrac{kq}{d}$ ◀正電荷なので，正の電位

(2) $V_2 = k\dfrac{-3Q}{2r} = -\dfrac{3kQ}{2r}$ ◀負電荷なので，負の電位

(3) $V_3 = 9.0 \times 10^9 \times \dfrac{2.0}{2.0} = 9.0 \times 10^9 \, \text{V}$

(4) $0.40 \, \text{m} = 4.0 \times 10^{-1} \, \text{m}$ として，

$$V_4 = 9.0 \times 10^9 \times \dfrac{-8.0 \times 10^{-6}}{4.0 \times 10^{-1}}$$

$$= -\dfrac{9 \times 8}{4} \times 10^{9-6+1} = -18 \times 10^4 = -1.8 \times 10^5 \, \text{V}$$

答 (1) $\dfrac{kq}{d}$ (2) $-\dfrac{3kQ}{2r}$ (3) $9.0 \times 10^9 \, \text{V}$ (4) $-1.8 \times 10^5 \, \text{V}$

Ⅲ 電位と静電気力による位置エネルギーの関係

　前項 **Ⅰ** より, （+1 C の点電荷がもつ静電気力による位置エネルギー）=（電位）とわかりました。これより, **電気量 q 〔C〕の電荷の位置エネルギー U 〔J〕は, 電位 V の q 倍になる**ので,

　　$U = qV$

と表すことができます。

ポイント　電位と静電気力による位置エネルギーの関係

　電位 V の位置で, 電気量 q の電荷がもつ静電気力による位置エネルギー U は,

　　　$U = qV$　（無限遠を基準 $(U=0)$ とする）

> q, V ともに正負の符号も含んでいます。符号に注意して, 位置エネルギーを考えましょう！

練習問題③

　次の(1)～(4)について, それぞれの位置エネルギーを求めよ。ただし, 無限遠を位置エネルギーの基準とする。

(1)　電位 $+V_1$ $(V_1 > 0)$ の位置で, 電気量 $+Q$ $(Q > 0)$ の電荷がもつ静電気力による位置エネルギー U_1

(2)　電位 $+3V$ $(V > 0)$ の位置で, 電気量 $-2q$ $(q > 0)$ の電荷がもつ静電気力による位置エネルギー U_2

(3)　電位 -7.0 V の位置で, 電気量 $+6.0$ C の電荷がもつ静電気力による位置エネルギー U_3 〔J〕

(4)　電位 -4.0×10^{-6} V の位置で, 電気量 -3.0×10^{-9} C の電荷がもつ静電気力による位置エネルギー U_4〔J〕

考え方のポイント 公式 $U=qV$ を，符号に注意して使いましょう！

(1)　$U_1 = QV_1$

(2)　$U_2 = (-2q) \times (+3V) = -6qV$

(3)　$U_3 = (+6.0) \times (-7.0) = -42 = -4.2 \times 10$ J

(4)　$U_4 = (-3.0 \times 10^{-9}) \times (-4.0 \times 10^{-6}) = 12 \times 10^{-15} = 1.2 \times 10^{-14}$ J

答　(1)　QV_1　　(2)　$-6qV$　　(3)　-4.2×10 J　　(4)　1.2×10^{-14} J

Step **3**　電位を合成しよう

I　電位の合成

第1講で電場を合成しましたが，電位も合成することができます。電場は静電気力なので向きも考えて合成しましたが，**電位は位置エネルギーなので向きがありません**。したがって，**そのまま和をとることができます**。

例 下の図のように，ともに電気量 $+Q\,(Q>0)$ の点電荷Aと点電荷Bを距離 $2r$ だけ離して固定します。AとBの中点Pの電位 V_{P} を求めてみましょう。

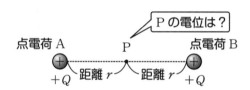

まず，点電荷Aと点Pは距離 r だけ離れているので，Aによる電位を V_{A} とすると，

$$V_{\mathrm{A}}=k\frac{Q}{r}$$

となります。次に，点電荷Bと点Pも距離 r だけ離れているので，Bによる電位を V_{B} とすると，

$$V_{\mathrm{B}}=k\frac{Q}{r}$$

となります。電位を合成するときはそのまま足しあわせればよいので，点Pの電位 V_{P} は，

$$V_{\mathrm{P}}=V_{\mathrm{A}}+V_{\mathrm{B}}=k\frac{Q}{r}+k\frac{Q}{r}=\frac{2kQ}{r}$$

《A による電位》《B による電位》

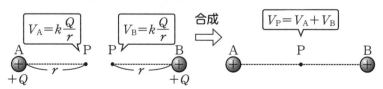

例 下の図のように，点電荷Bを電気量 $-q$ $(q>0)$ の点電荷Cと取り換えて，点Pの電位 V_P' を求めてみましょう。

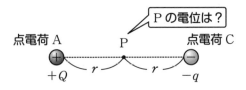

点電荷Cによる電位を V_C とすると，

$$V_C = k\frac{(-q)}{r} = -k\frac{q}{r}$$

となるので，求める点Pの電位 V_P' は，

$$V_P' = V_A + V_C = k\frac{Q}{r} - k\frac{q}{r} = \frac{k(Q-q)}{r}$$

ポイント 電位の合成

各電荷による電位を，そのまま足しあわせる

電場の合成では向きを考えてベクトル合成しましたね。それに比べると，電位の合成の方があかりやすいです！

練習問題④

右図のように，x-y 平面上の点 A$(-a,\ 0)$ に電気量 $+Q$ $(Q>0)$ の点電荷，点 B$(a,\ 0)$ に電気量 $-2Q$ の点電荷を固定する。(1)～(3)の各点の電位をそれぞれ求めよ。ただし，クーロンの法則の比例定数を k とする。

(1) 原点 O$(0,\ 0)$

(2) 点 C$(2a,\ 0)$

(3) 点 D$(0,\ a)$

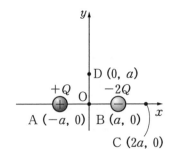

解説

考え方のポイント それぞれの点電荷による電位を公式で求めて，足しあわせましょう！

(1) 点Aと点Bからの距離はともに a なので，原点Oの電位 V_0 は，

$$V_0 = k\frac{Q}{a} + k\frac{-2Q}{a} = -\frac{kQ}{a}$$

(2) 点Aからの距離は $3a$，点Bからの距離は a なので，点Cの電位 V_C は，

$$V_C = k\frac{Q}{3a} + k\frac{-2Q}{a} = -\frac{5kQ}{3a}$$

(3) 点Aと点Bからの距離はともに $\sqrt{2}\,a$ なので，点Dの電位 V_D は，

$$V_D = k\frac{Q}{\sqrt{2}\,a} + k\frac{-2Q}{\sqrt{2}\,a} = -\frac{kQ}{\sqrt{2}\,a} = -\frac{\sqrt{2}\,kQ}{2a}$$

答 (1) $-\dfrac{kQ}{a}$ (2) $-\dfrac{5kQ}{3a}$ (3) $-\dfrac{\sqrt{2}\,kQ}{2a}$

Step 4 電気の世界での力学的エネルギー保存の法則

Ⅰ 点電荷の力学的エネルギー

電場中で点電荷は静電気力による位置エネルギーをもちます。また，**点電荷は質量をもつ物体なので，動いていれば運動エネルギーももちます**。したがって，電場中で点電荷の運動を考えるとき，**点電荷の力学的エネルギー**について式を立てることができます。

> ここでは電子のような，電荷をもつ小さな粒子（荷電粒子）の運動を考えます。そのため，重力の影響は静電気力に比べると極めて小さいので，重力による位置エネルギーは無視します！

ポイント 電場中の点電荷の力学的エネルギー

（点電荷の力学的エネルギー）
＝（運動エネルギー）＋（静電気力による位置エネルギー）

Ⅱ 点電荷の運動と力学的エネルギー保存の法則

点電荷の力学的エネルギーについて，関係式を立てることができれば，力学の問題と同じように速さなどを求めることができます。

例 次ページの図のように，電気量 $+Q$ $(Q>0)$ の点電荷Aを固定します。Aから距離 r だけ離れた点Xに，電気量 $+q$ $(q>0)$，質量 m の点電荷Bを静かに置くと，Bは静電気力を受けて運動しはじめます。その後，点電荷Bは，点電荷Aから距離 $2r$ だけ離れた点Yを，速さ v で通過したとします。

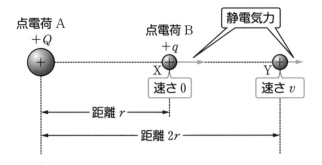

この運動には静電気力以外の**外力がはたらいていない**とすると, 点電荷Bの**力学的エネルギーは保存されます**。このことを用いて, 点Yでの速さ v を求めてみましょう。

> 力学編でも触れていますが, 静電気力は保存力です。点電荷Bには非保存力がはたらかないので, 力学的エネルギーは保存されますね!

① 電位を求める

まず, 点Xの電位を V_X, 点Yの電位を V_Y とすると, 上の図より,
　　　　└→距離 r　　　　└→距離 $2r$

$$V_X = k\frac{Q}{r}$$

$$V_Y = k\frac{Q}{2r} \quad \blacktriangleleft r < 2r \text{ なので, } V_X > V_Y \text{ となる}$$

② 運動エネルギー, 静電気力による位置エネルギーを求める

点Xについて考えると,

　　運動エネルギー: 0
　　　　　　　└→静かに置くので, 速さ 0
　　静電気力による位置エネルギー: qV_X

点Yについて考えると,

　　運動エネルギー: $\frac{1}{2}mv^2$

　　静電気力による位置エネルギー: qV_Y

③ 力学的エネルギー保存の法則を用いる

以上より，力学的エネルギー保存の法則を表す式は，

$$\underbrace{0+qV_{\mathrm{X}}}_{\substack{\text{点Xでの力学的}\\\text{エネルギー}}}=\underbrace{\frac{1}{2}mv^2+qV_{\mathrm{Y}}}_{\substack{\text{点Yでの力学的}\\\text{エネルギー}}}$$

v について解くと，

$$v^2=\frac{2q}{m}(V_{\mathrm{X}}-V_{\mathrm{Y}})=\frac{2q}{m}\left(k\frac{Q}{r}-k\frac{Q}{2r}\right)=\frac{2q}{m}\times\frac{kQ}{2r}=\frac{kQq}{mr}$$

よって，　$v=\sqrt{\dfrac{kQq}{mr}}$

> 点電荷も1つの**物体**としてとらえて，電位から静電気力による位置エネルギーを表すことができれば，力学で学んだことがそのまま使えますね！

練習問題⑤

　右図のように，x 軸上の原点（$x=0$）に電気量 $+Q$（$Q>0$）の点電荷Aを，$x=d$ のところに電気量 $+2Q$ の点電荷Bを固定する。クーロンの法則の比例定数を k として，以下の問いに答えよ。ただし，重力の影響は無視できるものとし，無限遠を電位の基準とする。

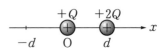

(1) $x=-d$ の位置の電位を求めよ。

　次に，右図のように，$x=-d$ のところに電気量 $+q$（$q>0$），質量 m の点電荷Cを静かに置いたところ，Cは x 軸負の向きに動き出した。

(2) $x=-d$ で点電荷Cがもつ静電気力による位置エネルギーを求めよ。

(3) 点電荷Cが $x=-2d$ を通過するときの速さ v を求めよ。

解説

考え方のポイント　　まず，点電荷 A と B それぞれによる電位を求めて，それらを足しあわせることで，各位置での電位を求めましょう。電荷が各位置でもつ静電気力による位置エネルギーは，電気量と電位の積で表せます。運動エネルギーも用いて，力学的エネルギー保存の法則を考えれば，速さを求めることができます！

(1)　$x=-d$ と点電荷 A との距離は d，点電荷 B との距離は $2d$ である。よって，求める電位を V_1 とすれば，

$$V_1 = k\frac{Q}{d} + k\frac{2Q}{2d} = \frac{2kQ}{d} \quad \cdots\cdots① $$

$\underbrace{\phantom{k\frac{Q}{d}}}_{\text{Aによる電位}}$　$\underbrace{\phantom{k\frac{2Q}{2d}}}_{\text{Bによる電位}}$

(2)　求める静電気力による位置エネルギーを U_1 とすれば，(1)より電位 V_1 を用いて，

$$U_1 = qV = \frac{2kQq}{d}$$

(3)　$x=-2d$ と点電荷 A との距離は $2d$，点電荷 B との距離は $3d$ である。よって，$x=-2d$ の電位を V_2 とすれば，

$$V_2 = k\frac{Q}{2d} + k\frac{2Q}{3d} = \frac{7kQ}{6d} \quad \cdots\cdots②$$

力学的エネルギー保存の法則より，

$$\frac{1}{2}m\times0^2 + qV_1 = \frac{1}{2}mv^2 + qV_2$$

$\underbrace{\phantom{\frac{1}{2}m\times0^2 + qV_1}}_{\substack{x=-d \text{ での力学的}\\ \text{エネルギー}}}$　$\underbrace{\phantom{\frac{1}{2}mv^2 + qV_2}}_{\substack{x=-2d \text{ での力学的}\\ \text{エネルギー}}}$

v について解くと，$v>0$ なので，

$$v = \sqrt{\frac{2q}{m}(V_1 - V_2)}$$

式①，②より V_1，V_2 を代入して，

$$v = \sqrt{\frac{2q}{m}\left(\frac{2kQ}{d} - \frac{7kQ}{6d}\right)} = \sqrt{\frac{5kQq}{3md}}$$

 答　(1) $\dfrac{2kQ}{d}$　(2) $\dfrac{2kQq}{d}$　(3) $\sqrt{\dfrac{5kQq}{3md}}$

電場と電位のイメージをつかもう

電場や電位の関係について，空間的なイメージをしてみましょう。

I 1つの点電荷による，電場と電位のイメージ

電位は +1 C の点電荷がもつ位置エネルギーです。重力で考えると，高いところほど位置エネルギーが大きくなりますよね。つまり，位置エネルギーは高度を示しているといえます。同様に，静電気力で考えると，電位は電気の世界の高度を示しているということになります。

電場と電位を地形のようにイメージしてみましょう。下の図のように，

（電荷がない状態）＝（何も起伏がない平面になっている）

と考えます。

電荷なし
＝ 平面

① 正の点電荷のイメージ

上の図の中央に，正の点電荷を1つ置いてみます。すると，その**正の点電荷のあるところが無限に高い山の頂点**になるように，地形が変化します。富士山のような末広がりの山のイメージです。このとき，等電位面 (……) と電気力線 (→—) は，下の左図のように表されます。

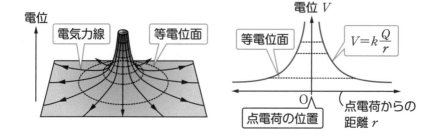

電位

電気力線　等電位面

電位 V

等電位面

$V = k\dfrac{Q}{r}$

O

点電荷の位置

点電荷からの距離 r

ここで，山の断面図を考えると，「電位」と「点電荷からの距離」が反比例しているかたちになっていて，電位 V は $V = k\dfrac{Q}{r}$ のグラフになっていることがわかります。

また，グラフの**各点における接線の傾きの大きさが，電場の強さを示しています**。点電荷に近いところは大きく傾いていて，点電荷から離れるほど傾きがゆるやかになることがわかります。すなわち，点電荷に近いほど電場が強く，点電荷から離れるほど電場が弱くなることに対応しています。

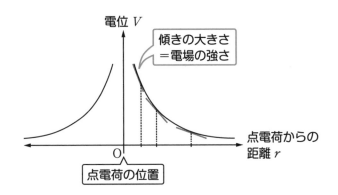

② 負の点電荷のイメージ

平面に負の点電荷を1つ置くと，**負の点電荷のあるところが無限に深い谷**になるように，地形が変化します。このとき，等電位面（‥‥‥）と電気力線（→）は下の左図のように表されます。

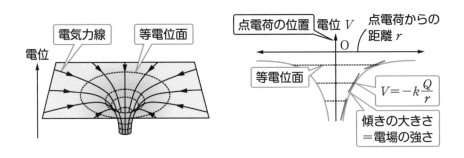

谷の断面図より電位 V は $V = -k\dfrac{Q}{r}$ のグラフになっていて，グラフの各点における接線の傾きの大きさが，電場の強さを表しています。

Step 4 の 例 (p.116) も，この地形のイメージで考えることができます。点電荷 A が山をつくり，その山の中腹の点 X に点電荷 B を置いた，ということと同じです。

グラフ（地形）に沿って点 Y へ進み出して，Y で速さ v になります。小球が坂を転がっていくのと同じですね。

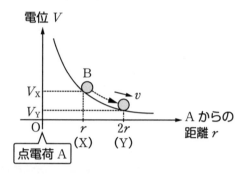

電位を，「電気の世界の高さ」と考えることができると，点電荷の運動もイメージできますよ！

第3講

直流回路

Step 1 直流の基本をおさえよう

中学校のときにも，電流が流れる電気回路について学習しましたね。電場や電位を学んだところで，もう少し詳しく電気回路に取り組んでみましょう。

I オームの法則

右の図のような，基本的な回路を考えます。抵抗値 R 〔Ω〕の抵抗に，電圧 V 〔V〕の電池が接続されています。電池は長い線の方が正極（＋），短い線の方が負極（−）でしたね。

この回路では，抵抗に電池と同じ電圧がかかって，電流が流れます。

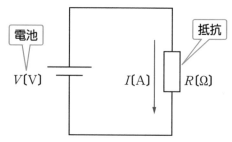

このとき，抵抗にかかる電圧と流れる電流の関係は，**オームの法則**で示されます。

> **ポイント** オームの法則
>
> 抵抗値 **R** の抵抗に大きさ **I** の電流が流れるとき，抵抗にかかる電圧 **V** は，
> $$V = RI$$

抵抗にかかる電圧 V は流れる電流の大きさ I がわかれば，逆に，流れる電流の大きさ I は抵抗にかかる電圧 V がわかれば，オームの法則で求めることができて，

電圧：$V = RI$，　　電流の大きさ：$I = \dfrac{V}{R}$

となります。

Ⅱ 電流の定義

　ここで，電流とは何かを考えてみましょう。

　下の図のように，電流は電池の正極（＋）から負極（－）に向かって流れます。電流を正電荷の流れと考えると，正電荷は電流と同じ向きに移動します。電流の大きさは，**回路の導線などの断面を単位時間（1 秒間）あたりに通過する電気量**の大きさで定義されています。電流の大きさの単位は，「1 秒間あたりの電気量の大きさ」なので〔C/s〕ですが，普通は〔A〕と表します。

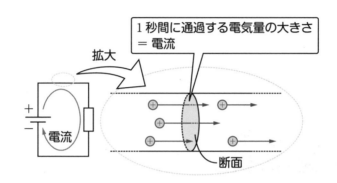

　1 秒間で断面を 3 C の電気量が通過すれば，電流の大きさは 3 A です。

 　2 秒間で 4 C の電気量が通過すれば，電流の大きさはいくらになるでしょうか？

　通過する電気量を 1 秒間あたりの値にするために，電気量を時間で割ればよく，

$$\frac{4\,\text{C}}{2\,\text{s}} = 2\,\text{C/s} = 2\,\text{A}$$

となります。

　電流は次ページのようなかたちで定義されるのでしっかり覚えましょう。

- ある導線の断面を単位時間あたりに通過する電気量の大きさ
- 時間 Δt の間に大きさ ΔQ の電気量が通過するときの電流の大きさ I は，

$$I = \frac{\Delta Q}{\Delta t}$$

練習問題①

回路を流れる電流について，以下の問いに答えよ。

(1) ある断面を 3.0 秒間に 9.0 C の電気量が一定の割合で通過する。このときの電流の大きさ I_1 [A] を求めよ。

(2) ある断面を Δt_1 [s] 間に Δq_1 [C] の大きさの電気量が一定の割合で通過する。このときの電流の大きさ I_2 [A] を求めよ。

(3) ある導線に 4.0 A の大きさの一定の電流が流れているとき，2.0 秒間で断面を通過した電気量の大きさ ΔQ_1 [C] を求めよ。

(4) ある導線に i [A] の大きさの一定の電流が流れているとき，Δt [s] 間で断面を通過した電気量の大きさ ΔQ_2 [C] を求めよ。

解説

考え方のポイント 電流の大きさは，単位時間 (1 秒間) あたりに通過する電気量の大きさで計算しましょう。通過した電気量の大きさは，電流の公式

$I = \frac{\Delta Q}{\Delta t}$ を変形して，$\Delta Q = I\Delta t$ のかたちで求めることもできます。

(1) $I_1 = \dfrac{9.0 \text{ C}}{3.0 \text{ s}} = 3.0 \text{ A}$ ←

(電流) = (1 秒間あたりに通過する電気量の大きさ)

(2) $I_2 = \dfrac{\Delta q_1}{\Delta t_1}$ [A] ←

(3) $\Delta Q_1 = 4.0 \text{ A} \times 2.0 \text{ s} = 8.0 \text{ C}$ ←

電流の公式 $I = \dfrac{\Delta Q}{\Delta t}$ より，$\Delta Q = I\Delta t$

(4) $\Delta Q_2 = i\Delta t$ [C]

答 (1) 3.0 A　(2) $\dfrac{\Delta q_1}{\Delta t_1}$ [A]　(3) 8.0 C　(4) $i\Delta t$ [C]

Ⅲ　電流と自由電子の関係

　導線に電流が流れる理由の1つに，回路の導線の素材である「金属」が関係しています。

　金属は，負電荷で自由に動ける電子（自由電子）をもっています。電流の向きは正電荷の移動する向きで定義しますが，実際は負電荷である**自由電子が移動しています**。下の図のように，**電流の流れる向きと，実際に動いている自由電子の進む向きは逆**になっています。

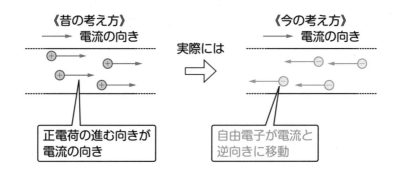

　逆になっている理由は，原子の世界がまだよく解明できていなかった時代に，電流の向きを決めてしまったからです。その後，原子の世界が解明され始め，自由電子の存在がわかっても，電流の向きの決め方は昔のまま残っています。

Step 2 電圧とは何かを考えよう

オームの法則で使う「電圧」とは一体何なのか，「電位」から考えていきます。

I 直流回路中の電位

回路に電池をつなぐと，電流を流そうとする力がはたらきます。回路中は電荷が移動する電気の世界なので，**回路中の各点で電位を決めることができます**。

そのためには，電位の基準を決める必要があります。問題によっては，設定されていることもありますが，設定されていなければ自分で決めて構いませんが，回路中の電池の負極を基準にすることが多いです。

→ 0 V とみなすところ

ポイント 直流回路中の電位

電位の基準を決めると，回路中の各点での電位を決めることができる

II 直流回路中の電位の変化

第 2 講 Step 5 をふり返ると，**電気の世界のイメージでいうと，電位は「高さ」に相当する**という話でした。そこで，回路中の電位を高さで表現してみると，次ページの図のようになります。ここで，電流の流れに沿って，電流の通り道をイメージしてみてください。

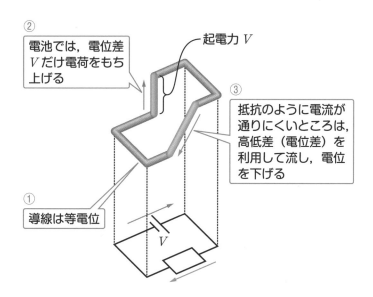

① 基本的な考え方として，**導線でつながれた部分はすべて電位が同じ**です。つまり，導線は高さが変わらない平らな道です。

② 電池は，この回路中で唯一，**電位を高くするもの**です。このとき，**電池が高くした電位の差**を**起電力**といいます。電流が通る道の高さを上げてくれる，リフトとかエレベーターみたいな感じですね。

③ 抵抗のように電流が流れにくいところは，電池によってできた高さ（電位）の差を利用して電流を流します。その分だけ電位は下がります。この回路では，電池の起電力と抵抗の電位差が等しくなることがイメージできましたか？

> **ポイント** 直流回路中の電位の変化
>
> ・導線でつながれた部分の電位は等しい
> ・電池では起電力の分だけ電位を上げる
> ・抵抗では電位差を利用して電流を流し，電位を下げる

　また，電位の差のことを**電位差**というのですが，これは Step 1 で出てきた電圧と同じものです。

（電圧）＝（電位差）

例　右の図のような回路において，点 a，b，c，d の電位 V_a，V_b，V_c，V_d を求めてみましょう。起電力 V の電池の負極を電位 0 とします。電池の正極は負極から V だけ電圧が上がるので電位 V です。導線でつながっているところは等電位なので，右の図のように電池の正極，点 a，点 b は電位が同じで，

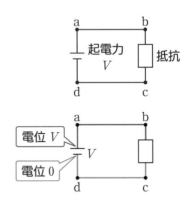

$$V_a = V_b = V$$

電池の負極，点 c，点 d は電位が同じで，

$$V_c = V_d = 0$$

とわかります。

　電位，電位差，電圧の違いがわからないとよく質問されます。山などの地形的に考えてみましょう。電位は各地点の標高（高度）にあたります。電位差と電圧は，2 地点の標高差（高度差）に対応します。

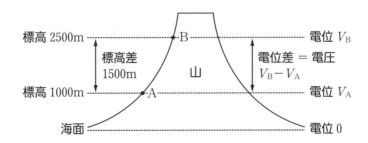

Step 3 合成抵抗を求めよう

　回路中に抵抗が2つ以上ある場合，合成して1つの抵抗とみなす，ということを中学校で学んだのではないでしょうか。これも，もう少し詳しく考えてみましょう。

I 抵抗が直列接続されたときの合成抵抗

　起電力 V の電池，抵抗値 R_1, R_2 の2つの抵抗を用いて，右の図のような回路をつくります。

　2つの抵抗は**直列接続**されており，**同じ大きさの電流 I が流れています**。ここでオームの法則を用いると，それぞれの抵抗にかかる電圧 V_1, V_2 は，

$$V_1 = R_1 I, \qquad V_2 = R_2 I$$

と表されます。

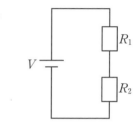

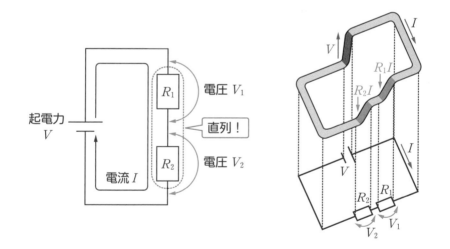

　電位を高さで表現すると，電流の通り道のイメージは上の右図のようになります。これより，

$$V = R_1 I + R_2 I = (R_1 + R_2) I$$

ここで，$R_1 + R_2$ を R_{12} という1つの文字におき換えると，上の式は，$V = R_{12} I$

と表せます。まるで, 1つの抵抗 R_{12} のオームの法則の式のようですね！このように, **抵抗が直列接続されている場合は, 単純に足しあわせること**で抵抗値を**合成**することができます。合成した抵抗値のことを**合成抵抗**といいます。

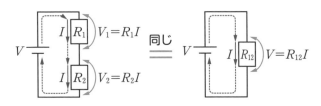

ポイント 直列接続の合成抵抗

抵抗値 R_1, R_2, … の抵抗が直列に接続されている場合の合成抵抗値 R は,

$$R = R_1 + R_2 + \cdots$$

Ⅱ 抵抗が並列接続されたときの合成抵抗

右の図のような回路の場合は, 合成抵抗はどのように求めるのでしょうか？

2つの抵抗は**並列接続**されており, **同じ大きさの電圧 V がかかります。** ◀電流の大きさは同じではない！

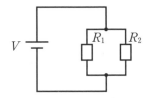

ここで, 回路を流れる電流 I に着目してみましょう。それぞれの抵抗に流れる電流の大きさを I_1, I_2 とすると, 電流のイメージは下の図のようになります。電流 I が点 a で I_1 と I_2 に分かれて, 点 b でまた合流して I に戻ります。

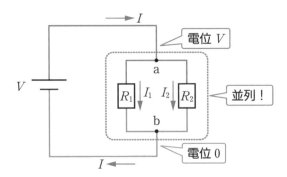

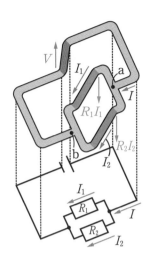

　電位を高さで表現した電流の通り道のイメージは上の図のようになります。オームの法則より，次の式が成り立ちます。

$$V = R_1 I_1 = R_2 I_2 \quad \cdots\cdots①$$

また，電流の関係より，

$$I = I_1 + I_2 \quad \cdots\cdots②$$

　式①より $I_1 = \dfrac{V}{R_1}$, $I_2 = \dfrac{V}{R_2}$ と表せます。ここで合成抵抗値を R_{12} とすると，オームの法則より $I = \dfrac{V}{R_{12}}$ と表せます。これら I_1, I_2, I を式②に代入すると，

$$\frac{V}{R_{12}} = \left(\frac{1}{R_1} + \frac{1}{R_2}\right)V$$

となり，**$\dfrac{1}{R_{12}}$ は $\dfrac{1}{R_1} + \dfrac{1}{R_2}$ と等しい**ことがわかります。

「並列」のポイントは「同じ電圧がかかっている」ことですね！

並列接続の合成抵抗

抵抗値 R_1，R_2，… の抵抗が並列に接続されている場合の合成抵抗値 R は，

$$\frac{1}{R} = \frac{1}{R_1} + \frac{1}{R_2} + \cdots$$

練習問題②

抵抗 R_1（抵抗値 R），R_2（抵抗値 $2R$），R_3（抵抗値 $3R$），R_4（抵抗値 $4R$）を次の(1)，(2)のように接続した回路がある。回路全体の合成抵抗値をそれぞれ求めよ。

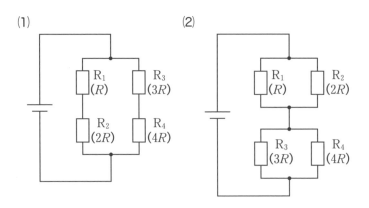

(1)

(2)

解説

考え方のポイント 　直列接続されている 2 つの抵抗，並列接続されている 2 つの抵抗を見抜き，まずはそれらの合成抵抗を求めます。並列の合成公式は，抵抗値の逆数のかたちになっていることに注意してください！

(1) R_1 と R_2 は同じ電流が流れているので直列接続，R_3 と R_4 も同じく直列接続です。まずはそれぞれ合成して，回路を描き換えましょう。

(2) R_1 と R_2 は同じ電圧がかかるので並列接続，R_3 と R_4 も同じく並列接続です。こちらもまずはそれぞれ合成して，回路を描き換えましょう。

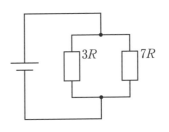

(1) R_1 と R_2 を直列として合成すると，合成抵抗値 r_1 は，

$$r_1 = R + 2R = 3R$$

となる。また，R_3 と R_4 を直列として合成すると，合成抵抗値 r_2 は，

$$r_2 = 3R + 4R = 7R$$

となり，問題の図は右図のように描き換えることができる。よって，全体の合成抵抗値を R_A とすると，R_A は抵抗値 $3R$ と $7R$ の抵抗を並列として合成すると，

$$\frac{1}{R_A} = \frac{1}{3R} + \frac{1}{7R} = \frac{7+3}{21R} = \frac{10}{21R}$$

これより，　$R_A = \frac{21}{10}R$

(2) R_1 と R_2 を並列として合成すると，合成抵抗値 $r_1{}'$ は，

$$\frac{1}{r_1{}'} = \frac{1}{R} + \frac{1}{2R} = \frac{3}{2R} \qquad これより，\quad r_1{}' = \frac{2}{3}R$$

となる。また，R_3 と R_4 を並列として合成すると，合成抵抗値 $r_2{}'$ は，

$$\frac{1}{r_2{}'} = \frac{1}{3R} + \frac{1}{4R} = \frac{7}{12R}$$

これより，　$r_2{}' = \frac{12}{7}R$

となり，問題の図は右図のように描き換えることができる。よって，全体の合成抵抗値を R_B とすると，R_B は抵抗値 $\frac{2}{3}R$ と $\frac{12}{7}R$ の抵抗を直列として合成すると，

$$R_B = \frac{2}{3}R + \frac{12}{7}R = \frac{14+36}{21}R \qquad これより，\quad R_B = \frac{50}{21}R$$

答　(1) $\frac{21}{10}R$　　(2) $\frac{50}{21}R$

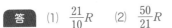

Step 4 キルヒホッフの法則を理解しよう

物理には色々な法則がありますが，直流回路においても，有名な法則として**キルヒホッフの法則**というものがあります。

> **ポイント** キルヒホッフの法則
>
> 第 1 法則：回路の分岐点に入る電流の総和と出る電流の総和は等しい
>
> 第 2 法則：自分で決めた閉じた回路を 1 周するとき，起電力の総和と電圧降下の総和は等しい

第 1 法則は**電流に関する法則**，第 2 法則は**電圧に関する法則**です。

I キルヒホッフの第 1 法則

キルヒホッフの第 1 法則は，実は Step 3 Ⅱ でこっそりと登場しています。式②がまさに第 1 法則を示しています。

例 右の図のような，分岐点のある回路
について，分岐点 a, b にそれぞれ注
目して，キルヒホッフの第 1 法則を
示す式を立ててみましょう。

→枝分かれしているところ

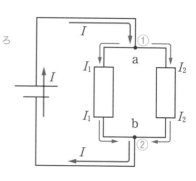

① 図より，分岐点 a に入る電流の
大きさは I，出る電流の大きさは
I_1+I_2 とわかります。よって，キ
ルヒホッフの第 1 法則は，

$$I=I_1+I_2$$

② 図の分岐点 b に入る電流の大きさは I_1+I_2，出る電流の大きさは I と
わかります。よって，キルヒホッフの第 1 法則は，

$$I_1+I_2=I$$

となり，a, b どちらの分岐点に着目しても，同じ式になります。

回路が複雑になって，電流の向きがわからないときは，電流の正の向きを仮定することで式を立てます！

 右の図のような回路について，図のように，電流 I_1, I_2, I_3, I_4 の流れる向きを仮定したとき，分岐点 a と b で成り立つキルヒホッフの第1法則をそれぞれ書いてみましょう。

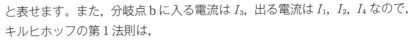

分岐点 a に入る電流は I_1, I_2, I_4，出る電流は I_3 とわかります。よって，キルヒホッフの第1法則は，

$$I_1 + I_2 + I_4 = I_3$$

と表せます。また，分岐点 b に入る電流は I_3，出る電流は I_1, I_2, I_4 なので，キルヒホッフの第1法則は，

$$I_3 = I_1 + I_2 + I_4$$

と表せます。どちらの分岐点で考えても同じです。

II キルヒホッフの第2法則

キルヒホッフの第2法則は，回路1周での電圧の関係を示すものです。前ページの **ポイント** にあったように「閉じた回路」で考えます。「閉じた回路」とは，あるところをスタートして，再びスタート地点に戻れる1周の回路のことで閉回路ともいいます。

また，抵抗に電流が流れるときにかかる電圧を電圧降下といいます。

ポイント キルヒホッフの第2法則

自分で決めた閉回路の1周で，
（起電力の総和）＝（電圧降下の総和）

例 起電力 V の電池と抵抗値 R_1, R_2, R_3 の 3 つの抵抗を下の図のように接続し，各抵抗に流れる電流を図の向きにそれぞれ I_1, I_2, I_3 とします。この回路で成り立っているキルヒホッフの第 2 法則の式を立ててみましょう。

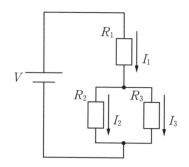

この回路での「1 周」は，次の 3 通りあります。

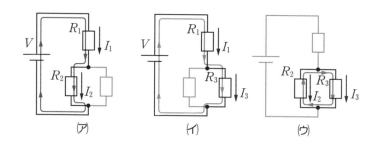

① (ア)について，起電力は電池の V，電圧降下は抵抗 R_1 での $R_1 I_1$ と，抵抗 R_2 での $R_2 I_2$ です。 ◀R_3 は関係ない！

よって，キルヒホッフの第 2 法則は，

$$\underbrace{V}_{\substack{\text{起電力の}\\\text{総和}}} = \underbrace{R_1 I_1 + R_2 I_2}_{\text{電圧降下の総和}}$$

② (イ)について，起電力は電池の V，電圧降下は抵抗 R_1 での $R_1 I_1$ と，抵抗 R_3 での $R_3 I_3$ です。 ◀R_2 は関係ない！

よって，キルヒホッフの第 2 法則は，

$$\underbrace{V}_{\substack{\text{起電力の}\\\text{総和}}} = \underbrace{R_1 I_1 + R_3 I_3}_{\text{電圧降下の総和}}$$

③ (ウ)について，起電力は 0，電圧降下は抵抗 R_2 での $-R_2I_2$ と，抵抗 R_3 での R_3I_3 です。 ◀電池と R_1 は関係ない！

「1周の向き」と「電流の向き」が逆だから！

よって，キルヒホッフの第2法則は，

$$\underset{\substack{起電力の\\総和}}{0}=\underset{電圧降下の総和}{-R_2I_2+R_3I_3}$$

キルヒホッフの第2法則で式を立てるとき，大事なことは**正の向きを決める**ことです。**正の向きに電流が流れている抵抗では電圧降下は正，逆向きに電流が流れている抵抗では電圧降下は負**とします。

> **ポイント** 電圧降下の正負
>
> 　キルヒホッフの第2法則の式を立てるとき，正と決めた向きと電流が
>
> 　　　同じ向きに流れている ── 電圧降下は正
> 　　　逆向きに流れている ── 電圧降下は負

キルヒホッフの第2法則で「1周」を決めるときは，電池をスタート地点にするとわかりやすいですね。でも，電池がなくても1周は1周なので，(ウ)のように起電力を0として式を立ててもオッケーです！

> **練習問題③**
>
> 　起電力 V_1，V_2 の2つの電池と抵抗値 R_1，R_2，R_3 の3つの抵抗を右図のように接続し，各抵抗に流れる電流を図の向きにそれぞれ I_1，I_2，I_3 とする。このときに成り立つキルヒホッフの第2法則を示す式を3つ書け。

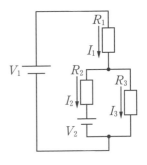

考え方のポイント まずは「1周」を見つけて，正の向きを決めましょう。1周それぞれについて，電池の起電力と抵抗での電圧降下を式にするだけです。式を立てたい1周の中にない電池や抵抗は無視します。

この回路での「1周」は，次の3通りある。

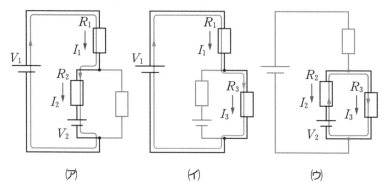

(ア)について，時計まわりを正とすると，起電力 V_1 は正，起電力 V_2 は負になることに注意して，

$$\underline{V_1 - V_2} = \underline{R_1 I_1 + R_2 I_2}$$
起電力の　　電圧降下の総和
総和

(イ)について，時計まわりを正とすると，

$$\underline{V_1} = \underline{R_1 I_1 + R_3 I_3}$$
起電力の　　電圧降下の総和
総和

(ウ)について，時計まわりを正とすると，起電力 V_2 と電圧降下 $R_3 I_3$ は正，電圧降下 $R_2 I_2$ は負になることに注意して，

$$\underline{V_2} = \underline{-R_2 I_2 + R_3 I_3}$$
起電力の　　電圧降下の総和
総和

答 $V_1 - V_2 = R_1 I_1 + R_2 I_2, \quad V_1 = R_1 I_1 + R_3 I_3, \quad V_2 = -R_2 I_2 + R_3 I_3$

回路が複雑になってくると，このキルヒホッフの法則で式を立てて，回路の各部分に流れる電流を求めることが必要になります。まずは，この第2法則の式をきちんと立てられるようになりましょう！

第 **4** 講

コンデンサー

Step 1 コンデンサーの基本を身につけよう

「電流が流れる」ということは,「電荷(電気量)が移動する」ということですが,この流れている**電荷を蓄えるもの**を**コンデンサー**(またはキャパシター)といいます。色々なタイプがありますが, **金属の平板2枚を平行に向かいあわせたもの**が基本的なコンデンサーです。コンデンサーとなる平板を**極板**といいます。

I コンデンサーのしくみ

コンデンサーを電池につなぐと,右の図のように極板Bから極板Aに電流が流れて,コンデンサーに電荷が蓄えられます。これを**充電**といいます。実際,電流の正体は負電荷である自由電子の流れですが,第3講で学んだ電流の定義にしたがい,正電荷の移動で考えることにします。

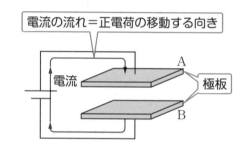

電流の流れ=正電荷の移動する向き

電流 / A / 極板 / B

コンデンサーを電池につなぐ前,極板の電荷(電気量)は0とします。**電荷が0という表現は, 正電荷と負電荷が同じ数だけあって, 互いに打ち消しあっている状態**を表しています。

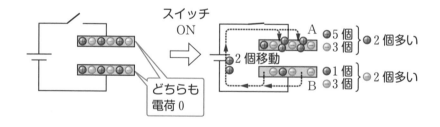

スイッチ ON

2個移動

どちらも電荷0

A ⊕5個 ⊖3個 }2個多い
2個移動
B ⊕1個 ⊖3個 }2個多い

スイッチを閉じてコンデンサーを電池につなぐと,電池の負極とつながっている極板Bから正電荷が出て,導線や電池を通って,電池の正極とつながっている極板Aに正電荷が入ります。

例えば,極板Bから正電荷が2個出たとすると,極板Bには差し引きで負電荷

が2個多い状態になります。そして，極板Bを出た正電荷2個は，極板Aに入り，極板Aには差し引きで正電荷が2個多い状態になります。

移動した正電荷が $+Q$ [C] だとすると，右の図のように極板Aは $+Q$ [C] の電荷，極板Bは $-Q$ [C] の電荷をもつことになります。

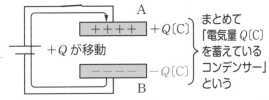

このとき，極板AとBをまとめて，**電気量 Q [C] を蓄えているコンデンサー**といいます。

コンデンサーは，**向かいあう極板が必ず，正と負の電荷に分かれて同じ大きさの電気量をもつ**ことが特徴です。電池の正極につながっている（電位が高い）極板に正，負極につながっている（電位が低い）極板に負の電荷が蓄えられます。

気をつけたいのは，極板に蓄えられる電荷は「電池から生まれたものではない」ということです。電池を介して，極板どうしでやり取りした結果なので，「電池が電荷を生み出した（与えた）」という見方はしないようにしましょう！

> **ポイント** コンデンサーの極板の電荷
>
> 向かいあう極板は，正と負の電荷に分かれて同じ大きさの電気量をもつ

正負の電気の量を電気量とよびますが，電気量の意味で「電荷」を用いることもあります！

Ⅱ コンデンサーに蓄えられる電気量

コンデンサーに蓄えられる電気量は，コンデンサーにかかる電圧（電位差）に比例します。このとき，比例定数を電気容量といい，電荷の蓄えやすさを表します。単位には [F] を用います。

> **ポイント** コンデンサーに蓄えられる電気量
>
> 電気容量 C のコンデンサーにかかる電圧が V のとき，このコンデンサーに蓄えられる電気量 Q は，
>
> $$Q = CV$$

例 下の図のように，電気容量 C_1 のコンデンサーを電池につなぎ，電圧 V_1 をかけて充電すると，コンデンサーにどのような電荷が蓄えられるでしょうか。

このとき，コンデンサーに蓄えられる電気量 Q_1 は，

$$Q_1 = C_1 V_1$$

となり，図のように，極板Aには $+Q_1 = +C_1 V_1$，極板Bには $-Q_1 = -C_1 V_1$ の電荷が蓄えられています。

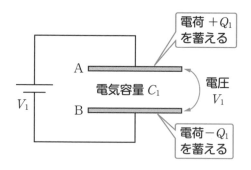

次の(1)～(3)で，コンデンサーに蓄えられる電気量をそれぞれ求めよ。

(1) 電気容量 $3C$ [F] のコンデンサーに，電圧 $2V$ [V] がかかっているとき。

(2) 電気容量 $5.0\,F$ のコンデンサーに，電圧 $10\,V$ がかかっているとき。

(3) 電気容量 $3.0\,\mu F$ のコンデンサーに，電圧 $4.0\,mV$ がかかっているとき。

解説

考え方のポイント $Q=CV$ の公式を用いて電気量を求めましょう。

単位については，[F] と [V] を掛けると，電気量の単位は [C] になります。(3)では，μ (マイクロ) は「$\times 10^{-6}$」を示しているので $3.0\,\mu F=3.0\times10^{-6}\,F$，$m$ (ミリ) は「$\times 10^{-3}$」を示しているので $4.0\,mV=4.0\times10^{-3}\,V$ として計算すると，電気量は単位 [C] で求めることができます。μ は，コンデンサーでは特によく使われるので，きちんと覚えておきましょう。

(1) $3C\times2V=6CV$ [C]

(2) $5.0\times10=50\,C$

(3) $3.0\times10^{-6}\times4.0\times10^{-3}=12\times10^{-9}=1.2\times10^{-8}\,C$

答 (1) $6CV$ [C] (2) $50\,C$ (3) $1.2\times10^{-8}\,C$

Ⅲ コンデンサーに蓄えられるエネルギー

電気量を蓄えているコンデンサーは，エネルギーも蓄えています。コンデンサーに蓄えられるエネルギーを静電エネルギーといい，単位は [J] で表されます。

ポイント 静電エネルギー

電気容量 C のコンデンサーが，電圧 V で充電されて電気量 Q 蓄えているとき，このコンデンサーに蓄えられている静電エネルギー U は，

$$U=\frac{1}{2}QV=\frac{1}{2}CV^2=\frac{Q^2}{2C}$$

静電エネルギーには 3 つの表し方がありますが，**$Q=CV$ を使って書き換えている**だけです。$Q=CV$ なので，

$$U = \frac{1}{2}QV = \frac{1}{2}CV^2$$

また，$Q=CV$ を V について解くと $V = \dfrac{Q}{C}$ なので，

$$U = \frac{1}{2}QV = \frac{Q^2}{2C}$$

練習問題②

次の(1)～(4)で，コンデンサーに蓄えられている静電エネルギーをそれぞれ求めよ。

(1) 電気容量 $3C$ [F] のコンデンサーに，電圧 $2V$ [V] がかかっているとき。

(2) 電気容量 $2C$ [F] のコンデンサーに，電気量 $3Q$ [C] が蓄えられているとき。

(3) 電圧 $6V$ [V] がかかっているコンデンサーに，電気量 $5Q$ [C] が蓄えられているとき。

(4) 電気容量 $3.0\ \mu\mathrm{F}$ のコンデンサーに，電圧 $4.0\ \mathrm{mV}$ がかかっているとき。

解説

考え方のポイント $U = \dfrac{1}{2}QV = \dfrac{1}{2}CV^2 = \dfrac{Q^2}{2C}$ の公式を使って求めます。

(4)では，単位に気をつけて計算しましょう。電圧を [V]，電気容量を [F]，電気量を [C] で表しているとき，静電エネルギーの単位は [J] になります。

(1) $\dfrac{1}{2} \times 3C \times (2V)^2 = 6CV^2$ [J]　　◀ $U = \dfrac{1}{2}CV^2$

(2) $\dfrac{(3Q)^2}{2 \times 2C} = \dfrac{9Q^2}{4C}$ [J]　　◀ $U = \dfrac{Q^2}{2C}$

(3) $\dfrac{1}{2} \times 5Q \times 6V = 15QV$ [J]　　◀ $U = \dfrac{1}{2}QV$

(4) $\dfrac{1}{2} \times 3.0 \times 10^{-6} \times (4.0 \times 10^{-3})^2 = 24 \times 10^{-12} = 2.4 \times 10^{-11}$ J

答 (1) $6CV^2$ [J]　　(2) $\dfrac{9Q^2}{4C}$ [J]　　(3) $15QV$ [J]　　(4) 2.4×10^{-11} J

Step 2 コンデンサーを合成してみよう

回路の中に，コンデンサーが1個だけではなく，いくつか接続されていることもあります。抵抗の抵抗値が合成できたように，**コンデンサーの電気容量 C も合成することができます。**

I コンデンサーの並列接続

起電力 V の電池，電気容量 C_1，C_2 の2つのコンデンサーを用いて，右の図のような回路をつくります。

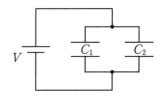

2つのコンデンサーは**並列接続されているため，同じ電圧 V がかかります**。よって，下の左図のように，それぞれのコンデンサーに蓄えられる電気量を Q_1，Q_2 とすると，

$$Q_1 = C_1 V, \qquad Q_2 = C_2 V$$

と表せます。

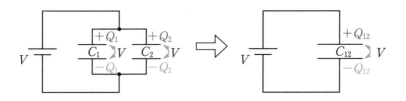

ここで，2つのコンデンサーを合成して，**電気容量 C_{12} の1つのコンデンサー**として表すと，上の右図のようになります。電圧はやはり V なので，コンデンサーに蓄えられる電気量を Q_{12} とすると，

$$Q_{12} = C_{12} V$$

ここで，各コンデンサーに蓄えられた電気量の和が，合成したコンデンサーに蓄えられる電気量と等しくなります。よって，

$$Q_{12} = Q_1 + Q_2 \qquad より，\qquad C_{12} V = C_1 V + C_2 V$$

これより，並列接続のコンデンサーの合成容量 C_{12} は，

$$C_{12} = C_1 + C_2$$

と表せます。

コンデンサーが2つだけではなく、3つ、4つ、…と並列に接続されていても合成の仕方は変わりません。次のように覚えておきましょう。

コンデンサーの並列接続の合成容量

電気容量 C_1, C_2, … のコンデンサーが並列に接続されている場合の合成容量Cは、

$$C = C_1 + C_2 + \cdots$$

並列接続の合成公式はどんな場合でも使うことができます！コンデンサーを充電する前の「電気量が0」でなくても大丈夫です！！

例 電気容量Cと$2C$のコンデンサーを、右の図のように電池に接続した場合の合成容量を求めてみましょう。

2つのコンデンサーは並列に接続されているので、合成容量を C_{12} とすると、合成公式より、

$$C_{12} = C + 2C \qquad これより、\qquad C_{12} = 3C$$

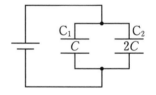

Ⅱ コンデンサーの直列接続

次は、2つのコンデンサーを直列に接続してみましょう。右の図のように、起電力 V の電池に、電気容量 C_1, C_2 の2つのコンデンサーを直列に接続して充電します。**電池につなぐ前は、どちらのコンデンサーも電気量は0と**します。

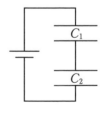

下の左図のように，電池の正極に直接つながっている極板aに電荷 $+Q$ が蓄えられるとすると，向かいあう極板bの電荷は必ず $-Q$ になります。

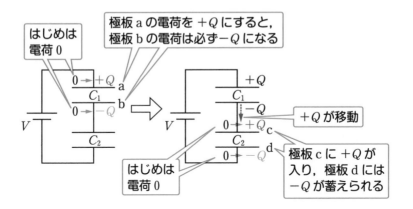

　極板bの電荷が $-Q$ になるためには，bから $+Q$ の電荷が出ていかなくてはなりません。**電荷は導線を通ってしか移動できない**ことと，**電荷を蓄えられるのは極板だけ**ということから，上の右図のように，bから出た $+Q$ の電荷は必ず極板cに入ります。極板cが $+Q$ の電荷を蓄えると，cと向かいあう極板dは $-Q$ の電荷を蓄えることになります。
　結局，直列に接続された2つのコンデンサーには，**同じ電気量 Q が蓄えられています**。下の左図のように，それぞれのコンデンサーにかかる電圧を V_1，V_2 とすると，

$$Q = C_1 V_1 \quad より，\quad V_1 = \frac{Q}{C_1}$$

$$Q = C_2 V_2 \quad より，\quad V_2 = \frac{Q}{C_2}$$

と表せます。

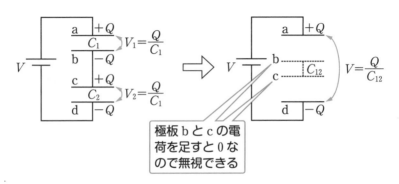

極板 a から d までの電位差は $V_1 + V_2$ で，これは電池の起電力 V と同じなので，

$$V = V_1 + V_2 \quad \cdots\cdots ①$$

という関係が成り立ちます。

この 2 つのコンデンサーは，**電池に直接つながっている極板 a と d でつくられた電気量 Q の 1 つのコンデンサー**とみなすことができます。このコンデンサーの電気容量を C_{12} とすると，かかっている電圧は電池の起電力 V と等しいので，

$$Q = C_{12}V \quad \text{より，} \quad V = \frac{Q}{C_{12}}$$

式①に V，V_1，V_2 をそれぞれ代入すると，

$$\frac{Q}{C_{12}} = \frac{Q}{C_1} + \frac{Q}{C_2}$$

これより，直列接続のコンデンサーの合成容量 C_{12} は，

$$\frac{1}{C_{12}} = \frac{1}{C_1} + \frac{1}{C_2}$$

と表せます。

並列接続と同じように，直列接続でもコンデンサーが 2 つだけではなく，3 つ，4 つ，… と接続されることがありますが，合成の仕方は変わりません。次のように覚えておきましょう。

> **ポイント** ▶ コンデンサーの直列接続の合成容量
>
> 電気容量 C_1，C_2，… のコンデンサーが直列に接続されている場合の合成容量 C は，
>
> $$\frac{1}{C} = \frac{1}{C_1} + \frac{1}{C_2} + \cdots$$

この公式は，**合成する 2 つのコンデンサーが同じ電気量 Q をもつ**ことから成り立ちます。

今回，2 つのコンデンサーが同じ電気量 Q をもったのは，**はじめにすべての極板の「電気量が 0 」**だったからです。

直列接続の合成公式を使うときは，コンデンサーを充電する前の「電気量が0」かどうかを必ず確認しましょう！

ポイント コンデンサーの合成公式が使える条件

並列接続 → いつでも使える

直列接続 → コンデンサーの電気量がはじめ 0 なら使える

例 電気容量 C と $2C$ のコンデンサーを，右の図のように電池に接続した場合の，合成容量を求めてみましょう。はじめ，2つのコンデンサーはともに電気量 0 だったとします。

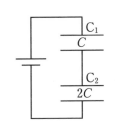

2つのコンデンサーは直列に接続されているので，合成容量を C_{12} とすると，合成公式より，

$$\frac{1}{C_{12}} = \frac{1}{C} + \frac{1}{2C} = \frac{3}{2C} \qquad これより， \qquad C_{12} = \frac{2}{3}C$$

練習問題③

次の(1)〜(3)の回路について，コンデンサーの合成容量を求めよ。ただし，図のカッコ内は各コンデンサーの電気容量を示しており，はじめ，コンデンサーの電気量は 0 であったとする。

(1) コンデンサー C_1 と C_2 の合成容量。
(2) コンデンサー C_1 と C_2 の合成容量。
(3) コンデンサー C_1，C_2，C_3 の合成容量。

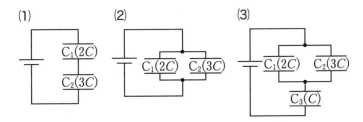

考え方のポイント (1)では直列，(2)では並列の公式を使って合成します。
(3)は，まず C_1 と C_2 を並列合成して，1つのコンデンサー C_{12}' とみなします。その後，C_{12}' と C_3 の直列として合成しましょう。

(1) 求める合成容量を C_{12} とすると，直列の合成公式より，

$$\frac{1}{C_{12}} = \frac{1}{2C} + \frac{1}{3C} = \frac{5}{6C} \qquad \text{よって，} \quad C_{12} = \frac{6}{5}C$$

(2) 求める合成容量を C_{12}' とすると，並列の合成公式より，

$$C_{12}' = 2C + 3C \qquad \text{よって，} \quad C_{12}' = 5C$$

(3) C_1 と C_2 は(2)と同様に合成して，電気容量 $C_{12}' = 5C$ の1つのコンデンサーとみなせるので，(3)の回路は右図のように描き換えることができる。求める合成容量を C_{123} とすると，電気容量 $C_{12}' = 5C$ と C のコンデンサーの直列接続なので，

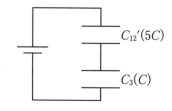

$$\frac{1}{C_{123}} = \frac{1}{5C} + \frac{1}{C} = \frac{6}{5C} \qquad \text{よって，} \quad C_{123} = \frac{5}{6}C$$

答 (1) $\dfrac{6}{5}C$ (2) $5C$ (3) $\dfrac{5}{6}C$

Step 3 極板間の電場に注目しよう

コンデンサーの極板には電荷が蓄えられますが，電荷があればそのまわりに電場が生じます。電荷を蓄えた極板のまわりでは，どのような電場ができているでしょうか？ここでは，コンデンサーの極板の「間」について考えます。

I 極板に蓄えられた電荷の分布

真空中に置かれたコンデンサーを考えます。このコンデンサーは電気量 Q を蓄えており，下の図のように，コンデンサーの極板Aには $+Q$，極板Bには $-Q$ の電荷が蓄えられています。同じ符号の電荷は互いに反発しあうので，それぞれの電荷は極板の表面に薄く広がり，異なる符号の電荷は互いに引きあうので，極板の近い方に集まります。

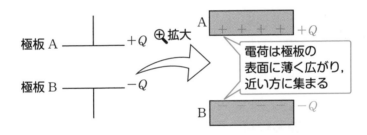

また，この後の Step 4 III で詳しく学びますが，極板間を満たす物質によってコンデンサーに蓄えられる電気量が変化します。この物質固有の値を**誘電率**といいます。特に，真空のときは**真空の誘電率**とよばれ，その値を ε_0 とすると，真空中におけるクーロンの法則の比例定数 k_0 を用いて

$$\varepsilon_0 = \frac{1}{4\pi k_0} \fallingdotseq 8.85 \times 10^{-12}\,\mathrm{F/m}$$

で与えられ，空気中もこれにほぼ等しい値となります。

II 極板間の電気力線のようす

極板間の電場を，電気力線で考えることにしましょう。第 1 講 Step 4 III（p.102）で学んだ**ガウスの法則**を思い出してください。真空の誘電率を ε_0 とすると，電気量 Q の電荷に出入りする電気力線の本数 N は

$$N = 4\pi k_0 Q = \frac{Q}{\varepsilon_0} \text{ 本}$$

と表すことができます。前ページの図のコンデンサーについてガウスの法則を考えると、極板Aの電荷 $+Q$ からは全部で $\frac{Q}{\varepsilon_0}$ 本の電気力線が出ます。この本数は、**極板Bの電荷があってもなくても変わりません。**

　下の図のように、**電気力線は上下両方に均等**で、上向きと下向きの本数は半々です。つまり、上向きに $\frac{Q}{2\varepsilon_0}$ 本、下向きに $\frac{Q}{2\varepsilon_0}$ 本出ていくことになります。

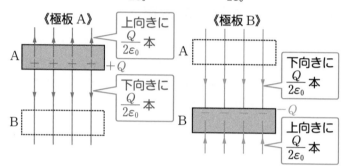

　一方、極板Bの電荷 $-Q$ には全部で $\frac{Q}{\varepsilon_0}$ 本の電気力線が入ってきます。これも上向きと下向きの本数は半々で、下向きに $\frac{Q}{2\varepsilon_0}$ 本、上向きに $\frac{Q}{2\varepsilon_0}$ 本入ってくることになります。

　電気力線は重ねあわせることができるので、極板Aと極板Bの電荷の電気力線をまとめてみましょう。図で表すと、下の図のようになります。

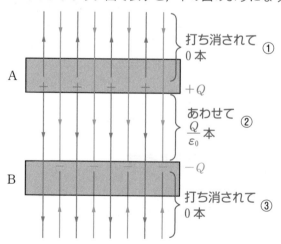

① 極板Aの上側では，上向き $\dfrac{Q}{2\varepsilon_0}$ 本と下向き $\dfrac{Q}{2\varepsilon_0}$ 本 の電気力線が重なります。

　逆向きで同じ本数なので打ち消しあい，結果的に電気力線は0本になります。

② 極板の間では，ともに下向き $\dfrac{Q}{2\varepsilon_0}$ 本の電気力線が重なります。そのため，あ

わせて**下向きに $\dfrac{Q}{\varepsilon_0}$ 本の電気力線**となります。

③ 極板Bの下側では，下向き $\dfrac{Q}{2\varepsilon_0}$ 本と上向き $\dfrac{Q}{2\varepsilon_0}$ 本の電気力線が重なります。

　①と同様に考えて，電気力線は0本になります。

Ⅲ 極板間の電場のようす①

　下の図のように，コンデンサーの極板 A，B の面積を S とすれば，極板間では
面積 S の中に $\dfrac{Q}{\varepsilon_0}$ 本の電気力線があることになります。

　電気力線があるということは電場があるということなので，**極板
間には電場があります**。電気力線で電場を考えるとき，**単位面積を貫く
電気力線の本数が，その場所の電場の強さ**を示すことになっていまし
たね。すると，極板間の電場の強さ E は，

$$E=\dfrac{Q}{\varepsilon_0}\div S \qquad \text{これより，} \qquad E=\dfrac{Q}{\varepsilon_0 S}$$

となります。

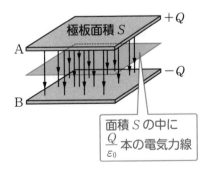

面積 S の中に
$\dfrac{Q}{\varepsilon_0}$ 本の電気力線

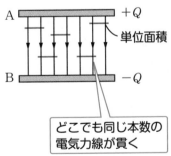

どこでも同じ本数の
電気力線が貫く

　上の右図のように，極板間の電気力線は偏りなくまっすぐに，極板Aから極板
Bに向かいます。そのため，単位面積を貫く電気力線の本数はどこでも変わりま
せん。つまり，**極板間のどこでも電場は同じ**になっています。

「どこでも同じ」ということを「一様」といいます。極板間には一様な電場ができているということですね！極板の周辺は電場が乱れていて一様にならないのですが，このことは無視して考えます。

ポイント 極板間の電場①

・真空中で電気量 Q を蓄えたコンデンサーの極板間の電場の強さ E は，

$$E = \frac{Q}{\varepsilon_0 S} \quad (S：極板の面積)$$

・極板間は一様な電場になる

練習問題④

　電気量 Q を蓄えたコンデンサーの極板間の電場について，次の問いに答えよ。ただしコンデンサーは真空中にあるものとし，真空の誘電率を ε_0 とする。

⑴　極板の面積が S であるとき，極板間の電場の強さを求めよ。

⑵　電気量 Q を保ったまま極板の面積を $2S$ にした場合，極板間の電場の強さは問⑴の何倍になるか。

⑶　電気量 Q を保ったまま極板の間隔を問⑴の 2 倍にした場合，極板間の電場の強さは問⑴の何倍になるか。

解説 ···

考え方のポイント　極板間の電場の強さ $E = \dfrac{Q}{\varepsilon_0 S}$ を考えていきます。この式を見ると，極板の間隔は含まれていません。つまり，極板の面積 S と電気量 Q が変わらないとき，極板間の電場の強さは極板の間隔と無関係ということを示しています。

⑴　求める電場の強さを E_1 とすると，$E_1 = \dfrac{Q}{\varepsilon_0 S}$

(2) 極板の面積を $2S$ にした場合の電場の強さを E_2 とすると,

$$E_2 = \frac{Q}{\varepsilon_0 \times 2S} = \frac{1}{2} \times \frac{Q}{\varepsilon_0 S} = \frac{1}{2} E_1 \qquad よって, \quad \frac{1}{2} 倍$$

(3) 極板の間隔が変化しても,極板の面積と電気量が変わらなければ極板間の電場の強さは変わらない。よって,1倍。

答 (1) $\dfrac{Q}{\varepsilon_0 S}$ (2) $\dfrac{1}{2}$ 倍 (3) 1倍

点電荷がまわりにつくる電場と,コンデンサーの極板間の電場の違いを確認しておきましょう！

ポイント **点電荷がつくる電場とコンデンサーの極板間の電場の違い**

・**点電荷のまわりの電場：距離によって変わる（一様ではない）。**

$$E = k\frac{Q}{r^2}$$ ←距離 r が変わると,電場の強さ E も変わる。

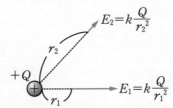

$$E_2 = k\frac{Q}{r_2{}^2}$$

$+Q$

$$E_1 = k\frac{Q}{r_1{}^2}$$

・**コンデンサーの極板間の電場：一様（どこでも同じ）。**

$$E = \frac{Q}{\varepsilon_0 S}$$

$+Q$

どこでも E

$-Q$

Step 4 $Q=CV$ の公式を導いてみよう

Step 3で、コンデンサーの極板間の電場について、イメージできましたか？第4講の最後に、$Q=CV$ の公式を導いてみましょう！

I 極板間の電場のようす②

Step 3に引き続き、真空中に置かれたコンデンサーについて考えます。右の図のように、コンデンサーには電気量Qが蓄えられており、極板の面積はSとします。また、極板の間隔をd、コンデンサーにかかる電圧をVとして考えていきます。

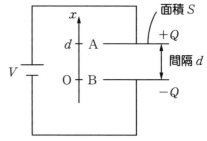

第2講 Step 5（p.120）で、点電荷の電場や電位のイメージをグラフで表しましたね。では、極板間の電場・電位をグラフで表すと、どのようになるでしょうか？

極板Bを原点Oとして、「極板Bからの距離x」と「電場の強さ」の関係をグラフで表すと、下の左図のようになります。極板間の電場は一様なので、AB間ではどこでも同じ強さEとなります。

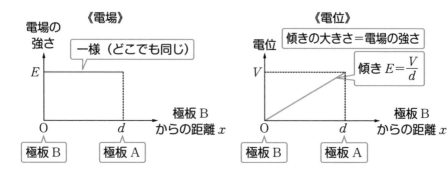

一方、極板Bを電位の基準（電位0）として、「極板Bからの距離」と「電位」の関係をグラフで表すと、上の右図のようになります。コンデンサーは起電力Vの電池につながれているので、極板Aの電位はVとわかります。また、電位のグ

ラフの傾きが電場の強さを示しているので，極板間の電位のグラフは傾き E で一定，つまり直線となります。

図より，電場の強さ E は，

$$E=\frac{V}{d}$$ ◀グラフの傾き

と表せることがわかります。これは極板間の電位差 [V] を極板間隔 [m] で割ったものなので，単位は [V/m] となります。

第4講 コンデンサー

> **ポイント** 極板間の電場②
>
> 極板間の電場は一様で，間隔 d の極板間の電位差が V のとき，電場の強さ E は，
>
> $$E=\frac{V}{d}$$

電場の単位には [N/C] のほかに，[V/m] もあるということです。同じ単位なので，どちらを使っても構いません。問題の中で，電圧（電位差）が与えられていれば [V/m]，静電気力などを考えるなら [N/C]，ぐらいの使い分けでいいですよ！

└→1 C が受ける静電気力　└→1 m あたりの電位差

> **練習問題⑤**

次の各問いに答えよ。

(1) 極板間隔 l のコンデンサーに電圧が $3V$ かかっているとき，極板間の電場の強さを求めよ。

(2) 極板間隔 2.0×10^{-3} m のコンデンサーに電圧が 3.0×10^2 V かかっているとき，極板間の電場の強さを求めよ。

(3) 極板間の電場の強さが $2E$，極板間隔 $2l$ のコンデンサーにかかっている電圧を求めよ。

(4) 極板間の電場の強さが 6.0×10^4 V/m，極板間隔 3.0×10^{-3} m のコンデンサーにかかっている電圧を求めよ。

考え方のポイント　コンデンサーの極板間の電場の強さは一様で，$E=\dfrac{V}{d}$

で求めることができます。また，電圧は $V=Ed$ のかたちで求めましょう！

(1)　求める電場の強さを E_1 とすると，　　$E_1=\dfrac{3V}{l}$　◀$E=\dfrac{V}{d}$

(2)　求める電場の強さを E_2 とすると，

$$E_2=\dfrac{3.0\times10^2}{2.0\times10^{-3}}=1.5\times10^5\ \mathrm{V/m}$$

(3)　求める電圧を V_1 とすると，

$$V_1=2E\times2l=4El\quad ◀V=Ed$$

(4)　求める電圧を V_2 とすると，

$$V_2=6.0\times10^4\times3.0\times10^{-3}=18\times10=1.8\times10^2\ \mathrm{V}$$

答　(1)　$\dfrac{3V}{l}$　　(2)　$1.5\times10^5\ \mathrm{V/m}$　　(3)　$4El$　　(4)　$1.8\times10^2\ \mathrm{V}$

Ⅱ　電気容量Cの求め方

ここまで，電場の強さ E を表す式として，$E=\dfrac{Q}{\varepsilon_0 S}$，$E=\dfrac{V}{d}$ の 2 つを学習しました。この 2 つの式より，

$$\dfrac{Q}{\varepsilon_0 S}=\dfrac{V}{d}$$

となります。Q について解くと，

$$Q=\dfrac{\varepsilon_0 S}{d}V$$

この式より，**コンデンサーに蓄えられる電気量Qは，コンデンサーにかかる電圧 V に比例する**ということがわかります。ここで，**比例定数の部分 $\dfrac{\varepsilon_0 S}{d}$ を電気容量Cとすると，$Q=CV$** という，おなじみの公式になります。

電気容量Cは極板面積Sに比例して，極板間隔dに反比例します。極板の間が真空なら真空の誘電率 ε_0 を用いますが，真空でない場合も含めて，極板の間の誘電率を ε とすると，

$$C = \varepsilon \frac{S}{d}$$

と表すことができます。

ポイント 電気容量

極板の面積 S, 間隔 d のコンデンサーの電気容量 C は,

$C = \varepsilon \dfrac{S}{d}$ （ε：極板間の誘電率）

Ⅲ 比誘電率

　ここまで「極板間は真空」として説明してきましたが, 極板間がいつも真空とは限りません。極板間を何か他の物質で満たすと, 極板間の誘電率は ε_0 ではなくなります。例えば, ガラスの誘電率は真空の誘電率の約 7.5 倍で, 極板間をガラスで満たすと, 極板間の誘電率は $7.5\varepsilon_0$ になります。この, 物質の誘電率が**真空の誘電率の何倍か**を示す値を**比誘電率**といいます。ガラスの場合は, 比誘電率が 7.5 ということになります。

ポイント 比誘電率

　比誘電率 ε_r の物質の誘電率 ε は, 真空の誘電率 ε_0 の ε_r 倍となり,

$\varepsilon = \varepsilon_r \varepsilon_0$

例　極板間が真空の場合のコンデンサーの電気容量を $C_0 = \varepsilon_0 \dfrac{S}{d}$ とします。このコンデンサーの極板間を比誘電率 ε_r の物質で満たした場合の電気容量 C を表してみましょう。極板間の誘電率を $\varepsilon_0 \rightarrow \varepsilon_r \varepsilon_0$ として,

$$C = \varepsilon_r \varepsilon_0 \frac{S}{d} = \varepsilon_r C_0$$

となります。つまり, **極板間を比誘電率 ε_r の物質で満たすと, 電気容量は真空の場合の ε_r 倍**になります。

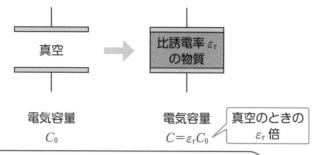

電気容量
C_0

電気容量
$C=\varepsilon_r C_0$

真空のときの
ε_r 倍

比誘電率は「真空の誘電率の何倍か？」を示す値で，誘電率そのものではありません。ですので，電気容量を表すときに，$C=\varepsilon_r \dfrac{S}{d}$ としないように気をつけましょう！

練習問題⑥

次の(1)～(4)のコンデンサーについて，電気容量をそれぞれ求めよ。ただし，真空の誘電率を ε_0 とする。

(1) 極板が一片の長さ a の正方形で，極板間隔が L，極板間が真空のコンデンサー。

(2) (1)のコンデンサーの極板間を，比誘電率 ε_r の物質で満たしたコンデンサー。

(3) 極板の面積が 0.10 m^2，極板間隔が 8.9×10^{-3} m，極板間が真空のコンデンサー。ただし，真空の誘電率 $\varepsilon_0=8.9\times10^{-12}$ F/m とする。

(4) (3)のコンデンサーの極板間を，比誘電率 3.0 の物質で満たしたコンデンサー。

解説

考え方のポイント　電気容量の公式 $C=\varepsilon\dfrac{S}{d}$ を考えます。極板間を比誘電率 ε_r の物質で満たすと，電気容量は極板間が真空の場合の ε_r 倍になります。

(1) 極板の面積は a^2 なので，求める電気容量を C_1 とすると，$C_1=\dfrac{\varepsilon_0 a^2}{L}$

(2) 求める電気容量を C_2 とすると，問(1)の C_1 の ε_r 倍になるので，

$$C_2=\varepsilon_r C_1=\frac{\varepsilon_r \varepsilon_0 a^2}{L}$$

(3) 求める電気容量を C_3 [F] とすると，$C_3 = \dfrac{8.9 \times 10^{-12} \times 0.10}{8.9 \times 10^{-3}} = 1.0 \times 10^{-10}$ F

(4) 求める電気容量を C_4 [F] とすると，問(3)の C_3 の 3.0 倍になるので，
$$C_4 = 3.0 \times C_3 = 3.0 \times 10^{-10} \text{ F}$$

答 (1) $\dfrac{\varepsilon_0 a^2}{L}$ (2) $\dfrac{\varepsilon_r \varepsilon_0 a^2}{L}$ (3) 1.0×10^{-10} F (4) 3.0×10^{-10} F

それでは最後に，第4講のまとめ問題に挑戦してみましょう！

練習問題⑦

　右図のように，極板面積 S，極板間の距離 d の平行板コンデンサーを，起電力 V の電池に接続して充電する。回路は真空中にあるものとして，以下の問いに答えよ。ただし，真空の誘電率を ε_0 とする。

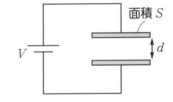

(1) コンデンサーの電気容量を求めよ。

(2) コンデンサーに蓄えられる電気量と静電エネルギーを，それぞれ求めよ。

(3) 極板間の電場の強さを求めよ。

(4) 極板間を比誘電率2の物質で満たしたとき，コンデンサーに蓄えられる電気量を求めよ。

解説

考え方のポイント　コンデンサーで成り立っている公式を思い出して答えていきましょう！(4)では電気容量が変化するので，それを踏まえて電気量を求めます。

(1) 極板間は真空なので，求める電気容量 C は，
$$C = \varepsilon_0 \frac{S}{d}$$

(2) コンデンサーにかかる電圧は V なので，コンデンサーに蓄えられる電気量 Q は，

163

$$Q = CV = \frac{\varepsilon_0 SV}{d}$$

また，静電エネルギー U は，

$$U = \frac{1}{2}QV = \frac{\varepsilon_0 SV^2}{2d}$$

(3) 右図のように，極板間の電場は一様になっている。極板間の距離が d，電位差が V なので，電場の強さ E は，

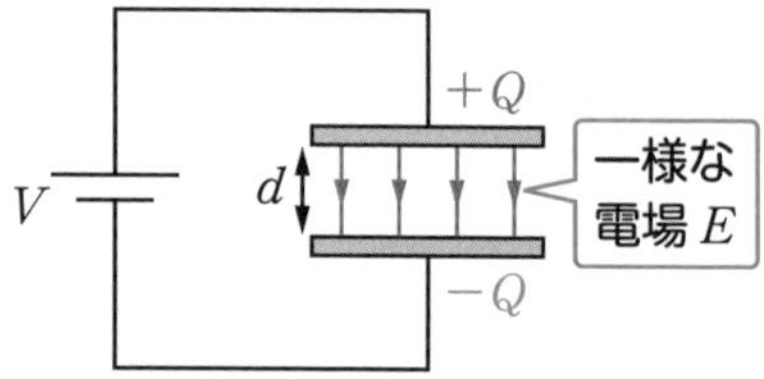

$$E = \frac{V}{d}$$

(4) 極板間を比誘電率 2 の物質で満たしたときの，コンデンサーの電気容量 C' は，

$$C' = 2C = \frac{2\varepsilon_0 S}{d}$$

よって，このときコンデンサーに蓄えられる電気量 Q' は，

$$Q' = C'V = \frac{2\varepsilon_0 SV}{d}$$

答 (1) $\varepsilon_0 \dfrac{S}{d}$　(2) 電気量：$\dfrac{\varepsilon_0 SV}{d}$，静電エネルギー：$\dfrac{\varepsilon_0 SV^2}{2d}$

(3) $\dfrac{V}{d}$　(4) $\dfrac{2\varepsilon_0 SV}{d}$

第 5 講

コンデンサーを含む直流回路

この講で学習すること

Step 1 コンデンサーの充電を考えよう

コンデンサーの充電は瞬間的にはできません。スマートフォンなどの充電池（バッテリー）も一瞬では充電できませんよね。充電にはある程度の時間が必要です。まずはこの充電の過程について考えます。

Ⅰ 抵抗とコンデンサーの直列回路

起電力Eの電池，スイッチ，抵抗値Rの抵抗，電気容量Cのコンデンサーを用いて，下の図のような直列回路をつくります。この回路では，**抵抗とコンデンサーは直列**に接続されています。はじめ，コンデンサーに蓄えられている電気量は0とします。

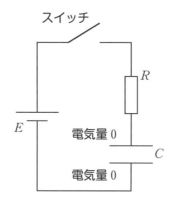

① スイッチを閉じた直後

上の図の状態からスイッチを閉じると，電池によって回路に電流が流れ始めます。このとき，**スイッチを閉じた直後は，まだコンデンサーの電気量は変わらず0のまま**と考えます。

> **ポイント** コンデンサーを含む回路の考え方①
>
> スイッチを閉じた直後は，コンデンサーの電気量は閉じる直前と変わらない

コンデンサーに蓄えられる電気量を Q，極板間の電位差を V とすると，**コンデンサーではどの瞬間でも $Q=CV$ の関係が成り立っています。**
スイッチを閉じた直後は $Q=0$ なので，$V=0$ とわかります。

> **ポイント** コンデンサーを含む回路の考え方②
>
> $Q=CV$ の関係はどの瞬間でも成り立つ

　コンデンサーの電圧が 0 なので，電池の電圧はすべて抵抗にかかっていることになります。よって，抵抗に流れる電流の大きさを I とするとオームの法則より，
$I=\dfrac{E}{R}$ とわかります。

　以上より，スイッチを閉じた直後の回路のようすをまとめると，下の図のようになります。

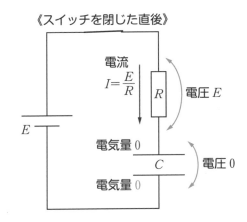

《スイッチを閉じた直後》

② スイッチを閉じて十分に時間が経過したとき

　電流が流れることで，どんどんコンデンサーに電荷が蓄えられていき，最終的にコンデンサーの充電が完了します。**スイッチを閉じて十分に時間がたつと，これ以上コンデンサーに電気量は蓄えられない**ので，電荷の移動つまり**コンデンサーに流れる電流が 0** になります。

　スイッチを閉じて十分に時間が経過すると，コンデンサー
の充電が完了し，コンデンサーに流れる電流が 0 になる

　この直列回路では，電流の通り道はコンデンサーをつなぐ一本道なので，コンデンサーに流れる電流が 0 なら回路全体の電流も 0 になります。

　電流が流れていないので，抵抗にかかる電圧は 0 です。そのため，電池の電圧 E はすべてコンデンサーにかかっていることになります。すると，$Q=CV$ の関係式より，コンデンサーに蓄えられている電気量は $Q=CE$ とわかります。

　以上より，スイッチを閉じて十分に時間が経過したときの回路のようすをまとめると，下の図のようになります。

《スイッチを閉じて十分に時間が経過》

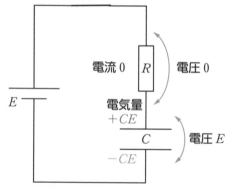

コンデンサーは，蓄えている電気量によって，極板間の電圧も変化します。スイッチを閉じた直後や，十分に時間が経過したときで，どのように扱うかしっかり考えましょう！

168

右図のような，起電力 10 V の電池，抵抗値 50 Ω の抵抗，電気容量 3.0 μF のコンデンサーからなる回路について，以下の問いに答えよ。はじめ，コンデンサーの電気量は 0 とする。

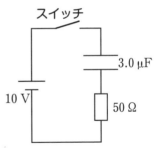

(1) スイッチを閉じた直後，コンデンサーに蓄えられている電気量と，極板間の電圧をそれぞれ求めよ。

(2) スイッチを閉じた直後，抵抗を流れる電流の大きさを求めよ。

(3) スイッチを閉じてから十分に時間が経過したとき，コンデンサーに蓄えられている電気量を求めよ。

解説

考え方のポイント スイッチを閉じた直後，コンデンサーの電気量ははじめと変わらず **0** のままで，十分に時間が経過すると充電が完了して，電流が流れなくなります。オームの法則や $Q = CV$ の関係式をきちんと使いましょう！

(1) スイッチを閉じる前，コンデンサーの電気量は 0 である。スイッチを閉じた直後のコンデンサーの電気量はまだ変わらないので，0 C である。

また，このときの極板間の電圧は，$Q = CV$ の関係式より 0 V である。

(2) (1)より極板間の電圧は 0 V なので，電池の起電力 10 V はすべて抵抗にかかっていることがわかる。よって，求める電流を I [A] とすると，

$$I = \frac{10\ \text{V}}{50\ \Omega} = 0.20\ \text{A} \quad \blacktriangleleft \text{オームの法則より}$$

(3) スイッチを閉じて十分に時間が経過すると，回路に流れる電流は 0 A になり，抵抗の電圧は 0 V となる。このとき，極板間の電圧は電池の電力 10 V に等しく，蓄えられている電気量を Q [C] とすると，

$$Q = 3.0\ \mu\text{F} \times 10\ \text{V} \quad \blacktriangleleft Q = CV \text{ より}$$
$$= 30\ \mu\text{C}\ (= 3.0 \times 10^{-5}\ \text{C})$$

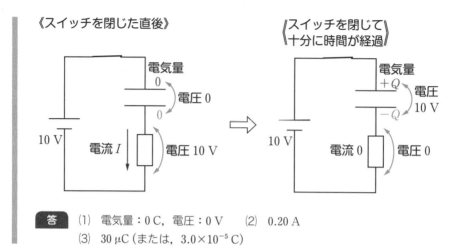

《スイッチを閉じた直後》

電気量 0 / 0 電圧 0

10 V 電流 I 電圧 10 V

《スイッチを閉じて十分に時間が経過》

電気量 $+Q$ / $-Q$ 電圧 10 V

10 V 電流 0 電圧 0

答 (1) 電気量：0 C，電圧：0 V　(2) 0.20 A
(3) 30 μC（または，3.0×10^{-5} C）

Ⅱ 抵抗とコンデンサーの並列回路

　起電力 E の電池，スイッチ，抵抗値がともに R の 2 つの抵抗 R_1，R_2 と電気容量 C のコンデンサーを用いて，下の図のような並列回路をつくります。はじめ，コンデンサーに蓄えられている電気量は 0 とします。この回路では，**抵抗とコンデンサーが並列**に接続されている部分があります。

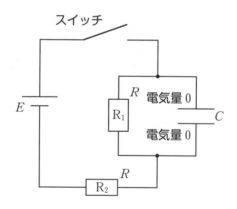

スイッチ

E　R　R_1　電気量 0　電気量 0　C　R　R_2

① スイッチを閉じた直後

　スイッチを閉じると回路に電流が流れ始めます。スイッチを閉じた直後，コンデンサーの電気量はまだ 0 で，電圧も 0 です。
　抵抗 R_1 はコンデンサーと並列になっているので，抵抗 R_1 にかかる電圧も 0 となり，流れる電流も 0 となります。

コンデンサーと抵抗 R_1 の並列部分にかかる電圧が 0 なので，電池の電圧はすべて抵抗 R_2 にかかることになります。よって，オームの法則より，抵抗 R_2 に流れる電流は $\dfrac{E}{R}$ と求められます。

以上より，スイッチを閉じた直後の回路のようすをまとめると，下の図のようになります。

《スイッチを閉じた直後》

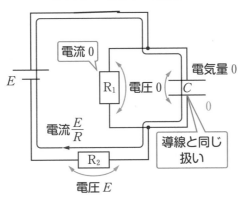

抵抗 R_1 に電流は流れていないので，回路全体の電流の流れ方は上の図のようになり，**電気量 0 のコンデンサーは導線と同じ扱い**になります。これは前項 Ⅰ でも同様に考えられます。

ポイント **コンデンサーを含む回路の考え方④**

電気量 0 のコンデンサーは導線とみなせる

スイッチを閉じた直後，コンデンサーには全電流が流れるのに，抵抗 R_1 に電流は流れない，ということを見抜くのが大事です！

② スイッチを閉じて十分に時間が経過したとき

スイッチを閉じて十分に時間が経過すると，コンデンサーの充電が完了します。コンデンサーと抵抗 R_1 の並列部分にかかる電圧を V_1，回路に流れる電流を I とすると，スイッチを閉じて十分に時間が経過したときの回路のようすは下の図のようになります。

《スイッチを閉じて十分に時間が経過》

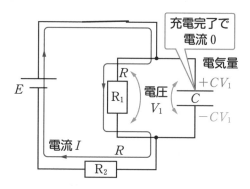

コンデンサーに流れる電流は 0 になりますが，電池 → R_1 → R_2 → 電池 という

コンデンサーを通らない1周があり，この1周で電流が流れます。

> 「コンデンサーに電気量が蓄えられる → コンデンサーに電圧が生じる → 並列の抵抗 R_1 にも同じ電圧がかかる → 抵抗 R_1 に電流が流れる」という仕組みですね！

電池 → R_1 → R_2 → 電池 の1周では，抵抗 R_1 と抵抗 R_2 は直列接続です。そのため，合成抵抗を求めると，$R + R = 2R$ となり，回路を流れる電流の大きさ I はオームの法則より，

$$I = \frac{E}{2R} \quad \cdots\cdots ①$$

となります。また，並列部分の電圧 V_1 にオームの法則を用いると，

$$
\begin{aligned}
V_1 &= RI \qquad \text{◀抵抗 } R_1 \text{ にオームの法則を用いる} \\
&= \frac{1}{2}E \qquad \text{式①を代入}
\end{aligned}
$$

とわかります。すると，このときのコンデンサーの電気量は，

$$CV_1 = \frac{1}{2}CE$$

と表されます。

「電池の起電力が E だから，コンデンサーの電圧も E」
というわけではありません！回路中の抵抗やコンデン
サーについて，わかる情報（電圧や電気量，電流など）
をきちんと一つひとつ確認していきましょう！

練習問題②

　右図のような，起電力 E の電池，抵抗値 R の抵
抗 R_1，抵抗値 $2R$ の抵抗 R_2，電気容量 C のコン
デンサーからなる回路について，以下の問いに答
えよ。はじめ，コンデンサーの電気量は 0 とする。

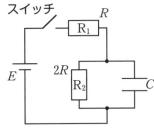

(1) スイッチを閉じた直後，コンデンサーに蓄え
られている電気量と，極板間の電圧をそれぞれ
求めよ。

(2) スイッチを閉じた直後，電池を流れる電流の大きさを求めよ。

(3) スイッチを閉じてから十分に時間が経過したとき，電池を流れる電流の大きさ
を求めよ。

(4) スイッチを閉じてから十分に時間が経過したとき，コンデンサーに蓄えられて
いる電気量を求めよ。

解説

考え方のポイント　スイッチを閉じた直後と，十分に時間が経過したときで，
回路をどのように電流が流れているかを考えましょう！

(1) スイッチを閉じる前，コンデンサーの電気量は 0 である。スイッチを閉じた直
後のコンデンサーの電気量はまだ変わらないので，0 である。
　　また，このときの極板間の電圧は，$Q = CV$ の関係式より 0 となる。

(2) スイッチを閉じた直後，抵抗 R_2 には電流が流れず，下の左図のように電流が流れる。よって，求める電流の大きさを I_0 とすると，

$$I_0 = \frac{E}{R} \quad \blacktriangleleft \text{オームの法則より}$$

(3) 十分に時間が経過したとき，コンデンサーの充電が完了するのでコンデンサーには電流が流れず，下の右図のように電流が流れる。抵抗 R_1 と抵抗 R_2 の合成抵抗は $R+2R=3R$ となるので，求める電流の大きさを I とすると，

$$I = \frac{E}{3R} \quad \blacktriangleleft \text{オームの法則より}$$

(4) コンデンサーと抵抗 R_2 にかかる電圧は等しい。抵抗 R_2 にかかる電圧は

$2R \times I = \frac{2}{3}E$ なので，コンデンサーに蓄えられている電気量は，

$$C \times \frac{2}{3}E = \frac{2}{3}CE \quad \blacktriangleleft Q=CV \text{ より}$$

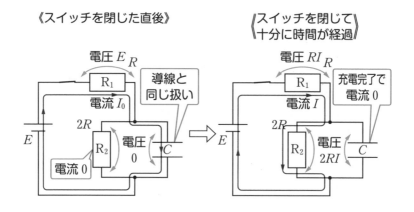

《スイッチを閉じた直後》　　《スイッチを閉じて十分に時間が経過》

答　(1) 電気量：0，電圧：0　(2) $\dfrac{E}{R}$　(3) $\dfrac{E}{3R}$　(4) $\dfrac{2}{3}CE$

Step 2 電気量保存の法則を理解しよう

コンデンサーが複数個ある回路では，充電されたコンデンサーから他のコンデンサーに電荷を移すことができます。ここでは，コンデンサー間の電荷の移動で成り立つ式を考えていきましょう！

I 極板に蓄えられる電気量の変化

電圧 V で充電されたコンデンサー C_1 (電気容量 C)，電気量 0 のコンデンサー C_2 (電気容量 $2C$)，スイッチを用いて下の図のような回路をつくります。

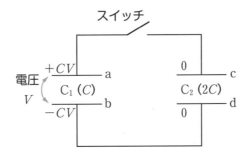

はじめ，コンデンサー C_1 には電気量 CV が蓄えられています。

スイッチを閉じると，下の図 a のように極板 a→c に電荷が移動を始めます。それに対応して極板 d→b にも電荷が移動します。

電荷がどんどん移動していって，最終的に各コンデンサーがある電荷を蓄えた時点で，電荷の移動がなくなります。このときのコンデンサー C_1 と C_2 が蓄えている電気量をそれぞれ Q_1，Q_2 とします。

《スイッチを閉じた直後》 **《スイッチを閉じて十分に時間が経過》**

図 a

第5講

コンデンサーを含む直流回路

Ⅱ 電気量の保存

極板aとcに蓄えられた電気量 $+Q_1$ と $+Q_2$ は，もともとは極板aに蓄えられていた電気量 $+CV$ が分かれたものです。**移動によって電荷そのものが消滅することはない**ので，移動の前後で電気量の関係を式で表すと，

$$\underset{前}{\underline{CV}} = \underset{後}{\underline{Q_1 + Q_2}}$$

となります。極板aとcのように，**導線でつながれた極板の間で電荷が移動しても，極板に蓄えられている電気量の総和は変わりません。**これを**電気量保存の法則（電荷保存の法則）**といいます。

図aの極板aとcについて，関係を整理すると下の表のようになります。

	aの電気量	cの電気量	a+c の電気量	
電荷の移動前	$+CV$	0	$+CV$	等しい
電荷の移動後	$+Q_1$	$+Q_2$	$+Q_1+Q_2$	

よって，電気量保存の法則を示す式は，

$$+CV = +Q_1 + Q_2 \quad \cdots\cdots ①$$

ポイント 電気量保存の法則（電荷保存の法則）

　導線でつながれた極板の間で電荷が移動しても，極板に蓄えられている電気量の総和は変わらない

図aの極板bとdについて，関係を整理すると下表のようになります。

	bの電気量	dの電気量	b+d の電気量	
電荷の移動前	$-CV$	0	$-CV$	等しい
電荷の移動後	$-Q_1$	$-Q_2$	$-Q_1-Q_2$	

よって，電気量保存の法則を示す式は，

$$-CV = -Q_1 - Q_2 \quad ◀式①の符号を逆にしたもの！$$

電気量保存の法則の式を立てるときには，電気量の符号に注意するようにしてください！

Ⅲ コンデンサーに蓄えられる電気量の変化

第3講で学習したように，**導線でつながっているところは電位が等しくなる**ので，図aの極板aとc，極板bとdは同じ電位になります。

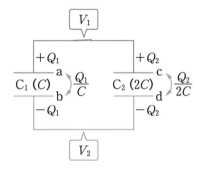

上の図のように，極板aとcの電位を V_1，極板bとdの電位を V_2 とすると，

極板aとbの電位差：$V_1 - V_2$

極板cとdの電位差：$V_1 - V_2$

と表され，**2つのコンデンサーにかかる電圧は同じ**とわかります。

ここで，電気量 $Q = CV$ の関係式を用いて各コンデンサーにかかる電圧を考えると，

$$V_1 - V_2 = \frac{Q_1}{C} = \frac{Q_2}{2C} \qquad これより，\qquad Q_2 = 2Q_1 \quad \cdots\cdots ②$$

が導かれます。式①と式②より，

$$Q_1 = \frac{1}{3}CV, \qquad Q_2 = \frac{2}{3}CV$$

と，十分に時間が経過したときの各コンデンサーの電気量が求まります。

右図のように，電圧 V で充電されたコンデンサー C_1（電気容量 $2C$）と，電気量 0 のコンデンサー C_2（電気容量 C）からなる回路について，以下の問いに答えよ。はじめ，極板 a には正電荷，極板 b には負電荷が蓄えられているものとする。

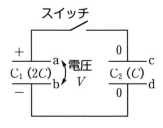

(1) スイッチを閉じる前，コンデンサー C_1 に蓄えられている電気量を求めよ。

(2) スイッチを閉じて十分に時間が経過したとき，コンデンサー C_1 と C_2 に蓄えられている電気量をそれぞれ q_1 と q_2 とする。

   (ア) 極板 a と c で成り立つ電気量保存の法則の式を書け。

   (イ) コンデンサー C_1 と C_2 にかかる電圧の関係式を書け。

(3) (2)で求めた式から，q_1 と q_2 をそれぞれ求めよ。

(4) スイッチを閉じてから十分に時間が経過するまでの間に，スイッチを通過した電気量を求めよ。

解説

考え方のポイント　コンデンサーの電荷の移動に関する問題では，(2)のように，電気量保存の法則と電圧の関係式（電位の関係式）を立てることが基本になります。電気量 $Q=CV$ の公式も正しく使いながら考えましょう！

(1) コンデンサー C_1 に蓄えられている電気量は，
$$2C \times V = 2CV \quad \blacktriangleleft Q=CV \text{ より}$$
※ これより，極板 a には $+2CV$，極板 b には $-2CV$ の電荷が蓄えられていることがわかる。

(2) 十分に時間が経過したとき，極板に蓄えられている電荷や極板間の電圧は，下図のようになる。

《スイッチを閉じてから十分に時間が経過》

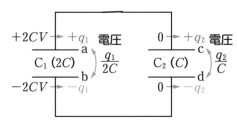

(ア) 図より，極板aとcで成り立つ電気量保存の法則の式は，

$$+2CV = +q_1 + q_2 \quad \cdots\cdots ①$$

(イ) コンデンサー C_1 と C_2 の電圧は等しくなるので，電圧の関係式は，

$$\frac{q_1}{2C} = \frac{q_2}{C} \quad \cdots\cdots ②$$

(3) 式①と式②より，

$$q_1 = \frac{4}{3}CV, \qquad q_2 = \frac{2}{3}CV$$

(4) スイッチを通過した電荷の電気量を Δq とすると，極板cの電気量変化より，

$$\Delta q = +q_2 - 0 = \frac{2}{3}CV$$

↳通過した電気量＝たどり
着く極板の電気量変化

別解 Δq は「極板aから出た」電気量でもあるので，aの電気量の減少を考えて，

$$\Delta q = +2CV - (+q_1) = 2CV - \frac{4}{3}CV = \frac{2}{3}CV$$

答 (1) $2CV$　　(2) (ア) $2CV = q_1 + q_2$　(イ) $\dfrac{q_1}{2C} = \dfrac{q_2}{C}$

　　(3) $q_1 = \dfrac{4}{3}CV$, $q_2 = \dfrac{2}{3}CV$　　(4) $\dfrac{2}{3}CV$

Step 3 回路のエネルギー保存の法則を考えよう

Step 2 では極板に蓄えられている電気量について，色々な式を立てました。ここでは，コンデンサーに蓄えられているエネルギーについて考えていきましょう。

I 電池がする仕事

回路に電流を流すとき，電池は仕事をしています。この仕事は，電池の起電力と，電池を通過した電荷の電気量の積で求められます。

ポイント 電池がする仕事

起電力 V の電池を，電荷の電気量 ΔQ が通過したとき，電池がする仕事 W_E は，

$$W_E = \Delta Q \times V$$

力学で学んだ仕事に正と負があるように，電池の仕事にも正と負があります。

（電池の起電力の向き）と（正電荷が通過する向き）が同じ

⟶ 電池の仕事は正

（電池の起電力の向き）と（正電荷が通過する向き）が逆

⟶ 電池の仕事は負

※ 起電力の向き……電位が高くなる向き。
電池が電流を流そうとする向き。

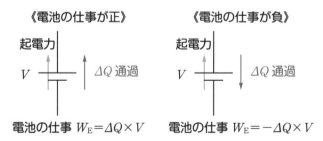

《電池の仕事が正》　　　　《電池の仕事が負》

起電力　　　　　　　　　　起電力

V　　ΔQ 通過　　　　V　　ΔQ 通過

電池の仕事 $W_E = \Delta Q \times V$　　電池の仕事 $W_E = -\Delta Q \times V$

次の①〜③の場合について，電池がした仕事を求めてみましょう。

① 起電力 E の電池を，起電力の向きに電気量 $+Q$ の電荷が通過した場合

電荷の通過のようすを図で表すと，右の図のようになります。

起電力の向きに正電荷が通過しているので，電池の仕事は正になります。電池がした仕事を W_1 とすると，

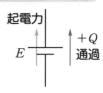

$$W_1 = Q \times E = QE \quad \blacktriangleleft W_E = \Delta Q \times V \text{ より}$$

② 起電力 $5.0\,\text{V}$ の電池を，起電力の向きと逆向きに電気量 $3.0 \times 10^{-5}\,\text{C}$ の電荷が通過した場合

電荷の通過のようすを図で表すと，右の図のようになります。

起電力の向きと逆向きに正電荷が通過しているので，電池の仕事は負になります。電池がした仕事を W_2 とすると，

$$W_2 = -3.0 \times 10^{-5} \times 5.0 = -1.5 \times 10^{-4}\,\text{J}$$

③ はじめ，電荷を蓄えていない電気容量 C のコンデンサーに，起電力 V の電池をつないで十分に時間が経過した場合

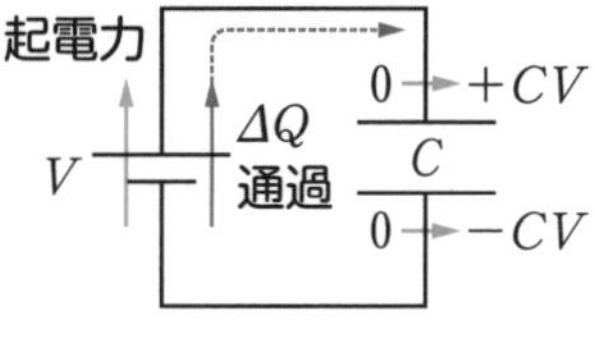

右の図のように，十分に時間が経過したとき，コンデンサーに蓄えられた電気量は CV となります。

電池を通過した電気量を ΔQ とすると，図より，上側の極板の電気量変化が CV なので，

$$\Delta Q = CV$$

したがって，電池がする仕事を W_3 とすると，

$$W_3 = CV \times V = CV^2$$

Ⅱ 電池の仕事率

単位時間（1秒間）あたりの仕事を仕事率といいましたね。**電池の仕事率**のことは供給電力ともいいます。単位は [W] で表されます。

起電力 V の電池を電荷 ΔQ が通過するのに，時間 Δt かかったとします。このとき電池がする仕事は $\Delta Q \times V$ なので，この電池の仕事率，すなわち供給電力 P は，

⌣→単位時間当たりの仕事

$$P = \frac{\Delta Q \times V}{\Delta t}$$

〉第3講より，電流 $I = \dfrac{\Delta Q}{\Delta t}$

これより，$P = VI$

と表せます。

ポイント 電池の供給電力

起電力 V の電池に，電流 I が起電力と同じ向きに流れるとき，電池の供給電力 P は，

$$P = VI$$

仕事と同じように，供給電力にも正と負があります。起電力の向きと電流の向きが同じなら正，逆なら負になります。

 次の①～③の場合について，電池の供給電力を求めましょう。

① 起電力 E の電池に，大きさ i の電流が起電力の向きに流れている場合

電流の通過のようすを図で表すと右の図のようになります。

起電力と電流は同じ向きなので，電池の供給電力 P_1 は正となり，

$$P_1 = E \times i = Ei \quad ◀ P = VI \text{ より}$$

② 起電力 1.5 V の電池に，4.0 mA の電流が起電力の向きに流れている場合

電流の通過のようすを図で表すと右の図のようになります。

電池に流れる電流は $4.0\,\text{mA} = 4.0 \times 10^{-3}\,\text{A}$ として，電池の供給電力 P_2 は，

$$P_2 = 1.5 \times 4.0 \times 10^{-3} = 6.0 \times 10^{-3}\,\text{W}$$

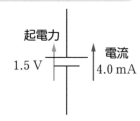

③ **起電力 5.0 V の電池に，30 mA の電流が起電力の向きと逆向きに流れている場合**

電流の通過のようすを図で表すと右の図のようになります。起電力と電流が逆向きなので，供給電力は負になることに注意しましょう。電池に流れる電流は 30 mA＝30×10^{-3} A として，電池の供給電力 P_3 は，

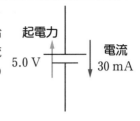

$$P_3 = -5.0 \times 30 \times 10^{-3} = -1.5 \times 10^{-1} \text{ W}$$

Ⅲ コンデンサーを含む回路のエネルギー保存の法則

起電力 E の電池，スイッチ，抵抗値 R の抵抗，電気容量 C のコンデンサーを用いて，右の図のような回路をつくります。はじめ，コンデンサーの電気量は 0 とします。この回路におけるエネルギーの変化のようすについて，考えてみましょう。

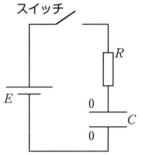

① コンデンサー

Step 1 で学習したように，はじめのコンデンサーの電気量が 0 なので，スイッチを閉じた直後，コンデンサーの極板間の電圧は 0，静電エネルギーも 0 です。その後，十分に時間が経過すると，回路に流れる電流は 0 になり，極板間の電圧は電池の起電力と同じ E になるので，静電エネルギーは $\dfrac{1}{2}CE^2$ です。

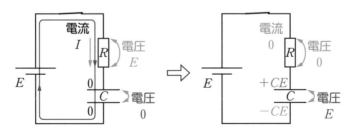

よって，**静電エネルギーの変化量** ΔU は，

$$\Delta U = \frac{1}{2}CE^2 \quad \cdots\cdots ①$$

183

② 電池

コンデンサーの静電エネルギーが増加するのは，電池が回路に仕事をするからです。

電池を通過した電気量を ΔQ とすると，電池を通過した後にたどり着く極板の電気量変化が CE なので，

$$\Delta Q = CE$$

よって，**電池がした仕事** W_E は，

$$W_E = \Delta Q \times E = CE \times E = CE^2 \quad \cdots\cdots ②$$

③ 抵抗

式①と式②を見比べると，電池がした仕事 W_E はコンデンサーの静電エネルギー変化量 ΔU 2倍とわかりますね。**この差は抵抗でジュール熱となって消費されています。** このジュール熱を W_R とすると，

$$W_R = W_E - \Delta U \quad \cdots\cdots ③ \quad \blacktriangleleft （ジュール熱）＝（電池の仕事）－（静電エネルギー変化）$$

$$= CE^2 - \frac{1}{2}CE^2 = \frac{1}{2}CE^2$$

と求めることができます。式③を少し書き換えると，

$$W_E = \Delta U + W_R$$

というかたちになります。これは**コンデンサーを含む回路のエネルギー保存の法則**を示す，基本的なかたちです。

ポイント コンデンサーを含む回路のエネルギー保存の法則

（回路にした仕事）

＝（コンデンサーの静電エネルギー変化量）

＋（抵抗で発生したジュール熱）

「回路にした仕事」には，電池がする仕事がありますが，このほかにコンデンサーの極板を動かすときの外力がする仕事などもあります。コンデンサーを含む回路で抵抗のジュール熱を求めるときは，回路のエネルギー保存の法則に頼りましょう！

　右図のような回路で、スイッチを閉じてコンデンサーを充電した。はじめ、コンデンサーの電気量は 0 だったとする。

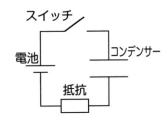

　次の(1)、(2)の場合について、スイッチを閉じてから充電が完了するまでの間に、コンデンサーの静電エネルギーの変化、電池がした仕事、抵抗で発生したジュール熱をそれぞれ求めよ。

(1)　電池の起電力が V、コンデンサーの電気容量が $2C$ の場合。
(2)　電池の起電力が $10\,V$、コンデンサーの電気容量が $3.0 \times 10^{-4}\,F$ の場合。

解説

考え方のポイント　コンデンサーを含む回路で、抵抗のジュール熱を求めるときは、回路のエネルギー保存の法則を考えましょう！電池の仕事を求めるのに必要な「電池を通過した電気量」は、コンデンサーの電気量の変化から考えます。

(1)　はじめコンデンサーの電気量は 0 なので、静電エネルギーも 0 である。その後スイッチを閉じて十分に時間が経過すると、回路に流れる電流は 0 になり、右図のようにコンデンサーの極板間の電圧は電池の起電力と等しく V となる。

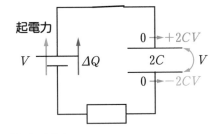

　よって、静電エネルギーの変化量を ΔU_1 とすると、

$$\Delta U_1 = \frac{1}{2} \times 2C \times V^2 = CV^2 \quad \blacktriangleleft U = \frac{1}{2}CV^2$$

　コンデンサーに蓄えられる電気量ははじめ 0 で、充電完了後は $2C \times V = 2CV$ になる。これより、電池を通過した電気量 ΔQ は $2CV$ である。よって、電池がした仕事を W_{E1} とすると、

$$W_{E1} = 2CV \times V = 2CV^2 \quad \blacktriangleleft W = \Delta Q \times V$$

　抵抗で発生したジュール熱を W_{R1} とすると、回路のエネルギー保存の法則より、

$$W_{E1} = \Delta U_1 + W_{R1} \quad \blacktriangleleft (回路にした仕事) = (静電エネルギー変化) + (抵抗のジュール熱)$$

よって、　$W_{R1} = W_{E1} - \Delta U_1 = 2CV^2 - CV^2 = CV^2$

(2) はじめコンデンサーの電気
量は 0 なので，静電エネルギー
も 0 である。その後スイッチ
を閉じて十分に時間が経過す
ると，右図のようにコンデンサ
ーの極板間の電圧は電池の起
電力と等しく 10 V となる。

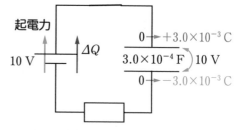

よって，静電エネルギーの変化量を ΔU_2 〔J〕とすると，

$$\Delta U_2 = \frac{1}{2} \times 3.0 \times 10^{-4} \times 10^2 = 1.5 \times 10^{-2} \text{ J}$$

コンデンサーに蓄えられる電気量ははじめ 0 で，充電完了後は
$3.0 \times 10^{-4} \times 10 = 3.0 \times 10^{-3}$ C になる。そのため，電池を通過した電気量 ΔQ は
3.0×10^{-3} C である。よって，電池がした仕事を W_{E2} とすると，

$$W_{E2} = 3.0 \times 10^{-3} \times 10 = 3.0 \times 10^{-2} \text{ J} \quad \blacktriangleleft W = \Delta Q \times V$$

抵抗で発生したジュール熱を W_{R2} とすると，回路のエネルギー保存の法則より，

$$W_{E2} = \Delta U_2 + W_{R2} \quad \blacktriangleleft (回路にした仕事) = (静電エネルギー変化) + (抵抗のジュール熱)$$

よって，　　$W_{R2} = W_{E2} - \Delta U_2 = 3.0 \times 10^{-2} - 1.5 \times 10^{-2} = 1.5 \times 10^{-2} \text{ J}$

答　(1)　静電エネルギーの変化：CV^2，仕事：$2CV^2$，ジュール熱：CV^2
　　　(2)　静電エネルギーの変化：1.5×10^{-2} J，仕事：3.0×10^{-2} J
　　　　　ジュール熱：1.5×10^{-2} J

電池がない回路の場合，電池がする仕事は 0 になり
ます。そのときはエネルギー保存の法則をもとに，
「静電エネルギーが減少して，その分はすべて抵抗
で熱になるんだな〜」と，考えてみてください！

Ⅳ　消費電力とジュール熱

Ⅲ で，単位時間あたりに電池がする仕事（仕事率）は供給電力といいましたね。
抵抗で発生するジュール熱については，**単位時間あたりに抵抗で発生す
るジュール熱**を消費電力といい，単位は〔W〕で表されます。

> **ポイント** 消費電力

抵抗値 R の抵抗に電圧 V がかかり，大きさ I の電流が流れているとき，抵抗の消費電力 P は，

$$P = VI = RI^2 = \frac{V^2}{R}$$

> $P = VI$ の式は，オームの法則 $V = RI$ より
>
> $P = VI = RI \times I = RI^2$ や，$I = \dfrac{V}{R}$ より
>
> $P = VI = V \times \dfrac{V}{R} = \dfrac{V^2}{R}$ と表すことができます！

抵抗に流れる電流や抵抗にかかる電圧が一定の値なら，消費電力 P も一定の値になります。このとき，時間 t の間に抵抗で発生するジュール熱を W_R とすると，

$W_R = Pt$ ◀（単位時間あたりのジュール熱）×（時間（秒））

となります。

> **ポイント** ジュール熱と消費電力の関係

抵抗に流れる電流や，抵抗にかかる電圧が一定のとき，時間 t の間に抵抗で発生するジュール熱 W_R は，

$$W_R = Pt \quad （P：消費電力）$$

> 練習問題⑤

次の問いに答えよ。

(1) 一定の電圧 E がかかり，一定の大きさの電流 I が流れている抵抗がある。この抵抗の消費電力と，時間 t の間に発生するジュール熱をそれぞれ求めよ。

(2) 抵抗値 r の抵抗に，一定の大きさの電流 i が流れている。この抵抗の消費電力と，時間 T の間に発生するジュール熱をそれぞれ求めよ。

(3) 抵抗値 $2.0 \times 10^2\ \Omega$ の抵抗に，一定の電圧 $10\ \mathrm{V}$ がかかっている。この抵抗の消費電力と，5分間で発生するジュール熱をそれぞれ求めよ。

考え方のポイント　消費電力は公式を正しく使って求めましょう。一定の消費電力なら，時間とかけあわせることでジュール熱を求めることができます。

(1) 消費電力を P_1 とすると，$P_1 = EI$　◀ $P = VI$
　　ジュール熱を W_{R1} とすると，$W_{R1} = P_1 t = EIt$　◀ $W = Pt$

(2) 消費電力を P_2 とすると，$P_2 = ri^2$　◀ $P = RI^2$
　　ジュール熱を W_{R2} とすると，$W_{R2} = P_2 T = ri^2 T$

(3) 消費電力を P_3 とすると，$P_3 = \dfrac{10^2}{2.0 \times 10^2} = 0.50$ W　◀ $P = \dfrac{V^2}{R}$

　　ジュール熱を W_{R3} とすると，5 分 = 5×60 秒 なので，
　　　　$W_{R3} = P_3 t = 0.50 \times 5 \times 60 = 150 = 1.5 \times 10^2$ J

答　(1)　消費電力：EI，ジュール熱：EIt
　　(2)　消費電力：ri^2，ジュール熱：$ri^2 T$
　　(3)　消費電力：0.50 W，ジュール熱：1.5×10^2 J

Ⅲ では回路のエネルギー保存の法則でジュール熱を求めましたね。これは，コンデンサーを含む回路では電流が一定ではないからです。$W_R = Pt$ のかたちでジュール熱を求めることができるのは「電流が一定の場合」ということをおさえておきましょう！

Step 4 スイッチの切り換えがあるコンデンサー回路

第5講の仕上げに，次のような回路に取り組んでみましょう！

起電力Eの電池，2つのスイッチS_1，S_2，2つの抵抗R_1，R_2，電気容量がC，$2C$，Cの3つのコンデンサーC_1，C_2，C_3を用いて，下の図のような回路をつくります。はじめスイッチは2つとも開いていて，すべてのコンデンサーの電気量は0とします。

この回路のスイッチを閉じたり開いたりして切り換えて，そのたびにコンデンサーに蓄えられる電気量がどのように変化するのか，考えてみましょう！

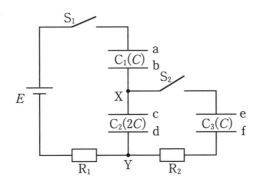

スイッチを切り替える手順は，

① スイッチS_1を閉じて十分に時間が経過する
② スイッチS_1を開く
③ スイッチS_2を閉じて十分に時間が経過する
④ スイッチS_2を開く
⑤ 再びスイッチS_1を閉じて十分に時間が経過する

です。

① スイッチS_1を閉じて十分に時間が経過する

スイッチS_1を閉じると，回路に電流が流れはじめます。このとき，スイッチS_2は開いているので，分岐点X→コンデンサーC_3→抵抗R_2→分岐点Yの経路には電流が流れません。そのため，図の回路で，電気量変化を考えるところを取り出すと，次ページの図のように描き換えることができます。

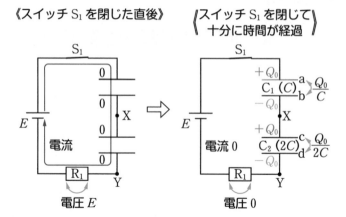

《スイッチ S_1 を閉じた直後》　《スイッチ S_1 を閉じて十分に時間が経過》

十分に時間が経過すると，コンデンサー C_1 と C_2 の充電が完了し，回路に電流が流れなくなります。このとき，極板 a に蓄えられた電気量を $+Q_0$ とすると，極板 b の電気量は $-Q_0$，極板 c の電気量は $+Q_0$，極板 d の電気量は $-Q_0$ となります。

C_1 と C_2 に蓄えられる電気量は同じ Q_0 になります。はじめの電気量が 0 だったコンデンサーが，直列接続で充電されると同じ電気量を蓄える，ということは覚えておくといいでしょう！

コンデンサー C_1 の極板間の電圧は $\dfrac{Q_0}{C}$，C_2 の極板間の電圧は $\dfrac{Q_0}{2C}$，抵抗 R_1 の電圧は 0 となります。これより，キルヒホッフの第 2 法則の式を立てると，電池の起電力が E なので，

$$E=\frac{Q_0}{C}+\frac{Q_0}{2C}　◀（起電力の和）＝（電圧降下の和）$$

よって，　$Q_0=\dfrac{2}{3}CE$

　以上より，手順①によって得られるコンデンサーの電気量はそれぞれ，

　　　コンデンサー C_1：$\dfrac{2}{3}CE$，　　コンデンサー C_2：$\dfrac{2}{3}CE$

　　　コンデンサー C_3：0

となります。

② スイッチ S_1 を開く

スイッチ S_1 を開くと，極板 a の電荷が移動できなくなり，電気量は $+Q_0$ のままになります。そのため，極板 b の電気量は $-Q_0$ のままになり，スイッチ S_2 も開いたままなので，極板 c の電気量も $+Q_0$ のままです。それにともなって，極板 d の電気量も $-Q_0$ のままとなります。そのため，手順②によって得られるコンデンサーの電気量はそれぞれ，

$$\left.\begin{array}{l}\text{コンデンサー } C_1 : \dfrac{2}{3}CE, \quad \text{コンデンサー } C_2 : \dfrac{2}{3}CE \\[2mm] \text{コンデンサー } C_3 : 0\end{array}\right\}\text{手順①と変化なし}$$

です。

③ スイッチ S_2 を閉じて十分に時間が経過する

スイッチ S_1 が開いていて，S_2 が閉じている状態です。スイッチ S_1 が開いていると極板 a の電荷は移動できず，向かいあう極板 b の電気量も変化しません。そのため，コンデンサー C_1 の電気量は手順②のままとなります。

電池，コンデンサー C_1，抵抗 R_1 に電流が流れないので，下の左図のようにコンデンサー C_2 と C_3 をつなぐところを取り上げます。

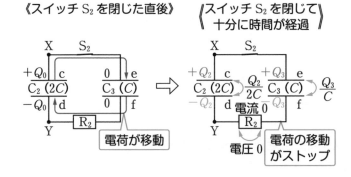

《スイッチ S_2 を閉じた直後》 《スイッチ S_2 を閉じて 十分に時間が経過》

十分に時間が経過すると，コンデンサー C_2 と C_3 の間での電荷の移動が完了します。このときのコンデンサー C_2，C_3 に蓄えられている電気量をそれぞれ Q_2，Q_3 とすれば，回路のようすは上の右図のようになります。

Step 2 **Ⅱ** より，**極板 c と e の間で電気量保存の法則が成り立つの**で，

$$\underset{\substack{\text{移動前の}\\\text{電気量の和}}}{+Q_0} = \underset{\substack{\text{移動後の}\\\text{電気量の和}}}{+Q_2+Q_3}$$

◀導線でつながれている極板の間で電荷が移動しても，極板の電気量の総和は変わらない

また，コンデンサー C_2 の極板間の電圧 $\dfrac{Q_2}{2C}$ と，C_3 の極板間の電圧 $\dfrac{Q_3}{C}$ は等し

くなるので,

$$\frac{Q_2}{2C}=\frac{Q_3}{C} \qquad これより, \qquad Q_3=\frac{1}{2}Q_2$$

この Q_3 を前ページの電気量保存の法則の式に代入すると,

$$Q_0=Q_2+\frac{1}{2}Q_2=\frac{3}{2}Q_2$$

となるので,

$$Q_2=\frac{2}{3}\underline{Q_0}=\frac{4}{9}CE, \qquad Q_3=\frac{1}{2}\times\frac{4}{9}CE=\frac{2}{9}CE$$

手順①より $Q_0=\frac{2}{3}CE$

以上より, 手順③によって得られるコンデンサーの電気量はそれぞれ,

コンデンサー C_1 : $\frac{2}{3}CE$ ◀手順①②と変化なし

コンデンサー C_2 : $\frac{4}{9}CE$, コンデンサー C_3 : $\frac{2}{9}CE$

となります。

④ スイッチ S_2 を開く

スイッチ S_1, S_2 が開いているので, 極板の電荷は移動できません。そのため, 手順④によって得られるコンデンサーの電気量はそれぞれ,

コンデンサー C_1 : $\frac{2}{3}CE$, コンデンサー C_2 : $\frac{4}{9}CE$

コンデンサー C_3 : $\frac{2}{9}CE$

のままとなります。

⑤ 再びスイッチ S_1 を閉じて十分に時間が経過する

最後に, スイッチ S_1 を閉じると, 手順①と同じかたちの回路になります。しかし手順①のときと違うのは, スイッチ S_1 を閉じる前の**コンデンサー C_1 と C_2 の電気量が 0 ではない**ということですね。**コンデンサー C_1, C_2 に蓄えられる電気量を q_1, q_2 とする**と, 回路のようすは次ページの図のようになります。

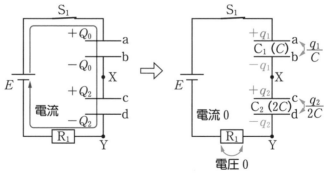

《スイッチ S_1 を閉じた直後》

《スイッチ S_1 を閉じて
十分に時間が経過》

手順①との違いに気づくことが，ここではとても大事ですよ！コンデンサー C_1 と C_2 の電気量は別の文字（q_1, q_2）でおく必要があります！

極板 b と c の間で電気量保存の法則が成り立つので，

$$\underbrace{-Q_0+Q_2}_{\substack{\text{移動前の}\\\text{電気量の和}}}=\underbrace{-q_1+q_2}_{\substack{\text{移動後の}\\\text{電気量の和}}} \quad \cdots\cdots①$$

また，キルヒホッフの第2法則の式を立てると，

$$\underbrace{E}_{\substack{\text{起電力の和}}}=\underbrace{\frac{q_1}{C}+\frac{q_2}{2C}}_{\substack{\text{電圧降下の和}}} \quad \cdots\cdots②$$

式①，②を連立して，q_1, q_2 を求めていきます。

式①を q_2 について解くと，

$$q_2=q_1-Q_0+Q_2$$

手順①より $Q_0=\dfrac{2}{3}CE$，手順③より $Q_2=\dfrac{4}{9}CE$

$$=q_1-\frac{2}{3}CE+\frac{4}{9}CE$$

$$=q_1-\frac{2}{9}CE$$

これを式②に代入すると，

$$E=\frac{q_1}{C}+\frac{q_1-\dfrac{2}{9}CE}{2C}$$

$$E=\frac{q_1}{C}+\frac{q_1}{2C}-\frac{E}{9}$$

$$\frac{3q_1}{2C} = \frac{10}{9}E \qquad \text{これより,} \qquad q_1 = \frac{10}{9} \times \frac{2}{3}CE = \frac{20}{27}CE$$

また，$\quad q_2 = q_1 - \frac{2}{9}CE = \frac{20}{27}CE - \frac{2}{9}CE = \frac{14}{27}CE$

以上より，手順⑤によって得られるコンデンサーの電気量はそれぞれ，

$$\text{コンデンサー } C_1 : \frac{20}{27}CE, \qquad \text{コンデンサー } C_2 : \frac{14}{27}CE$$

$$\text{コンデンサー } C_3 : \frac{2}{9}CE \quad \blacktriangleleft \text{手順④と変化なし}$$

となります。

コンデンサー回路では，極板に蓄えられている電気量が
どのように変化していくのか，しっかりと追う必要があり
ます。「結構，面倒くさいな～」と思うかもしれませんが，
扱っているのは，公式 $Q = CV$ や，電気量保存の法則，
キルヒホッフの第2法則など同じものばかりで，難しいこ
とはないはずです。コンデンサー回路は，「難しいのでは
なく面倒くさいもの」と思って取り組むと，少し気が楽に
なるのでは…。コンデンサー回路は，問題を解けば解く
ほどできるようになっていきますよ！

練習問題⑥

右図のような，起電力 V の電池，電
気容量がそれぞれ C, $2C$, $3C$ のコンデ
ンサー C_1, C_2, C_3, ともに抵抗値 R の抵
抗 R_1, R_2 からなる回路がある。はじめ，
スイッチ S_1 と S_2 はどちらも開いてお
り，すべてのコンデンサーに電荷は蓄え
られていなかった。以下の問いに答え
よ。

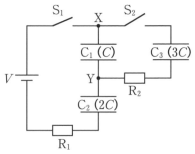

(1) スイッチ S_2 を開いたまま，スイッチ S_1 を閉じた。スイッチ S_1 を閉じた直後，
抵抗 R_1 を流れる電流の大きさを求めよ。

(2) スイッチ S_1 を閉じて十分に時間が経過したとき，コンデンサー C_1 に蓄えられ
ている電気量を求めよ。

(3) スイッチ S_1 を閉じてから十分に時間が経過するまでに，電池がした仕事と，

抵抗 R_1 で発生したジュール熱をそれぞれ求めよ。

(4) その後，スイッチ S_1 を開いてからスイッチ S_2 を閉じた。スイッチ S_2 を閉じてから十分に時間が経過したとき，コンデンサー C_3 に蓄えられている電気量を求めよ。

解説

考え方のポイント 問題を解いていく流れは **Step 4** と同じです。基本的に，求めたいものを文字でおいて，電気量保存の法則とキルヒホッフの第 2 法則の式を立てましょう。抵抗で発生したジュール熱は，回路のエネルギー保存の法則で考えよう！

(1) スイッチ S_1 を閉じた直後，各コンデンサーの電気量はまだ変化せず 0 のままであり，コンデンサーの極板間の電圧も 0 である。このとき回路に流れる電流の大きさを I_0 とすると，下の左図のようになる。よって，キルヒホッフの第 2 法則より，

$$V = RI_0 \qquad \text{これより，} \qquad I_0 = \frac{V}{R}$$

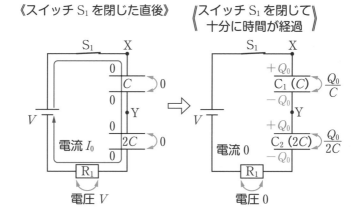

《スイッチ S_1 を閉じた直後》　《スイッチ S_1 を閉じて十分に時間が経過》

電流 I_0　　　電流 0

電圧 V　　　電圧 0

(2) はじめ，コンデンサー C_1 と C_2 の電気量は 0 なので，充電が完了した後の C_1 に蓄えられている電気量を Q_0 とすると，C_2 の電気量も Q_0 になる（上の右図）。よって，キルヒホッフの第 2 法則より，

$$\underbrace{V}_{\text{起電力の和}} = \underbrace{\frac{Q_0}{C} + \frac{Q_0}{2C}}_{\text{電圧降下の和}} \qquad \text{これより，} \qquad Q_0 = \frac{2}{3}CV$$

(3) スイッチ S_1 を閉じてから十分に時間が経過するまでに，電池を通過した電気

量 ΔQ は，コンデンサー C_1 の上側の極板の電気量変化に等しく，

$$\Delta Q = Q_0 = \frac{2}{3}CV$$

よって，電池がした仕事を W_E とすると，

$$W_E = \Delta Q \times V = \frac{2}{3}CV \times V = \frac{2}{3}CV^2$$

また，コンデンサー C_1 と C_2 の静電エネルギーの和の変化量を ΔU_{12} とすると，

$$\Delta U_{12} = \left(\frac{Q_0{}^2}{2C} + \frac{Q_0{}^2}{2 \times 2C}\right) = \frac{3Q_0{}^2}{4C} = \frac{3}{4C}\left(\frac{2}{3}CV\right)^2 = \frac{1}{3}CV^2$$

以上より，抵抗 R_1 で発生したジュール熱を W_R とすると，回路のエネルギー保存の法則より，

$$W_E = \Delta U_{12} + W_R \quad \blacktriangleleft（回路にした仕事）＝（静電エネルギー変化）＋（抵抗のジュール熱）$$

よって，　$W_R = W_E - \Delta U_{12} = \frac{2}{3}CV^2 - \frac{1}{3}CV^2 = \frac{1}{3}CV^2$

(4) スイッチ S_2 を閉じてから，十分に時間が経過したとき，コンデンサー C_1 と C_3 が蓄えている電気量をそれぞれ Q_1，Q_3 とすると，回路のようすは下の図のようになる。

よって，電気量保存の法則より，

$$\underset{\substack{移動前の\\電気量の和}}{+Q_0} = \underset{\substack{移動後の\\電気量の和}}{+Q_1 + Q_3} \qquad よって，\quad \frac{2}{3}CV = Q_1 + Q_3$$

また，このときのコンデンサー C_1 と C_3 にかかる電圧は等しく，

$$\frac{Q_1}{C} = \frac{Q_3}{3C} \qquad 以上 2 式より，\quad Q_1 = \frac{1}{6}CV,\quad Q_3 = \frac{1}{2}CV$$

《スイッチ S_2 を閉じた直後》

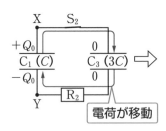

$$\left\langle \begin{array}{c}スイッチ S_2 を閉じて\\十分に時間が経過\end{array} \right\rangle$$

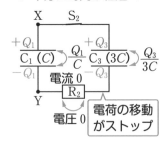

答 　(1)　$\frac{V}{R}$　　(2)　$\frac{2}{3}CV$　　(3)　仕事：$\frac{2}{3}CV^2$，ジュール熱：$\frac{1}{3}CV^2$

(4)　$\frac{1}{2}CV$

第 **6** 講

磁場

この講で学習すること

1 電流がつくる磁場を考えよう

2 電流が磁場から受ける力を求めよう

3 ローレンツ力による運動を考えよう

Step **1** 電流がつくる磁場を考えよう

この第6講では，電磁気の「磁」，つまり磁気について学んでいきます。中学校のときに習ったことも出てくるので，色々と思い出しながら進めていきましょう！

I 電流と磁場

下の左図のように，導線と方位磁針を用意し，導線を磁針の上方に導線と方位磁針が平行になるように置きます。その後，下の右図の向きに導線に電流を流すと，方位磁針はなぜか，少し向きを変えるのです！

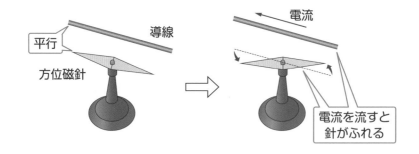

方位磁針が向きを変えるのは，**電流がまわりに磁場（磁界）をつくる**ためです。つまり，**電流を流すことで磁場が生じます**。

電流がどのような磁場をつくるのか，3つの場合について覚えましょう！

II 直線電流がつくる磁場

直線状に真っすぐ流れる電流のまわりには，**電流を囲むような向きの磁場**ができます。この磁場の向きは，**右ねじの法則**で決めることができます。

右ねじとは，時計まわりにまわすと締まる，一般的なねじのことです。ただ，「右ねじ」といわれてもピンとこないかもしれませんので，右手の指の向きで覚えるといいでしょう。

右ねじの進む向きに電流を流すと，ねじをまわす向きに磁場が生じる。右手で右図のようなかたちをつくると，

右手の親指の向き
　　　　　　——→ 電流の向き

右手の残りの指の向き
　　　　　　——→ 磁場の向き

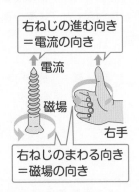

右ねじの進む向き
＝電流の向き

電流

磁場

右手

右ねじのまわる向き
＝磁場の向き

直線電流がつくる磁場の磁力線は，円形になります。磁場の向きは磁力線の接線向きになるので，**ある点の磁場の向きは，この円の接線の向き**になります。また，各点の磁場の強さは，電流の大きさ [A] と電流からの距離 [m] で決まります。磁場の強さの単位には アンペア毎メートル [A/m] が使われます。

大きさ I の直線電流から距離 r だけ離れた位置の，磁場の強さ H は，

$$H = \frac{I}{2\pi r}$$

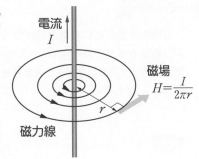

電流
I

磁場
$H = \dfrac{I}{2\pi r}$

r

磁力線

第6講

磁場

例 右の図のように，直線状の導線に大きさ 2.0 A の電流が図の下向きに流れています。このとき，導線から距離 0.50 m だけ離れた点Pでの磁場の向きと強さを求めてみましょう。

まず，右ねじの法則より，磁場の向きは紙面の表から裏向きとわかります。また，磁場の強さ H [A/m] は，円周率 $\pi = 3.14$ として

$$H = \frac{2.0}{2\pi \times 0.50} \quad \blacktriangleleft H = \frac{I}{2\pi r}$$

$$= 0.636\cdots \fallingdotseq 0.64 \text{ A/m}$$

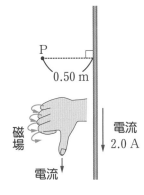

P

0.50 m

磁場

電流

電流
2.0 A

電流と磁場の関係は立体的なため，図で表すのも大変です。そこで，「紙面の表から裏向き」と「紙面の裏から表向き」を，下の図のような記号で表します。

表 → 裏　　裏 → 表

$\otimes$　　　$\odot$

進む向き

離れる側から見ると
$\otimes$

近づく側から見ると
$\odot$

２つの記号の使い分けは，右ねじや矢の進むイメージで考えるとわかりやすいです。電磁気分野では特によく使われる記号です！

練習問題①

　右図の十分に長い直線電流がつくる点Pの磁場が，紙面の表から裏向きに 4.0 A/m となるとき，電流の向き（アまたはイ）と大きさを求めよ。円周率 $\pi=3.14$ とする。

P $\otimes$ 4.0 A/m

0.20 m

ア　　　　　イ

解説

考え方のポイント　電流の大きさは公式 $H=\dfrac{I}{2\pi r}$ を用いて，向きは右ねじの法則で考えましょう。

　右ねじの法則より，点Pでの磁場の向きに右手をあわせると，電流の向きはアとわかる。
　また，電流の大きさを I〔A〕とすると，

$$4.0=\frac{I}{2\pi\times0.20}$$ ◀ $H=\dfrac{I}{2\pi r}$

よって，　$I=4.0\times2\times3.14\times0.20\fallingdotseq5.0$ A

答　向き：ア，大きさ：5.0 A

直線ではなく，円形に流れる電流がある場合も，そのまわりに磁場ができます。この円の中心の磁場については，磁場の向きはやはり右手の指の向きを使って考えます。また，磁場の強さは以下の式を用いて求めることができます。

> **ポイント** 円形電流が円の中心につくる磁場の向きと強さ
>
> ・右ねじの法則を表す指の向きから，
>
> $\qquad$ 親指の向き $\longrightarrow$ 磁場の向き
>
> $\qquad$ 残りの指の向き $\longrightarrow$ 電流の向き $\left.\vphantom{\begin{array}{c}1\\1\end{array}}\right\}$ 直線電流の場合との違いに注意！
>
> ・半径 r，大きさ I の円形電流が，円の中心につくる磁場の強さ H は，
>
> $$H = \frac{I}{2r}$$

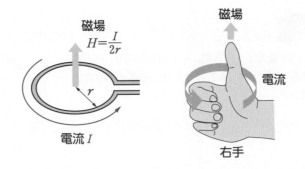

例 右の図のように，半径 0.50 m の円形導線に大きさ 1.0 A の電流が，反時計まわりに流れています。このとき，円の中心 O での磁場の向きと強さを求めてみましょう。

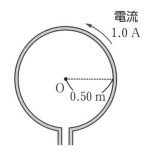

電流
1.0 A

O
0.50 m

まず，右ねじの法則より，磁場の向きは紙面の裏から表向き⊙とわかります。

また，磁場の強さ H [A/m] は，

$$H = \frac{1.0}{2 \times 0.50}$$ ◀ $H = \frac{I}{2r}$

$$= 1.0 \text{ A/m}$$

式 $H = \frac{I}{2r}$ で求められる磁場の強さは，円の「中心」だけです。中心以外は違う値になるので，気をつけてください！

練習問題②

右図の円形電流がつくる円の中心 O の磁場が，紙面の表から裏向きに 4.0 A/m となるとき，電流の向きと大きさを求めよ。

4.0 A/m
⊗O
0.20 m

解説

考え方のポイント 電流の大きさは式 $H = \frac{I}{2r}$ を用いて，向きは右ねじの法則で考えましょう。

右ねじの法則より，中心 O での磁場の向きに右手の親指をあわせると，電流の向きは時計まわりとわかる。

また，電流の大きさを I [A] とすると，

$$4.0 = \frac{I}{2 \times 0.20} \quad \blacktriangleleft H = \frac{I}{2r}$$

よって， $I = 4.0 \times 2 \times 0.20 = 1.6\,\mathrm{A}$

答 向き：時計まわり，大きさ：1.6 A

Ⅳ ソレノイド内部の磁場

　針金などを巻いたものをコイルといいますが，右の図のように何重にも密に巻いて円筒状にしたコイルを**ソレノイド**といいます。

　このソレノイドに電流を流すと，ソレノイドの内部に磁場ができます。特に，ソレノイドが十分に長いときには**内部の磁場は一様**になります。磁場の向きや大きさは，以下のようにして求まります。

ポイント ソレノイド内部の磁場の向きと強さ

・右ねじの法則を表す指の向きから，

　　親指の向き ── 磁場の向き
　　残りの指の向き ── 電流の向き

⎫ 円形電流の場合と同じ！

・単位長さあたりの巻き数 n のソレノイドに，大きさ I の電流が流れているとき，内部の磁場の強さ H は，

$$H = nI$$

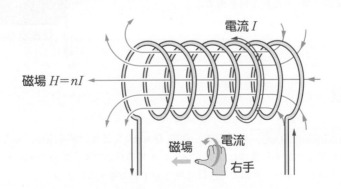

磁場 $H=nI$　電流 I

磁場　電流　右手

n はただの巻き数ではなく,「単位長さ (1 m) あたり」の巻き数であることに注意しましょう！例えば,ソレノイドの総巻き数が 1000 回でも,長さが 2 m なら,

$n = \dfrac{1000}{2} = 500$ 回/m としなくてはいけません！

例 右の図のように,長さ 0.10 m で巻き数 300 回のソレノイドに,大きさ 2.0 A の電流が図の向きに流れています。このとき,ソレノイド内部にできる磁場の向きと強さを求めてみましょう。

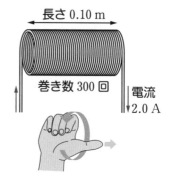

長さ 0.10 m

巻き数 300 回

電流 2.0 A

まず,右ねじの法則より,磁場の向きは右向きとわかります。

また,磁場の強さ H 〔A/m〕は,単位長さあたりの巻き数が $\dfrac{300}{0.10}$ 回/m なので,

$H = \dfrac{300}{0.10} \times 2.0$ ◀ $H = nI$

$= 6.0 \times 10^3$ A/m

練習問題③

右図のソレノイド内部にできる磁場が,左向きに 1.0×10^4 A/m となるとき,電流の向き（アまたはイ）と大きさを求めよ。

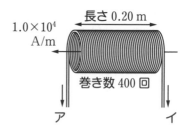

1.0×10^4 A/m

長さ 0.20 m

巻き数 400 回

ア　　　　　イ

解説

考え方のポイント 磁場の強さの式 $H = nI$ にあてはめる際に,与えられている巻き数が総巻き数ならば,ソレノイドの長さで割って n を求めた上で式に用いましょう！電流の向きは右ねじの法則で考えましょう。

右ねじの法則より，磁場の向きに右手親指をあわせると，電流の向きはアとわかる。

また，電流の大きさを I [A] とすると，

$$1.0 \times 10^4 = \underbrace{\frac{400}{0.20}}_{\text{単位長さあたりの巻き数}} \times I \quad \blacktriangleleft H = nI$$

よって， $I = \dfrac{1.0 \times 10^4 \times 0.20}{400} = 5.0\ \text{A}$

答 向き：ア，大きさ：5.0 A

> 磁場は電場と同じく，向きや強さ（大きさ）をもつベクトル量ですから，合成することができます。磁力線が真っすぐになったり円形になったり，色々なかたちになっても，「各点の磁場」はベクトルであることを意識しよう！

Step 2 電流が磁場から受ける力を求めよう

中学校のときに習った「フレミングの左手の法則」を覚えていますか？中学校では「向き」の話だけでしたが，高校ではもう少し深掘りしていきますよ。

I 電流が磁場から受ける力の向き

電流が流れるとそのまわりに磁場ができますが，すでに磁場があるところに電流が流れると，**電流は磁場から力を受けます**。この電流が磁場から受ける力の向きは，**フレミングの左手の法則**で求めることができます。

> **ポイント** フレミングの左手の法則
>
> 左手の指を右図のようなかたちにしたとき，
>
> 　　中指の向き ⟶ 電流の向き
> 　　人差し指の向き
> 　　　　　　⟶ 磁場の向き
> 　親指の向き
> 　　⟶ 電流が磁場から受ける
> 　　　　力の向き

電流が
磁場から
受ける力

磁場

電流

左手

II 磁束密度と磁場の関係

中学校では電流が磁場から受ける力の向きまでを学びますが，高校ではさらに力の大きさも求めていきます。電流が磁場から受ける力の大きさは，

・流れる電流の大きさ
・力を受ける部分の長さ
・磁場の強さ

で決まります。

① 「磁束密度」と「磁場」の関係

Step 1 で学んだ磁場の強さは，磁場をつくる電流の強さや電流からの距離によって決まり，単位は〔A/m〕でした。磁場にはもう1つの表し方があり，**磁束密度**という量で，単位には〔**T**〕が使われます。磁場の向きと磁束密度の向きは同じで，磁場の強さと，磁束密度の大きさとの間には次のような比例関係があります。

ポイント ▶ 磁束密度の大きさと磁場の強さの関係

空間の透磁率を μ とすると，磁束密度の大きさ B と磁場の強さ H の間には，

$$B = \mu H$$

という比例関係が成り立っている

透磁率は，電場における誘電率に対応する値です。**磁束密度の大きさと磁場の強さの比例定数**と考えればいいでしょう。単位は〔**N/A²**〕または〔**Wb/(A·m)**〕で表されます。**真空の透磁率**を μ_0 とすると

$$\mu_0 = 4\pi \times 10^{-7}\,\mathrm{N/A^2}$$

であり，空気中でもほぼこの値と同じです。

② 磁束密度 ⟶ 磁束

磁束密度というくらいなので，この値は単位面積あたりのものです。電場の強さを電気力線で表すとき，単位面積を貫く電気力線の本数で表しましたね。磁束密度も単位面積を貫く磁束線という線の本数で表されます。

右の図のように，**ある断面を垂直に貫いている磁束線の本数**を**磁束**といい，記号 Φ で単位は〔**Wb**〕を用います。

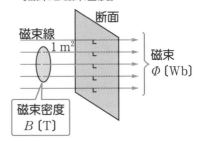

《磁束と磁束密度》

断面
磁束線
1 m²
磁束
Φ〔Wb〕
磁束密度
B〔T〕

そして，**磁束密度**は**単位面積あたりの磁束**なので，単位は〔T〕の他に〔**Wb/m²**〕を用いることもできます。

結構ややこしいですよね。大学などで電磁気学などをしっかり学ぶときに，あらためて違いなどを考えてもらえばいいと思います。とりあえず今のところは，「電流（電荷）が磁場から力を受けるときは，磁束密度を使う」ということを受け入れましょう！

例 次の①〜③の各点について，磁束密度の大きさを求めてみましょう。

① 右の図のような透磁率 μ_0 の空間で，大きさ I_1 の十分に長い直線電流から距離 d だけ離れた点P

点Pの磁場の強さを H_1 とすると，$H_1 = \dfrac{I_1}{2\pi d}$ ◀ $H = \dfrac{I}{2\pi r}$

よって，点Pの磁束密度の大きさを B_1 とすると，

$$B_1 = \mu_0 H_1 = \frac{\mu_0 I_1}{2\pi d} \quad ◀ B = \mu H$$

となります。

電流 I_1

② 右の図のような透磁率 1.3×10^{-6} N/A^2 の空間で，半径 0.20 m の円形導線に大きさ 3.0 A の電流が流れているときの円の中心O

中心Oの磁場の強さを H_2 [A/m] とすると，

$$H_2 = \frac{3.0}{2 \times 0.20} \text{ [A/m]} \quad ◀ H = \frac{I}{2r}$$

よって，中心Oの磁束密度の大きさを B_2 [T] とすると，

$$B_2 = 1.3 \times 10^{-6} \times H_2$$
$$= 1.3 \times 10^{-6} \times \frac{3.0}{2 \times 0.20} = 9.75 \times 10^{-6} \fallingdotseq 9.8 \times 10^{-6} \text{ T}$$

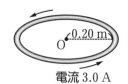

電流 3.0 A

となります。

③ 右の図のような巻き数 N，長さ l のソレノイドに透磁率 μ の鉄心を入れて，コイルに大きさ i の電流を流しているときの鉄心内部の点A

ソレノイド内部の磁場は一様で，その強さを H_3 とすると，

$$H_3 = \frac{N}{l} i \quad ◀ H = nI$$

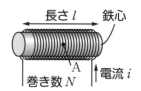

長さ l　鉄心　A　巻き数 N　電流 i

点Aは鉄心内部で，透磁率 μ の空間なので，磁束密度の大きさを B_3 とすると，$B_3 = \mu H_3 = \dfrac{\mu N i}{l}$ となります。

Ⅲ 電流が磁場から受ける力の大きさ

前項 Ⅱ で磁場の表し方を学習したので，あらためて電流が磁場から受ける力の大きさを求めます。次の公式を覚えましょう！

> **ポイント** 電流が磁場から受ける力の大きさ
>
> 　磁束密度の大きさ B の磁場中で，導線を流れる大きさ I の電流が流れているとき，導線の長さ l の部分が磁場から受ける力の大きさ F は，
>
> 　　$F = IBl$

公式は公式としてしっかり覚えて，これを使えるようにしたいですね。次の 例 に取り組んでみましょう！

① 1本の電流が受ける力の大きさ

例 下の図のように，磁場の強さ H_1，透磁率 μ_0 の空間で，導線に大きさ i の電流が図の矢印の向きに流れています。このとき，長さ d の導線部分が受ける力の向きと大きさを求めてみましょう。

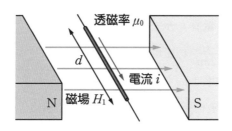

透磁率 μ_0

d

電流 i

N 磁場 H_1 S

まず，電流 i が流れているところの磁場の向きは，N極からS極に向かう向きで，図の右向きです。したがって，フレミングの左手の法則より，電流が磁場から受ける力の向きは右の図より上向きとわかります。

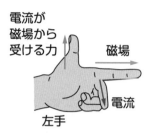

また，電流が流れている空間の磁束密度の大きさは $\mu_0 H_1$ なので，求める力の大きさ F は，

$$F = i \times \mu_0 H_1 \times d \quad \blacktriangleleft F = IBl$$
$$= \mu_0 i H_1 d$$

となります。

② 平行電流間にはたらく力の大きさ

例 右の図のように，透磁率 μ_0 の真空中で距離 d だけ離れた平行な2本の十分に長い導線PとQに，同じ向きに大きさ I_1 と I_2 の電流を流して，互いが受ける力について考えましょう。

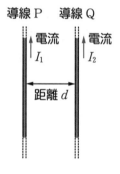

電流が2つありますが，「磁場をつくる側の電流」と「力を受ける側の電流」をしっかり区別しておきましょう！

●電流 I_2 が電流 I_1 から受ける力

磁場をつくるのは電流 I_1，力を受けるのは電流 I_2 ですので，ここでは I_2 がつくる磁場は考える必要がありません。

右の図のように，電流 I_1 はまわりに磁場をつくり，電流 I_2 が流れているところに強さ $H_1 = \dfrac{I_1}{2\pi d}$ の磁場ができています。

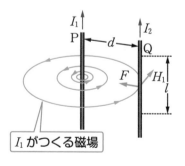

I_1 がつくる磁場

真空中の透磁率は μ_0 なので，磁束密度の大きさは $\mu_0 H_1 = \dfrac{\mu_0 I_1}{2\pi d}$ ですね。右ねじの法則にしたがって磁場の向きも決まります。すると，導線Qの長さ l の部分にはたらく力の大きさを F とす

ると，

$$F = I_2 \times \frac{\mu_0 I_1}{2\pi d} \times l = \frac{\mu_0 I_1 I_2 l}{2\pi d} \quad \blacktriangleleft F = IBl$$

となります。力の向きはフレミングの左手の法則より，電流 I_1 に近づく向きです。

●電流 I_1 が電流 I_2 から受ける力

電流 I_2 の場合と同じように考えていくと，電流 I_2 による磁場の磁束密度は $\frac{\mu_0 I_2}{2\pi d}$ なので，導線Pの長さ l の部分にはたらく力の大きさを F' とすると，

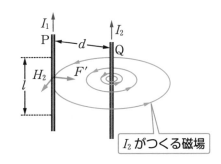

I_2 がつくる磁場

$$F' = I_1 \times \frac{\mu_0 I_2}{2\pi d} \times l$$

$$= \frac{\mu_0 I_1 I_2 l}{2\pi d} \quad \blacktriangleleft F \text{と同じ！}$$

となります。力の向きはフレミングの左手の法則より，電流 I_2 に近づく向きとわかります。

この2つの力 F と F' は，互いに逆向きで同じ大きさとなり，作用・反作用の関係になります。

Step 3 ローレンツ力による運動を考えよう

Step 1, 2 では電流と磁場のようすを学習しました。Step 3 では，もっと小さな世界，**荷電粒子**(電荷をもった粒子) と磁場の関係を学習しましょう。

Ⅰ ローレンツ力とは

荷電粒子が磁場中を動くと，必ず**速度に直交する向きの力**を磁場から受けます。この力を**ローレンツ力**といいます。**正電荷の進む向きを電流の向き**と考えれば，フレミングの左手の法則で覚えることができます。

> **ポイント** ローレンツ力の向き
>
> フレミングの左手の法則と同様に，
> 　　中指 —→ 正電荷の速度の向き
> 　　人差し指 —→ 磁場の向き
> 　　親指 —→ ローレンツ力の向き

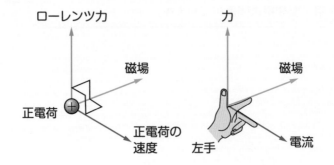

荷電粒子が負電荷の場合は，下の図のように中指の向きを逆にします。

↳電子など

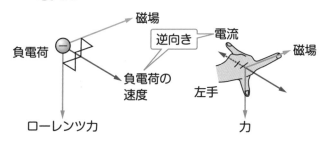

ローレンツ力の大きさを求める式も公式としてしっかり覚えましょう。

ポイント ローレンツ力の大きさ

　電気量の大きさ q の荷電粒子が，磁束密度の大きさ B の磁場中を速さ v で運動しているとき，この荷電粒子が受ける力の大きさ f は，

$$f = qvB$$

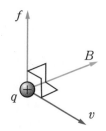

Ⅱ ローレンツ力の求め方

　ローレンツ力を考えるときに大事なことは，**磁場に垂直な速度成分が，ローレンツ力に影響を与える**ということです。磁場と同じ方向の速度成分は，ローレンツ力に影響しません。

例 右の図のように，磁束密度 B の大きさの磁場の向きに対して角 θ だけ傾いた斜めの向きに，速さ v で進んでいる電気量 $+q$ $(q>0)$ の荷電粒子があるとします。この荷電粒子が受けるローレンツ力を求めてみましょう。

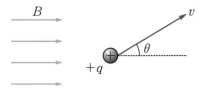

　速度は分解できるので，荷電粒子の速度を次ページの図のように，磁場と同じ方向と垂直な方向に分解しましょう。

　磁場と同じ方向の速度成分は $v\cos\theta$ ですが，これはローレンツ力に関係しない成分です。

　磁場と垂直な方向の速度成分は $v\sin\theta$ で，これはローレンツ力に関係します。そのため，ローレンツ力の大きさは，

$$q \times v\sin\theta \times B = qvB\sin\theta$$

となります。また，ローレンツ力の向きはフレミングの左手の法則より，紙面の表から裏向きになります。

なんとなく，磁場の向きにローレンツ力を受けると考えてしまいそうですが，速度の向き・磁場の向き・ローレンツ力の向きはすべて異なり，それぞれ垂直な向きになります。磁場の向きに引きずられないように，ちゃんと向きを確認しましょう！

練習問題④

　次の(1)～(3)の場合で，荷電粒子が受けるローレンツ力の向きと大きさを求めよ。

(1)　下図1のように，紙面の裏から表向きの磁場 (磁束密度の大きさ B_1) 中で，電気量 $+q$ $(q>0)$ の荷電粒子が右向きに速さ u で運動する場合。

(2)　下図2のように，紙面の表から裏向きの磁場 (磁束密度の大きさ B_2) 中で，電気量 $-e$ の電子が図の矢印の向きに速さ v で運動する場合 (力の向きは図2中に矢印で示すこと)。

(3)　下図3のように，右向きの磁場 (磁束密度の大きさ B_3) 中で，電気量 $-e$ の電子が図の矢印の向きに速さ v で運動する場合。

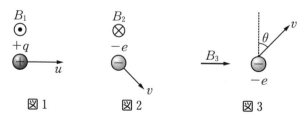

図1　　　　　図2　　　　　図3

考え方のポイント ローレンツ力の向きは，正電荷の進む向きを電流の向きと考えて，フレミングの左手の法則で求めましょう。電子は負電荷なので，電子の進む向きは電流と逆向きになることに注意してください。また，ローレンツ力の大きさは磁場に垂直な速度成分を用いて，公式 $f = qvB$ にあてはめましょう！

(1) ローレンツ力の向きはフレミングの左手の法則より，図の下向き。
　　ローレンツ力の大きさは，quB_1 となる。

(2) 負電荷なので電流の向きに注意して，フレミングの左手の法則より，ローレンツ力の向きは右の図の緑色の矢印の向きとなる。
　　ローレンツ力の大きさは，evB_2 となる。

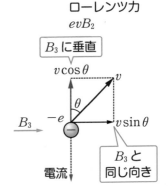

(3) 右の図より，ローレンツ力に関係する速度成分は，上向きに $v\cos\theta$ とわかる。負電荷なので電流の向きに注意して，フレミングの左手の法則より，ローレンツ力の向きは紙面の裏から表向きとなる。
　　ローレンツ力の大きさは，
$$e \times v\cos\theta \times B_3 = evB_3\cos\theta$$

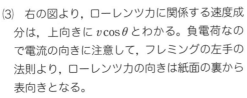

答
(1) 向き：下向き，大きさ：quB_1
(2) 向き：解説図を参照，大きさ：evB_2
(3) 向き：紙面の裏から表向き，大きさ：$evB_3\cos\theta$

Ⅲ ローレンツ力を受ける荷電粒子の運動

ローレンツ力は，荷電粒子が進む向きに必ず垂直にはたらくので，**ローレンツ力が荷電粒子に対してする仕事はつねに 0** です。そのため，荷電粒子の速さ (速度の大きさ) は変わりません。しかし，ローレンツ力がはたらくことで，速度の向きは変化し続けます。磁場中を運動する荷電粒子は，この**ローレンツ力が向心力となって，等速円運動をします**。

第6講

磁場

ローレンツ力を向心力として，等速円運動をする
⟶ ローレンツ力の延長線上に円運動の中心がある

　下の左図のように，紙面の表から裏向きの磁場 (磁束密度の大きさ B) 中で，正の電気量 $+q$ $(q>0)$ をもつ荷電粒子に初速度 v を与えると，その瞬間から荷電粒子は大きさ qvB のローレンツ力を受けます。

　このローレンツ力が向心力になるので，ローレンツ力のベクトルの延長線上に円運動の中心をとり，円運動の軌道を描いてみると下の右図のようになります。

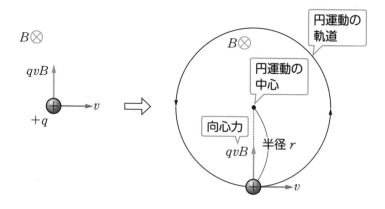

　円運動の半径を r とすると，等速円運動の運動方程式より，

$$m\frac{v^2}{r}=qvB$$ ◀運動方程式 $ma=F$, 等速円運動の加速度 $a=\frac{v^2}{r}$

よって，$r=\dfrac{mv}{qB}$ となります。この円運動の周期 T は，

$$T=\frac{2\pi r}{v}=\frac{2\pi}{v}\times\frac{mv}{qB}=\frac{2\pi m}{qB}$$ ◀q, B, m だけで周期 T を求めることができる！

です。**周期 T は，荷電粒子の速さ v や円運動の半径 r に無関係**ということになります。

荷電粒子を加速させるサイクロトロンという装置は，この周期の特徴を利用しているので，覚えておくといいでしょう！

例 右の図のように，紙面の裏から表向きの磁場（磁束密度の大きさ B_0）中で，電子（電気量 $-e$）に右向きの速さ v_0 を与えると，電子は等速円運動を始めます。電子の質量を m として，この円運動の半径と周期をそれぞれ求めてみましょう。

右の図のように，円運動の半径を r とすると，等速円運動の運動方程式より，

$$m\frac{v_0{}^2}{r}=\underbrace{ev_0B_0}_{\text{ローレンツ力}} \qquad \text{よって，} \qquad r=\frac{mv_0}{eB_0}$$

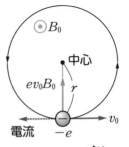

となります。また，円運動の周期を T とすると，

$$T=\frac{2\pi r}{v_0}=\frac{2\pi m}{eB_0}$$

円軌道を描くときは，「ローレンツ力の延長線上に円の中心がある」ということを意識しましょう！

練習問題⑤

右図のように，それぞれ直交する方向に x 軸，y 軸，z 軸をとり，z 軸正の向きに磁束密度の大きさ B の磁場をかける。原点Oにある質量 m の電子（電気量 $-e$）に，x 軸正の向きに大きさ v の初速度を与えると，電子は円運動して再び原点Oに戻った。円周率を π とし，重力の影響は無視できるものとして，以下の問いに答えよ。

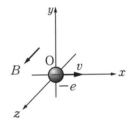

⑴ 電子が受けるローレンツ力の大きさを求めよ。

⑵ 電子が運動する y 軸方向の範囲を求めよ。

⑶ 原点Oで初速度を与えた後，電子がはじめて y 軸を通過するまでの時間を求めよ。

解説 ---

考え方のポイント 荷電粒子がローレンツ力のみを受けると等速円運動します。磁場と同じ方向にはローレンツ力を受けないので，電子の円運動は x-y 平面内になります。円運動のおおよその軌道をイメージ（図に示すなど）して，ローレンツ力の向きや運動の範囲を考えましょう。

⑴ ローレンツ力の大きさは，evB と求められる。

⑵ 電子は負電荷なので，原点Oで初速度を与えた直後，ローレンツ力の向きはフレミングの左手の法則より y 軸正の向きとわかる。よって，$y>0$ に電子の円運動の中心があり，$y \geqq 0$ の領域で円運動する。この運動のようすを図に表すと，右図のようになる。

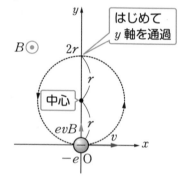

この円運動の半径を r とすると，等速円運動の運動方程式より，

$$m\frac{v^2}{r}=evB \qquad これより，\qquad r=\frac{mv}{eB}$$

電子が運動する y 軸方向の範囲は，右図より，$0 \leqq y \leqq 2r$ とわかるので，求める範囲は，

$$0 \leqq y \leqq \frac{2mv}{eB} \quad ◀答は問題文で与えられた文字だけ使って答えよう！$$

⑶ 上図より，電子は原点Oで初速度を与えられた後，$\frac{1}{2}$ 周するとはじめて y 軸を通過する。円運動の周期を T とすると，

$$T=\frac{2\pi r}{v}=\frac{2\pi m}{eB}$$

よって，求める時間は，

$$\frac{1}{2}T=\frac{\pi m}{eB}$$

答 ⑴ evB ⑵ $0 \leqq y \leqq \frac{2mv}{eB}$ ⑶ $\frac{\pi m}{eB}$

第 7 講

電磁誘導

この講で学習すること

Step 1 ファラデーの電磁誘導の法則を覚えよう

　第6講で学んだように，磁場の中で電流を流す(電荷を動かす)と磁場から力を受けます。次は，「磁場が変化する」ということを考えましょう。

I 電磁誘導とは

　下の図のように，コイルに対して棒磁石を近づけたり遠ざけたりすると，コイルに電流が流れる，という現象があります。

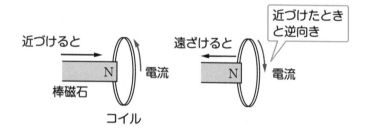

　これは，**コイルを貫く磁力線の本数が時間とともに変化するとき，コイルには変化を妨げるように起電力が生じたから**です。このように，コイルを貫く磁力線が増えたり減ったりする，つまりコイル中の磁場が変化することで起電力が発生する現象を**電磁誘導**といいます。このとき発生する起電力を**誘導起電力**，流れる電流を**誘導電流**といいます。

> ここからは磁力線ではなく，ある断面を垂直に貫く磁束線の本数を表す「磁束」で考えていくようにしましょう。「磁力線の本数の変化」は「磁束の変化」ととらえるようにします！

Ⅱ 誘導電流・誘導起電力の向き

　下の図のように，コイルに棒磁石のN極を近づけると，コイルを貫く磁束が増えます。コイルはその「増える」という**変化を嫌がり**，増えた分を打ち消そうとします。

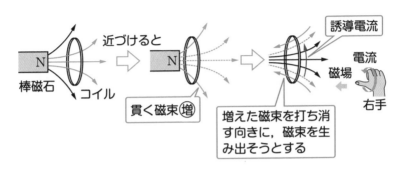

　ここで流れる誘導電流の向きは，**右ねじの法則**で決まります。上の図のように，変化を打ち消そうとする磁束の向きに親指をあわせると，残りの指の向きが誘導電流の向きになります。

　逆に，下の図のように，棒磁石のN極を遠ざけると，コイルを貫く磁束が減るので，「減る」という変化を打ち消すような向きに誘導電流が流れます。このことをレンツの法則といいます。

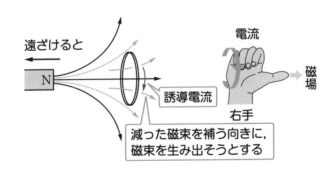

ポイント　レンツの法則

　コイルを貫く磁束が変化するとき，変化を妨げる（打ち消す）向きの磁束が生じるように，誘導起電力が発生する

次の(1)〜(3)の場合で，コイルに流れる誘導電流の向きは図のア・イのどちらか選べ。

(1) N極が遠ざかる場合　(2) S極が近づく場合　(3) S極が遠ざかる場合

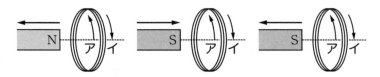

解説

考え方のポイント　コイルに対して，磁石が近づいたり遠ざかったりすることで生じる磁束の変化を妨げるように，誘導起電力が生じます。変化を妨げる磁束を考えて，右ねじの法則で誘導電流の向きを求めましょう。

(1) N極を遠ざけるとコイルを貫く右向きの磁束が減るので，減った磁束を増やす向きに誘導電流が流れる。下図のように考えて，右ねじの法則より，誘導電流はイの向きに流れる。

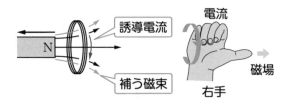

(2) S極を近づけるとコイルを貫く左向きの磁束が増えるので，増えた磁束を打ち消す向きに誘導電流が流れる。下図のように考えて，右ねじの法則より，誘導電流はイの向きに流れる。

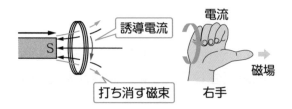

(3) S極を遠ざけるとコイルを貫く左向きの磁束が減るので，減った磁束を増やす向きに誘導電流が流れる。下図のように考えて，右ねじの法則より，誘導電流はアの向きに流れる。

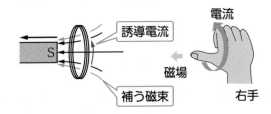

答 (1) イ　(2) イ　(3) ア

Ⅲ 誘導起電力の大きさ

では，電磁誘導で発生する**誘導起電力**の大きさを求めていきます。**誘導起電力の大きさは，コイルを貫く磁束の変化で決まります**。次の法則をしっかり覚えましょう！

> **ポイント** ファラデーの電磁誘導の法則
>
> 時間 Δt の間に，1回巻きのコイルを貫く磁束が $\Delta \Phi$ だけ変化するとき，コイルに生じる誘導起電力の大きさ V は，
>
> $$V = \left| \frac{\Delta \Phi}{\Delta t} \right|$$
>
> N 回巻きのコイルの場合は，
>
> $$V = N \left| \frac{\Delta \Phi}{\Delta t} \right|$$

例 2秒間に，1回巻きのコイルを貫く磁束が 3 Wb から 8 Wb に一定の割合で変化した場合の，コイルに発生する誘導起電力の大きさを求めてみましょう。

「変化量＝変化後－変化前」なので，磁束の変化は $\Delta \Phi = 8 - 3 = 5$ Wb です。よって，このときコイルに生じる誘導起電力の大きさ V [V] は，

$$V = \left| \frac{\Delta \Phi}{\Delta t} \right| = \frac{5}{2} = 2.5 \text{ V}$$

また，誘導起電力の向きは右ねじの法則で決めることができます。下の図のように，増えた磁束を打ち消す向きに誘導電流が流れるので，誘導起電力 V は図のように表すことができます。

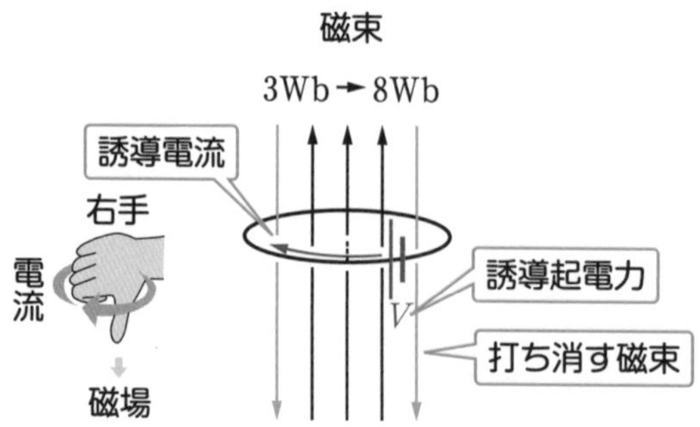

磁束

3Wb → 8Wb

誘導電流

右手

電流

磁場

誘導起電力

V

打ち消す磁束

もし，コイルが 3 回巻きなら，誘導起電力の大きさは 3 倍になって，$2.5 \times 3 = 7.5$ V になります。$\dfrac{\Delta \Phi}{\Delta t}$ はコイルの巻き数 1 回に対するものということに注意しましょう！

練習問題②

次の(1)～(3)の場合で，コイルに生じる誘導起電力の大きさを求めよ。また，流れる誘導電流の向きを図のア・イから選べ。ただし，磁束の変化の割合は一定であるとする。

(1) 下図 1 のような 1 回巻きのコイルを貫く下向きの磁束が，時間 T 〔s〕の間に Φ 〔Wb〕だけ増加した場合。

(2) 下図 2 のような 10 回巻きのコイルを貫く下向きの磁束が，3 秒間で 4 Wb から 1 Wb に変化した場合。

(3) 下図 3 のような N 回巻きのコイルを貫く上向きの磁束が，時間 Δt の間に，Φ_1 から Φ_2 まで増加した場合。

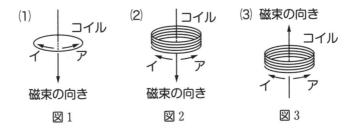

解説

考え方のポイント 誘導起電力の大きさは，ファラデーの電磁誘導の公式 $V = N \left| \dfrac{\Delta \Phi}{\Delta t} \right|$ を用いて求めます。磁束の変化 $\Delta \Phi$ だけでなく，コイルの巻き数 N にも注意してください。誘導電流の向きは，磁束の変化を妨げる向きで，右ねじの法則を用いて求めましょう。

(1) コイルに生じる誘導起電力の大きさを V_1 とすると，ファラデーの電磁誘導の法則より，

$$V_1 = \frac{\Phi}{T} \ [\text{V}] \qquad \blacktriangleleft V = N\left|\frac{\varDelta\Phi}{\varDelta t}\right|, \quad 1 回巻きなので \ N = 1$$

また，流れる誘導電流の向きは磁束の下向きの増加を妨げるので，右ねじの法則より，ア。

(2) コイルに生じる誘導起電力の大きさを V_2 とすると，ファラデーの電磁誘導の法則より，

$$V_2 = 10 \times \left|\frac{1-4}{3}\right| = 10 \ \text{V} \qquad \blacktriangleleft V = N\left|\frac{\varDelta\Phi}{\varDelta t}\right|, \quad 10 回巻きなので \ N = 10$$

また，流れる誘導電流の向きは磁束の下向きの減少を妨げるので，右ねじの法則より，イ。

(3) コイルに生じる誘導起電力の大きさを V_3 とすると，ファラデーの電磁誘導の法則より，

$$V_3 = N\frac{\Phi_2 - \Phi_1}{\varDelta t} \qquad \blacktriangleleft V = N\left|\frac{\varDelta\Phi}{\varDelta t}\right|$$

また，流れる誘導電流の向きは磁束の上向きの増加を妨げるので，右ねじの法則より，イ。

答 (1) 大きさ：$\frac{\Phi}{T}$ 〔V〕，向き：ア　　(2) 大きさ：10 V，向き：イ

(3) 大きさ：$N\frac{\Phi_2 - \Phi_1}{\varDelta t}$，向き：イ

上の問(1)と(2)を見比べると，コイルを貫く磁束の向きは同じでも，磁束が増える場合と減る場合とでは流れる誘導電流の向きが逆向きになっていますね。この向きも含めて，ファラデーの電磁誘導の法則は，絶対値をつけずに $V = -N\frac{\varDelta\Phi}{\varDelta t}$ と書くのが本来のかたちです。

ただ，どちらが正の向きかで悩むことも多いので，はじめのうちは誘導起電力の大きさはファラデーの電磁誘導の法則で，誘導電流の向きはレンツの法則（右ねじの法則）で決めていく方がわかりやすいと思います！

Step 2 面積が変化する回路で電磁誘導を考えよう

　円形のコイルに限らず，**自分で決めた回路の1周の中で磁束が変化すれば，その1周で電磁誘導が起きます**。ここでは，**導体棒を用いた回路**で考えていきましょう。

I 回路を貫く磁束の変化

　下の図のように，抵抗でつないだ2本の平行な導体のレールを距離 l だけ離して固定し，導体棒をレールに対して垂直に置きます。レールや導体棒に対して垂直な方向に，磁束密度の大きさ B の磁場があるとします。導体棒やレールなど，抵抗以外の抵抗値は無視できるものとします。

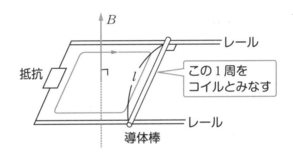

　このとき，導体棒，レール，抵抗で1周する回路になるので，**この1周をコイルとみなせます**。

　上の図の状態から，導体棒を一定の速さ v で図の右側に動かしていきます。すると，次ページの図のように，**回路の面積 S が変化するので，回路を貫く磁束 Φ も変化**して，この回路には電磁誘導により誘導起電力が発生して誘導電流が流れます。

　ここで，「回路を貫く磁束」Φ は，次ページの図の面積 S を貫く磁束ということになります。

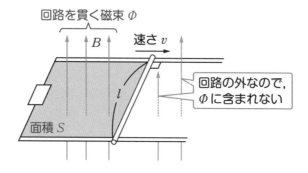

回路を貫く磁束 ϕ

B

速さ v

l

面積 S

回路の外なので，ϕ に含まれない

第6講で学んだように，磁束密度 B は「単位面積を貫く磁束」なので，面積 S をかけることで磁束を求めることができますね。

ポイント　回路を貫く磁束

　　磁束密度の大きさ B の一様な磁場中で，面積 S の回路を貫く磁束 Φ は，

$$\Phi = BS$$

　下の図のように，導体棒を一定の速さ v で右向きに動かし，時間 Δt が経過すると，導体棒は $v\Delta t$ だけ移動します。そのため，図のように回路の面積は，

$$\Delta S = l \times v\Delta t$$

だけ増加します。

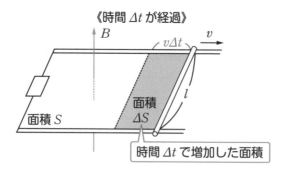

《時間 Δt が経過》

B

$v\Delta t$

v

面積 ΔS

面積 S

l

時間 Δt で増加した面積

このときの回路の面積を S' とすると，

$$S' = S + \Delta S = S + lv\Delta t$$

となるので，回路を貫く磁束を Φ' とすると，$\Phi = BS$ から

$$\Phi' = BS' = B(S + \Delta S) = B(S + lv\Delta t)$$

に変化します。したがって，回路を貫く磁束の変化 $\Delta\Phi$ は，

$$\Delta\Phi = \Phi' - \Phi \quad \blacktriangleleft (変化量) = (変化後) - (変化前)$$
$$= B(S + lv\Delta t) - BS = \underset{\Delta S}{\underline{Blv\Delta t}}$$

と表せます。

ポイント 回路を貫く磁束の変化

磁束密度の大きさ B の一様な磁場中で，回路の面積が ΔS だけ変化したときの磁束の変化 $\Delta\Phi$ 〔Wb〕は，

$$\Delta\Phi = B\Delta S$$

Ⅱ 回路に生じる誘導起電力，誘導電流

前項 Ⅰ の回路に生じる誘導起電力の大きさ V は，**回路を 1 回巻きのコイルとみなす**とファラデーの電磁誘導の法則より，

$$V = \left| \frac{\Delta\Phi}{\Delta t} \right| = \left| \frac{Blv\Delta t}{\Delta t} \right| \qquad これより，\qquad V = vBl$$

と求めることができます。

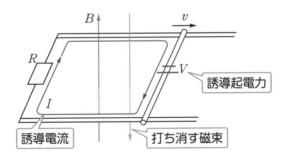

Ⅰ の回路で導体棒が右向きに移動すると，図のコイルでは上向きに貫く磁束が増加したので，上の図のように，増えた磁束を打ち消す向きに誘導起電力が発生し，誘導電流が流れます。右ねじの法則で考えると，誘導電流の向きは上から見て時計まわりです。

このときに回路に生じる誘導電流の大きさ I は，抵抗の抵抗値を R とすると，

$$I = \frac{V}{R} = \frac{vBl}{R}$$ ◀オームの法則 $V = RI$ より

と求めることができます。

> まず，どの1周を見ているのかはっきりさせて，棒が動くことでその回路の面積が増加するのか，減少するのか確認しましょう。磁束の変化を求める式 $\Delta\Phi = B\Delta S$ もしっかり使えるようにしてください！

練習問題③

右図のように，上向きの磁場（磁束密度の大きさ B）中に，抵抗値 r の抵抗をつないだ2本の平行な導体のレールを距離 d だけ離して固定し，導体棒をレールに対して垂直に置く。この状態から，導体棒を図の右向きに一定の速さ u で動かすとき，以下の問いに答えよ。抵抗以外の抵抗値は無視できるものとする。

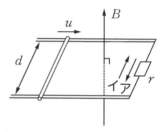

(1) レール，抵抗，導体棒からなる回路1周について，時間 Δt における面積の変化分の大きさを，増加，減少のいずれかとあわせて答えよ。

(2) レール，抵抗，導体棒からなる回路1周に生じる誘導起電力の大きさを求めよ。

(3) 抵抗に流れる誘導電流の大きさを求めよ。また，その向きは図中のアとイのどちらか。

解説

考え方のポイント　時間 Δt の面積変化から，回路1周を貫く磁束の変化 $\Delta\Phi$ を表すことができます。ファラデーの電磁誘導の法則から，誘導起電力の大きさ $V = \left|\dfrac{\Delta\Phi}{\Delta t}\right|$ を用いて求めましょう。誘導電流の向きは磁束の変化を妨げる向きで，右ねじの法則で考えましょう！

(1) 問題の図の状態から時間 Δt だけ経過すると，導体棒は右側に $u\Delta t$ だけ移動する。そのようすは次ページの図のようになり，回路1周の面積は減少していることがわかる。また，面積の変化分の大きさ（減少分）ΔS は，

$$\Delta S = d \times u \Delta t = du \Delta t$$

《時間 Δt が経過》

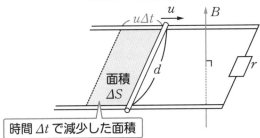

時間 Δt で減少した面積

(2) 時間 Δt の間に回路1周を貫く磁束の変化 $\Delta \Phi$ は,

$$\Delta \Phi = B \Delta S = B du \Delta t$$

よって,回路1周に生じる誘導起電力の大きさ V は,

$$V = \left| \frac{\Delta \Phi}{\Delta t} \right| = \frac{B du \Delta t}{\Delta t} = uBd \quad \blacktriangleleft 回路を1回巻きのコイルとみなす$$

(3) 回路1周を貫く上向きの磁束が減少しているので,減った磁束を補う向きに誘導電流が発生する。右ねじの法則で考えると,誘導電流の向きは下図のように,上から見て反時計まわりとなるイになる。

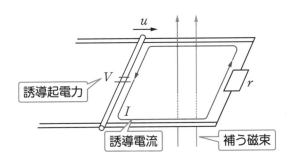

誘導起電力　誘導電流　補う磁束

抵抗に流れる電流の大きさ I は,

$$I = \frac{V}{r} = \frac{uBd}{r}$$

答　(1) $du \Delta t$ だけ減少する　(2) uBd

(3) 大きさ：$\dfrac{uBd}{r}$,　向き：イ

Step 3　磁場中を横切る導体棒に生じる誘導起電力

　Step 2では，導体棒が動くことで回路に誘導起電力が発生するということを学びましたね。この現象は，「動いている導体棒そのものに誘導起電力が発生する」と考えることもできるのです。Step 3ではこの考え方を身につけましょう！

I 導体棒が磁場中を横切るときに発生する誘導起電力

　導体棒が磁場中を横切って動くと，導体棒には必ず誘導起電力が発生します。まずは，その誘導起電力の大きさと向きの求め方を次のように覚えてしまいましょう！

> **ポイント**　磁場中を横切る導体棒に生じる誘導起電力
>
> 　磁束密度の大きさ B の一様な磁場中を，長さ l の導体棒が速さ v で横切るとき，導体棒に生じる誘導起電力の大きさ V は，
>
> $$V = vBl$$
> 向きは「左手」を使う

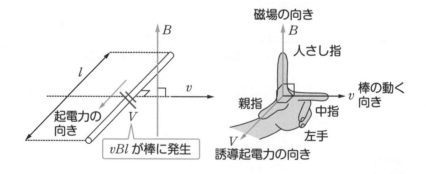

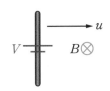

右の図のように紙面の表から裏向きの磁場（磁束密度の大きさ B）中を速さ u で横切って運動している長さ d の導体棒に生じる誘導起電力の大きさと向きを求めてみましょう。

誘導起電力の大きさ V は公式 $V=vBl$ から

$$V=uBd$$

となります。向きは「左手」で考えます。中指は速さ u の向きで図の右向き，人さし指は磁場の紙面の表から裏向きにあわせてください。すると，親指は図の上向きを差しますよね。この図の上向きが誘導起電力の向きになります。

Ⅱ 導体棒が磁場中で，磁場に対して斜めに横切るとき

公式 $V=vBl$ で重要なのは，v，B，l は互いに**垂直な成分を用いる**ということです。向きが斜めの関係になっているときは，垂直な成分で公式を使いましょう！

右の図のように，紙面の裏から表向きの磁場（磁束密度の大きさ B）中で，移動方向から角 θ だけ傾いたまま，導体棒が，速さ u で運動する場合を考えます。このとき導体棒に生じる誘導起電力を求めてみましょう。

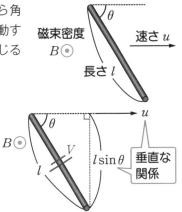

「導体棒の方向」と「導体棒の移動方向」が垂直ではありません。そのため，誘導起電力を求めるときには，右の図のように，導体棒の長さ l は **u に対して垂直な成分**の $l\sin\theta$ として，公式 $V=vBl$ にあてはめます。すると，導体棒に生じる誘導起電力の大きさ V は，

$$V=uBl\sin\theta$$

と求まります。また，誘導起電力の向きは「左手」を用いて求めると，図の下向きなので，棒に沿う上の図の向きになります。

導体棒が斜めのときも，誘導起電力は導体棒に沿った向きになります！

例 上向きの磁場（磁束密度の大きさB）中で，導体棒とレールからなる回路を右の図のように，レールが水平面から角θだけ傾くように設置します。導体棒がレールに沿って速さuですべり下りるとき，導体棒に生じる誘導起電力を求めてみましょう。

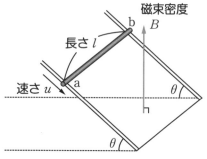

　上の図より，磁束密度Bと長さlは互いに垂直ですが，速さuだけ垂直でないことがわかります。そこで，下の図のように真横（導体棒のa側）から見ると，**磁場に対して垂直な速度成分**は$v\cos\theta$とわかります。

《真横（a側）から見ると》

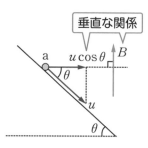

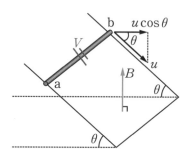

　よって，導体棒に生じる誘導起電力の大きさVは，
$$V = u\cos\theta \times Bl = uBl\cos\theta$$
と求めることができます。また，流れる誘導電流の向きは，「左手」を用いて求めます。中指を$u\cos\theta$の向き，人さし指をBの向きにあわせると親指はbからaに向かう向きになります。つまり，誘導起電力の向きはbからaに向かう向きですね。

練習問題④

長さ d の導体棒が，磁束密度の大きさ B の一様な磁場中を次の(1)～(3)のように運動するとき，導体棒に生じる誘導起電力の大きさをそれぞれ求めよ。また，誘導起電力の向きは，図のア，イのどちらかそれぞれ答えよ。

(1)　　　　　　　　(2)　　　　　　　　(3)

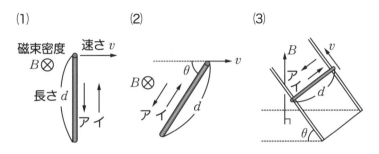

解説 ---

考え方のポイント　公式 $V=vBl$ を用いるとき，導体棒の速度，磁場の向き，導体棒の向きはすべて，直交する成分を使うようにしましょう！

(1)　誘導起電力の大きさを V_1 とすると，$V_1=vBd$
　　向きは，「左手」を用いて求めると，イとわかる。

(2)　下図のように，棒の速度 v に対して垂直な棒の長さの成分は，$d\sin\theta$ となる。よって，誘導起電力の大きさを V_2 とすると，
$$V_2=vBd\sin\theta$$
　　向きは，「左手」を用いて求めると，イとわかる。

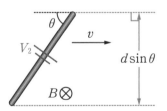

(3)　次ページ図のように，磁場の向きに対して垂直な棒の速度成分は，$v\cos\theta$ となる。よって，誘導起電力の大きさを V_3 とすると，
$$V_3=v\cos\theta\times Bd=vBd\cos\theta$$
　　向きは，「左手」を用いて求めると，イとわかる。

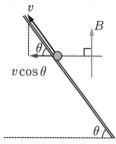

《真横から見ると》

《真上から見ると》

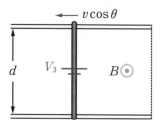

答 (1) 大きさ：vBd, 向き：イ　　(2) 大きさ：$vBd\sin\theta$, 向き：イ

(3) 大きさ：$vBd\cos\theta$, 向き：イ

Step 4 誘導起電力を含む回路のエネルギー保存の法則

誘導起電力や誘導電流を求められるようになったら，**誘導起電力を含む回路で成り立つエネルギー保存の法則**を考えてみます。これまで身につけてきたことを総動員して考えていきましょう！

I 誘導電流が磁場から受ける力

下の図のように，鉛直上向きの磁場（磁束密度の大きさB）中に，抵抗値Rの抵抗をつないだ2本のレールを，水平に距離lだけ離して平行に固定します。そのレール上で，導体棒を一定の速さvで右向きに動かします。抵抗以外の抵抗値や，摩擦は無視できるものとします。

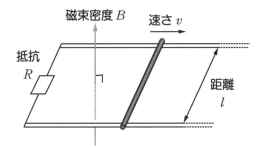

ここからは鉛直上方から見た図で考えていきましょう。

この設定，実はStep 2と全く同じです。Step 2では誘導起電力をファラデーの法則で求めましたが，Step 3で学んだ公式 $V=vBl$ を用いて求めることもできますね。このときの誘導起電力の大きさ V と誘導電流の大きさ I はそれぞれ，

$$V=vBl, \qquad I=\frac{V}{R}=\frac{vBl}{R}$$

です。向きも「左手」を使って次ページの図のように決まります。

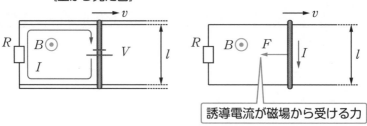

《上から見た図》

誘導電流が磁場から受ける力

電磁誘導で発生する誘導電流は，磁場の中を流れるので，**上の右図のように磁場から力を受ける**ことになります。

導体棒部分に流れる誘導電流が磁場から受ける力は，フレミングの左手の法則から，図の左向きになります。また，その大きさを F とすると，

$$F = IBl = \frac{vB^2l^2}{R}$$

となります。

Ⅱ 導体棒に加える外力

前項 Ⅰ で求めた力 F は，導体棒を減速させる向きにはたらいているので，下の図のように，**一定の速さ v で動かし続けるためには，力 F とつりあう大きさの外力を右向きに与える**必要があります。

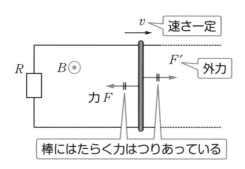

速さ一定

F' 外力

力 F

棒にはたらく力はつりあっている

外力の大きさを F' とすると，外力は力 F とつりあうので，その大きさは

$$F' = F = \frac{vB^2l^2}{R}$$

となります。

Ⅲ 外力のした仕事の仕事率 $W_{F'}$

Ⅱ で求めた外力の向きに導体棒は動いているので，**外力は仕事をしている**ことになります。ここでは，単位時間あたりで考えることにすると，導体棒は外力の向きに v だけ移動しているので，外力のした仕事の仕事率を $W_{F'}$ とすると，

（速さ）＝（単位時間あたりの移動距離）

$$W_{F'}=F' \times v \quad \blacktriangleleft （仕事率）＝（力）\times（移動距離）\div（かかった時間）$$

$$=\frac{vB^2l^2}{R} \times v = \frac{(vBl)^2}{R}$$

となります。

Ⅳ $W_{F'}$ は何に使われた？

導体棒は**一定の速さ** v で動いているので，**運動エネルギーは変化しません**。

他にどこかエネルギーを変化させたり，消費したりしているところはないか探してみると，**抵抗**がありますね。抵抗で単位時間に消費するエネルギー，つまり消費電力 P は，

$$P=RI^2=R\left(\frac{vBl}{R}\right)^2=\frac{(vBl)^2}{R} \quad \blacktriangleleft Ⅲ で求めた W_{F'} と同じ！$$

と表せます。したがって，

$$W_{F'}=P$$

という関係になり，**外力の仕事率がすべて抵抗で消費された電力**（ジュール熱となって消費された）ということを説明しています。

Ⅴ 誘導電流が磁場から受ける力と誘導起電力による仕事

誘導電流が磁場から受ける力は導体棒の動く向きと逆向きにはたらいていて，負の仕事をしています。また，導体棒を「誘導起電力をもつ電池」と考えれば，誘導電流がこの電池を通過しているので，電池（誘導起電力）も仕事をしています。

単位時間あたりで考えると，誘導電流が磁場から受ける力の仕事率は，

$$-Fv=-\frac{(vBl)^2}{R} \quad \blacktriangleleft （電磁力の向き）と（導体棒の移動の向き）が逆なので，仕事率は負になる。$$

また，誘導起電力の仕事率は，

$$VI=vBl \times \frac{vBl}{R}=\frac{(vBl)^2}{R} \quad \blacktriangleleft （誘導起電力の向き）と（誘導電流の向き）が同じなので，仕事率は正になる。$$

この2つの仕事率は，大きさが同じで符号が逆なので，打ち消しあいますね。

このように，**誘導起電力を含む回路でエネルギー保存の法則を考えるときは，誘導電流が磁場から受ける力と誘導起電力の仕事はまとめて無視しても構いません。**

練習問題⑤

　右図のように，鉛直上向きの磁場（磁束密度の大きさB）中に，抵抗値Rの抵抗をつないだ2本のなめらかなレールを，水平に距離lだけ離して平行に固定する。レール上に抵抗の無視できる導体棒 ab をレールに対して垂直に置き，外力を加え続けて一定の速さvで左向きに動かすとき，以下の問いに答えよ。ただし，導体棒 ab が傾くことはないものとする。

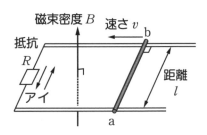

(1)　導体棒に生じる誘導起電力の大きさを求めよ。

(2)　抵抗に流れる誘導電流の大きさと向き（図のア，イ）を求めよ。

(3)　導体棒に加えている外力の大きさと向きを求めよ。

(4)　導体棒に加えている外力の仕事率は，抵抗の消費電力の何倍か求めよ。

解説

考え方のポイント　導体棒は一定の速さで動いているので，導体棒にはたらく力はつりあっています。力のつりあいから外力を求めましょう。

　(4)は外力の仕事率と抵抗の消費電力をそれぞれ求めてもいいですし，エネルギー保存の法則から考えてもいいでしょう。

(1) 問題の回路を鉛直上方から見ると，右図のようになる。導体棒に生じる誘導起電力の大きさを V とすると，

$$V = vBl$$

また，向きは a → b の向きとわかる。

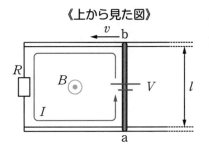

《上から見た図》

(2) 抵抗に流れる誘導電流の大きさを I とすると，

$$I = \frac{V}{R} = \frac{vBl}{R}$$

また，向きは右図より，アの向きとわかる。

(3) 導体棒に流れる誘導電流が磁場から受ける力の大きさを F とすると，

$$F = IBl = \frac{vB^2l^2}{R}$$

であり，向きはフレミングの左手の法則より，図の右向きとなる。この力と外力がつりあっているので，求める外力の大きさを F' とすると，

$$F' = F = \frac{vB^2l^2}{R}$$

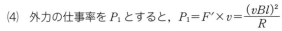

また，向きは図の左向きとなる。

(4) 外力の仕事率を P_1 とすると，$P_1 = F' \times v = \dfrac{(vBl)^2}{R}$

一方，抵抗の消費電力を P_2 とすると，$P_2 = RI^2 = \dfrac{(vBl)^2}{R}$

よって，$\dfrac{P_1}{P_2} = 1$ 倍

別解 導体棒の速さは一定なので，導体棒の運動エネルギーの変化は 0 である。
よって，単位時間あたりの回路のエネルギー保存の法則より，

$$P_1 = P_2 \quad \blacktriangleleft (外力の仕事率) = (抵抗で消費された電力)$$

したがって，$\dfrac{P_1}{P_2} = 1$ 倍

答 (1) vBl (2) 大きさ：$\dfrac{vBl}{R}$，向き：ア

(3) 大きさ：$\dfrac{vB^2l^2}{R}$，向き：図の左向き (4) 1 倍

Step 5 磁場中の導体棒の運動を考えよう

第7講の最後に，磁場中の導体棒を「運動する物体」として扱ってみましょう。今までは導体棒に外力を加えて動かしましたが，電池で電流を流すことで動かしてみます。

I 電池をつないだ回路での導体棒のようす

下の図のように，鉛直下向きの磁場（磁束密度の大きさB）の中で，起電力Eの電池，抵抗値Rの抵抗とスイッチをつないだ，2本のなめらかなレールを水平に距離lだけ離して固定し，質量mの導体棒 ab をレールに垂直に置いて静止させておきます。

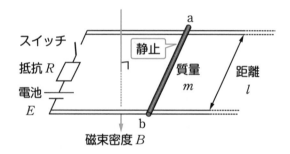

図の状態からスイッチを閉じると，電池によって回路に電流が流れます。その後，導体棒がどのように運動するのか，導体棒の加速度や速度（水平右向きを正）に注目して順に考えてみましょう！

一つひとつ順に，ていねいに考えていきましょう！

Ⅱ スイッチを閉じた直後

● スイッチを閉じると回路に電流が流れ始めます。このとき，電流が磁場から力を受けるので，導体棒が動き出そうとしますが，**スイッチを閉じた「直後」は，まだ導体棒の速度は0**として構いません。

● 導体棒は磁場中にありますが，**速度が0なので誘導起電力は0**となります。　◀$V=vBl$ で，$v=0$

● つまり，**導体棒は導線とみなす**ことができます。よって，回路に流れる電流の大きさをI_0とすると，オームの法則より，

$$I_0=\frac{E}{R}$$

電流の向きは，図の電池の向きから考えると$a→b$となります。

● 下の図のようにフレミングの左手の法則より，導体棒には電流が磁場から受ける力が，右向きに大きさI_0Blではたらくので，導体棒の加速度をa_0とすると，**導体棒の運動方程式**より，

$$ma_0=I_0Bl \qquad I_0 \text{を代入して，} \qquad a_0=\frac{I_0Bl}{m}=\frac{EBl}{mR}$$

この加速度a_0で，導体棒は右向きに動き出します。

《スイッチを閉じた直後》

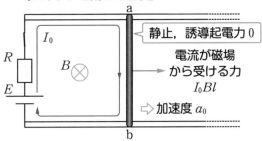

ポイント　スイッチを閉じた直後

・導体棒はまだ静止したままで，導体棒に生じる誘導起電力は0

・回路には電池による電流が流れる

・導体棒には電流が磁場から受ける力がはたらき，加速度が生じて，導体棒は運動を始める

Ⅲ 導体棒の速さが v になった瞬間

● 次に，導体棒が動き始めると，**導体棒に誘導起電力が生じます**。導体棒は右向きに動いているので，誘導起電力の向きは Step 3 で紹介した「左手」より b→a となり，その大きさは vBl と求められます。

《スイッチを閉じて少しだけ時間が経過》

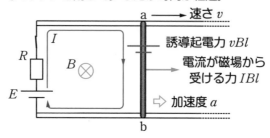

● このとき流れる電流の大きさ I とすると，**キルヒホッフの第 2 法則**より，

$$E - vBl = RI \quad ◀(起電力の総和)=(電圧降下の総和)$$

よって， $I = \dfrac{E - vBl}{R}$

● 上の図より，導体棒には電流が磁場から受ける力が，右向きに大きさ IBl ではたらくので，導体棒の加速度を a とすると，**導体棒の運動方程式**より，

$$ma = IBl$$

I を代入して，

$$ma = \frac{E - vBl}{R}Bl \quad これより， \quad a = \frac{(E - vBl)Bl}{mR} \quad \cdots\cdots(*)$$

この式 $(*)$ は，加速度 a が導体棒の速度 v によって決まる（変化する）ことを示しています。$v = 0$ とすると，

$$a = \frac{(E - 0)Bl}{mR} = \frac{EBl}{mR} = a_0$$

となり，Ⅱ の場合の加速度 a_0 が得られますね！

導体棒の速さが v になったとき

- 導体棒に誘導起電力 vBl が生じ，向きは「左手」
- 回路には (電池)＋(誘導起電力) による電流が流れ，その大きさはキルヒホッフの第 2 法則を用いて求める
- 導体棒には電流が磁場から受ける力がはたらき，加速度をもって運動を続ける

Ⅳ スイッチを閉じて十分に時間が経過したとき

● 　導体棒の加速度が $a>0$ の間は，どんどん速さ v が大きくなっていきます。

しかし，Ⅲ で求めた $a=\dfrac{(E-vBl)Bl}{mR}$ より，**速さ v が大きくなるほど**

加速度 a は小さくなることがわかります。

● 　十分に時間が経過すると，最終的には $a=0$ となり，速さが変わらない状態になります。このときの**加速度 0 の状態の速度**を終端速度といいます。

$$a=\frac{(E-vBl)Bl}{mR}$$

で $a=0$ とすると，速さ v は終端速度 v_t となるので，

$$0=\frac{(E-v_tBl)Bl}{mR} \qquad これより， \qquad v_t=\frac{E}{Bl}$$

となります。

スイッチを閉じて十分に時間が経過したとき

　最終的に加速度 $a=0$ となり，導体棒の速さ v は終端速度 v_t で一定となる

Ⅴ 導体棒の v-t グラフ

　この導体棒の速さ v の時間変化を，グラフ（v-t グラフ）にしてみましょう。

　スイッチを閉じた瞬間を時刻 $t=0$ として，$t=0$ では $v=0$ でした。その後，加速度があるので v が大きくなっていきますが，加速度は徐々に小さくなっていきます。**v-t グラフの傾きは加速度を示す**ので，グラフの傾きは徐々に

小さくなっていき，十分に時間が経過すると $a=0$，つまり傾きが 0 となり，速さは v_t で一定となります。これをグラフにすると下の図のようになります。

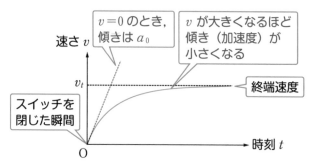

終端速度は，回路のエネルギー保存の法則を考える際に必要となることもありますので，きちんと求められるようにしておきましょう。また，v-t グラフも描けるようにしておきたいですね！

練習問題⑥

　右図のように，鉛直上向きの磁場（磁束密度の大きさ B）中で，起電力 V の電池，抵抗値 r の抵抗とスイッチをつないだ，2本のなめらかなレールを水平に距離 d だけ離して固定する。

　レールに対して垂直に質量 M の導体棒 pq を置き，導体棒が静止した状態でスイッチを閉じると導体棒が動き出した。レールは十分に長く，抵抗以外の抵抗値は無視できるものとして，以下の問いに答えよ。

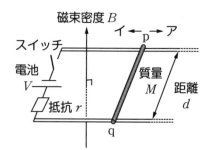

(1) 導体棒は図のア，イどちらの向きに動き出すか答えよ。

(2) 導体棒が動き出した直後の，導体棒の加速度の大きさを求めよ。

(3) 導体棒の速さが u になった瞬間の，導体棒の加速度の大きさを求めよ。

(4) 十分に時間が経過したときの，導体棒の速さを求めよ。

解説

考え方のポイント　導体棒の加速度や速度を求めるためには，導体棒にはたらく力を求める必要があります。そのため，まずは導体棒を「回路の一部」としてキルヒホッフの第2法則を考えます。次に，そこからわかる電流を用いて，導体棒を「運動する物体」として運動方程式を立てる，という流れで進めていきましょう！

(1)　スイッチを閉じた直後，導体棒の速さは0なので，導体棒に生じる誘導起電力も0である。

　　このとき，電池によって導体棒には$q \to p$の向きに電流が流れ，フレミングの左手の法則より，磁場から図の右向きに力を受ける。

　　よって，導体棒が動き出す向きは，図の右向きでアとなる。

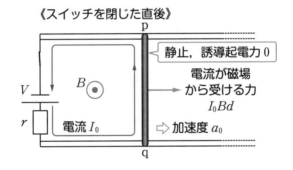

(2)　導体棒が動き出した直後，回路に流れる電流の大きさをI_0とすると，オームの法則より，

$$I_0 = \frac{V}{r}$$

導体棒の加速度の大きさをa_0とすると，導体棒の運動方程式より，

$$Ma_0 = I_0 Bd$$

I_0を代入して，

$$a_0 = \frac{VBd}{Mr}$$

(3)　導体棒の速さが右向きにuのとき，導体棒に生じる誘導起電力は「左手」を使って，$p \to q$の向きに大きさuBdとなる。このとき，回路に流れる電流を$q \to p$の向きに大きさIとすると，キルヒホッフの第2法則より，

$$V - uBd = rI \qquad これより，\qquad I = \frac{V - uBd}{r}$$

導体棒の加速度の大きさを a とすると，導体棒の運動方程式より，

$$Ma = IBd$$

I を代入して，

$$a = \frac{(V - uBd)Bd}{Mr}$$

《少しだけ時間が経過》

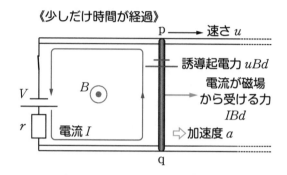

p ⟶ 速さ u

誘導起電力 uBd

電流が磁場
から受ける力
IBd

⇨ 加速度 a

V

$B \odot$

r

電流 I

q

(4) 十分に時間が経過したとき，(3)で求めた加速度 a が $a = 0$ となる。このとき
の導体棒の速さを $u = u_t$ とすると，

$$0 = \frac{(V - u_t Bd)Bd}{Mr} \qquad よって， \qquad u_t = \frac{V}{Bd}$$

答 (1) ア (2) $\dfrac{VBd}{Mr}$ (3) $\dfrac{(V - uBd)Bd}{Mr}$ (4) $\dfrac{V}{Bd}$

磁場中を導体棒が運動するとき，導体棒は「運動す
る物体」でもあり，「回路の一部」でもあります。両
方の見方があるということを意識してください！

第 8 講

コイルを含む直流回路

この講で学習すること

1 自己誘導の誘導起電力を表そう

2 相互誘導の誘導起電力を表そう

3 直流回路中のコイルの扱い方を覚えよう

Step 1 自己誘導の誘導起電力を表そう

第7講では,「回路全体の1周」の磁束の変化から,誘導起電力や誘導電流について考えました。第8講では,直流回路に含まれるコイルを流れる電流の変化にともなう電磁誘導について考えましょう!

I 自己誘導とは

断面積 S の円柱形の鉄心に導線をぴったりと巻きつけて,長さ l,巻き数 N のコイルをつくります。このコイルを電源につないで,下の図のような回路をつくります。鉄心内部の透磁率を μ として,コイル内部の磁束の変化に注目してみましょう。

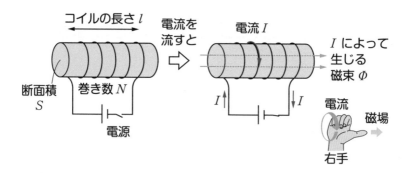

スイッチを閉じて回路に電流を流すと,電流によってコイルの内部,つまり鉄心内部に磁束が生じます。向きは右ねじの法則より,図の右向きです。電流の大きさが I のときにコイル内部に生じる磁場の強さ H は,

$$H=\frac{N}{l}I \quad \blacktriangleleft 公式\ H=nI\ より。n は単位長さあたりの巻き数$$

これより,コイル内部の磁束密度の大きさを B,透磁率を μ とすると,

$$B=\mu H=\frac{\mu N}{l}I$$

となります。断面積が S なので,コイル内部を貫く磁束を Φ とすると,

$$\Phi=BS=\frac{\mu NS}{l}I$$

ですね。この式は，**Φ が I に比例している**ことを示します。つまり，電流 I が変化するとコイルを貫く磁束 Φ も変化するので，コイルに電磁誘導が生じますね。

　このように，**コイルを流れる電流が変化したとき，そのコイル自身に起こる電磁誘導**を自己誘導といいます。電流 I の流れる向きを誘導起電力の正の向きとして，この自己誘導の誘導起電力 V を求めてみましょう！

Ⅱ 自己誘導の誘導起電力

　コイルを流れる電流 I が，ある時間 $\varDelta t$ の間に $\varDelta I$ だけ一定の割合で変化したとすると，変化後の電流は $I + \varDelta I$ になります。このときの磁束 Φ' は，

$$\Phi' = \frac{\mu NS}{l}(I + \varDelta I)$$

と表すことができます。

> ファラデーの電磁誘導の法則では，誘導起電力を求めるのに時間 $\varDelta t$ での磁束の変化 $\varDelta \Phi$ が必要でしたね！

　磁束の変化 $\varDelta \Phi$ は，（変化後の磁束）−（変化前の磁束）より，

$$\varDelta \Phi = \Phi' - \Phi = \underbrace{\frac{\mu NS}{l}(I + \varDelta I)}_{変化後} - \underbrace{\frac{\mu NS}{l}I}_{変化前} = \frac{\mu NS}{l}\varDelta I$$

です。よって，コイルに生じる誘導起電力の大きさ $|V|$ は，

$$|V| = N\left|\frac{\varDelta \Phi}{\varDelta t}\right| = N\left|\frac{\mu NS}{l} \times \frac{\varDelta I}{\varDelta t}\right|$$

　絶対値の記号 | | は，負になる可能性がある値につけるものですが，透磁率 μ，巻き数 N，面積 S，長さ l は負にはならないですよね。なので，それらは絶対値記号の外に出しましょう。すると，

$$|V| = \frac{\mu N^2 S}{l}\left|\frac{\varDelta I}{\varDelta t}\right| \quad \cdots\cdots(※)$$

◀ $\varDelta I$ は電流の変化量なので，電流増加なら $\varDelta I > 0$，電流減少なら $\varDelta I < 0$

となります。$\frac{\varDelta I}{\varDelta t}$ はひとまとめで見ると，**電流の時間変化の割合**です。電流 I の流れる向きを正として，電流の増加・減少の 2 つの場合についてそれぞれ，誘導起電力 V の向きを考えてみましょう！

① 電流 I が増加しているとき $\left(\dfrac{\Delta I}{\Delta t} > 0\right)$

電流 I が増加すると，コイル内部を貫く磁束 $\Phi = \dfrac{\mu NS}{l} I$ も増加します。電磁誘導は磁束の変化を妨げるように起こるので，下の図のように右向きの磁束の増加を妨げるように，誘導起電力が生じます。

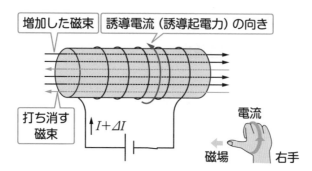

上の図のように，右ねじの法則で向きを決めます。親指を打ち消す磁束の向きにあわせて，残りの指の向きが誘導電流を流そうとする向き，つまり誘導起電力の向きになります。電流 I の流れる向きとは逆なので，誘導起電力は**負** $(V < 0)$ とわかります。よって，自己誘導の誘導起電力 V は，絶対値をはずすと

$$V = -\underset{\sim}{\dfrac{\mu N^2 S}{l}} \times \dfrac{\Delta I}{\Delta t}$$

◀ $\Delta I > 0$ より，式（※）で $\dfrac{\Delta I}{\Delta t} > 0$ のとき $V < 0$ となるように，マイナスをつけておく！

と表すことができます。

② 電流 I が減少しているとき $\left(\dfrac{\Delta I}{\Delta t} < 0\right)$

電流 I が減少すると，コイル内部を貫く磁束 $\Phi = \dfrac{\mu NS}{l} I$ も減少します。すると，今度は下の図のように，右向きの磁束の減少を妨げるように，誘導起電力が生じます。

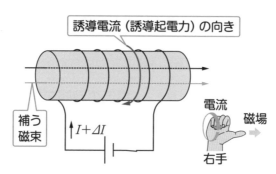

前ページの図のように，右ねじの法則で向きを決めましょう。今度は，親指を補う磁束の向きにあわせて，残りの指の向きが誘導電流・誘導起電力の向きになります。誘導電流の向きは図の電流の向きと同じなので，誘導起電力は正（$V>0$）とわかります。

よって，自己誘導の誘導起電力 V は，絶対値をはずすと

$$V=-\frac{\mu N^2 S}{l}\times\frac{\Delta I}{\Delta t}$$

◀ $\Delta I<0$ より，式（※）で $\frac{\Delta I}{\Delta t}<0$ のとき $V>0$ となるように，マイナスをつけておく！

と表せます。

> コイル自身に流れる電流の向きを正とすると，電流が増加しても減少しても，どちらも同じかたち
>
> $V=-\dfrac{\mu N^2 S}{l}\times\dfrac{\Delta I}{\Delta t}$ で誘導起電力を表すことができることがわかりましたね！

Ⅲ 自己インダクタンス

自己誘導の誘導起電力 $V=-\dfrac{\mu N^2 S}{l}\times\dfrac{\Delta I}{\Delta t}$ の式の中で，$\dfrac{N^2 S}{l}$ はコイルの形状

に関わる部分，透磁率 μ はコイル内部の状態を示す部分です。つまり，$\dfrac{\mu N^2 S}{l}$

はコイルの特徴を示す部分で，**自己インダクタンス**といいます。単位は〔H〕を用います。
ヘンリー

自己インダクタンスを L とすると，この場合では，

$$L=\frac{\mu N^2 S}{l}$$

となります。したがって，自己誘導の誘導起電力は次のように表せます。

> **ポイント** 自己誘導の誘導起電力
>
> 自己インダクタンス **L** のコイルに流れる電流が，時間 **Δt** の間に **ΔI** だけ変化するとき，コイルに生じる誘導起電力 **V** は，コイルに流れる電流の向きを正として，
>
> $$V=-L\frac{\Delta I}{\Delta t}$$

与えられるコイルの形状についての値によって自己インダクタンスの表し方はさまざまですので，$L = \dfrac{\mu N^2 S}{l}$ の式を覚える必要はありません。今までの流れのように，ファラデーの電磁誘導の法則を用いて求めた，誘導起電力を表す式の $\dfrac{\Delta I}{\Delta t}$ の係数部分が自己インダクタンスになります。

Step 1 の流れをおさらいする気持ちで，次の練習問題に取り組んでみましょう！

練習問題①

右図のように，半径 a の円柱形の鉄心に巻きつけられた N 回巻きのコイルに外部電源をつないで，図の矢印の向きに電流を流す。コイルの長さを l，鉄心の透磁率を μ，円周率を π として，以下の問いに答えよ。

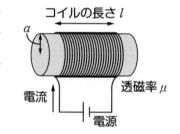

(1) コイルに流れる電流の大きさが i のとき，
 (a) コイル内部の磁束密度の大きさを求めよ。
 (b) コイルを貫く磁束を求めよ。
(2) コイルに流れる電流が，(1)から時間 Δt 後に Δi だけ増加したとき，コイルを貫く磁束を求めよ。
(3) 電流は一定の割合で増加したとする。図の矢印の向き（電流の向き）を正として，コイルに生じる誘導起電力を求めよ。
(4) コイルの自己インダクタンスを求めよ。

解説

考え方のポイント コイル内部を貫く磁束の変化 $\Delta\Phi$ を表すことができれば，誘導起電力 V はファラデーの電磁誘導の法則の公式 $V = -N\dfrac{\Delta\Phi}{\Delta t}$ を用いて求めることができます。また，自己インダクタンス L を用いた場合には，誘導起電力は $V = -L\dfrac{\Delta i}{\Delta t}$ となるので，誘導起電力の式を比べることで自己インダクタンスを求めることができます。

(1) (a) コイルの単位長さあたりの巻き数は $\dfrac{N}{l}$ であるから，コイル内部の磁場の強さ H は，

$$H=\frac{N}{l}i \quad \blacktriangleleft H=nI$$

よって，コイル内部の磁束密度の大きさ B は，

$$B=\mu H=\frac{\mu N}{l}i$$

(b) コイルの断面積は πa^2 であるから，コイルを貫く磁束 $\varPhi$ は，

$$\varPhi=B\times\pi a^2=\frac{\pi\mu Na^2}{l}i$$

(2) (1)(b)より，コイルを貫く磁束 $\varPhi$ は電流 i に比例している。時間 $\varDelta t$ 後の電流は，$i+\varDelta i$ になっているので，このときのコイルを貫く磁束 $\varPhi'$ は，

$$\varPhi'=\frac{\pi\mu Na^2}{l}(i+\varDelta i)$$

(3) 時間 $\varDelta t$ での磁束の変化 $\varDelta\varPhi$ は，

$$\varDelta\varPhi=\varPhi'-\varPhi=\underbrace{\frac{\pi\mu Na^2}{l}(i+\varDelta i)}_{変化後}-\underbrace{\frac{\pi\mu Na^2}{l}i}_{変化前}=\frac{\pi\mu Na^2}{l}\varDelta i$$

コイルに生じる誘導起電力を V とすると，ファラデーの電磁誘導の法則より，

$$V=-N\frac{\varDelta\varPhi}{\varDelta t}=-\frac{\pi\mu N^2a^2}{l}\times\frac{\varDelta i}{\varDelta t}$$

(4) 自己インダクタンスを L とすると，誘導起電力 V は，

$$V=-L\frac{\varDelta i}{\varDelta t}$$

この式と(3)の結果を比べて，

$$L=\frac{\pi\mu N^2a^2}{l}$$

答 (1) (a) $\dfrac{\mu N}{l}i$ (b) $\dfrac{\pi\mu Na^2}{l}i$ (2) $\dfrac{\pi\mu Na^2}{l}(i+\varDelta i)$

(3) $-\dfrac{\pi\mu N^2a^2}{l}\times\dfrac{\varDelta i}{\varDelta t}$ (4) $\dfrac{\pi\mu N^2a^2}{l}$

Step	2	相互誘導の誘導起電力を表そう

　日常生活で欠かせない電気は，発電所でつくられて各家庭に届けられますね。その電力輸送に欠かせない機器として変圧器があります。この変圧器の仕組みを理解できるようにしましょう。

Ⅰ 相互誘導とは

　鉄心にコイル1とコイル2を巻きつけます。コイル1に電源をつないで，下の図のような回路をつくります。

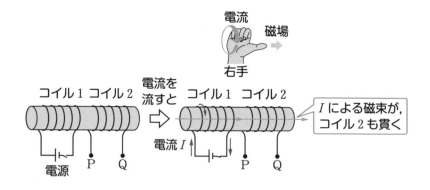

　回路に電流を流すと，コイル1の内部に生じた磁束は，鉄心を通してそのままコイル2も貫きます。すると，コイル2には電磁誘導によって誘導起電力が発生します。これはコイル2に流れている電流の変化に対するものではないので，自己誘導ではありません。コイル2は**自分以外（コイル1）に流れる電流の変化**に対して電磁誘導を起こしており，これを相互誘導といいます。

Ⅱ 相互誘導による誘導起電力

　上の図でコイル2に生じる相互誘導による誘導起電力は，コイル1を流れる電流の変化によるものです。そのため，**自己誘導と同じかたち**で求めることができます。自己インダクタンスに相当する値は**相互インダクタンス**といい，単位は [H] です。

ポイント 相互誘導の誘導起電力の大きさ

　コイル1を流れる電流 I が時間 Δt の間に ΔI だけ変化するとき，コイル2に生じる誘導起電力の大きさ V_2 は，

$$V_2 = M\left|\frac{\Delta I}{\Delta t}\right| \quad (M：相互インダクタンス)$$

> 上の例で，相互誘導の誘導起電力 V_2 は，自己誘導の式と同じく，$V_2 = -M\dfrac{\Delta I}{\Delta t}$ で表されますが，正負の向きがわかりにくいので，大きさは絶対値をとり，向きはレンツの法則（右ねじの法則）で決めましょう！

　コイル2に発生する誘導起電力の向きは磁束の変化を妨げる向きで，下の図のように決まります。もし，図のようにPとQを抵抗でつないだとすると，コイル1の電流が増加するとき，コイル2では図の左向きに，増加する磁束を打ち消す向きに誘導起電力が生じ，抵抗には**P→Qの向きに誘導電流が流れ**ます。よって**Pの方が高電位**となります。

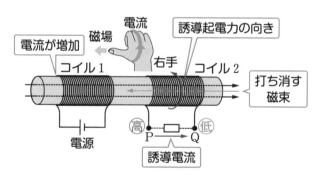

> PとQのどちらが高電位になるかは，PQ間に抵抗があるとみなして，どちら向きに誘導電流が流れるかで決めましょう！

例 右の図のように，コイル1に流れる電流 i が，時間 Δt の間に Δi だけ減少するとき，コイル2に生じる相互誘導の誘導起電力の大きさと，電位が高いのはPとQのどちらか求めてみましょう。コイル2の相互インダクタンスを M とします。

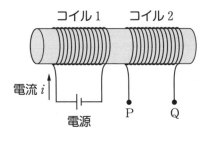

コイル1　コイル2

電流 i

電源

P　Q

コイル2に生じる相互誘導の誘導起電力の大きさ V_2 は，

$$V_2 = M\left|\frac{\Delta i}{\Delta t}\right|$$

となります。

また，コイル1の電流が減少しているので，鉄心内部の磁束も減少しています。下の図のように，コイル2では減少する磁束を補うように，誘導起電力が発生しますね。PとQの間に抵抗があると，QからPの向きに誘導電流が流れます。これより，電位が高いのはQと求めることができます。

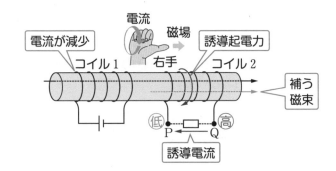

電流

磁場

誘導起電力

電流が減少

右手

コイル1　　コイル2

補う磁束

低　　　高

P　　Q

誘導電流

Ⅲ 変圧器

自己誘導と相互誘導を利用したものに，**変圧器**があります。

変圧器は次ページの図のような，1周する鉄心の左右にコイルを巻いたもので，コイル1は巻き数 N_1，コイル2は巻き数 N_2 とします。コイル1に外部電源を接続して電流を流すと，電流の変化に応じてコイル1を貫く磁束 Φ も変化しますね。理想的な鉄心は磁束がそのままコイル2に伝わるので，**コイル1とコイル2で磁束変化の割合 $\dfrac{\Delta \Phi}{\Delta t}$ は同じ**になります。図で外部電源に接続したコイル1を**一次コイル**，一次コイルの磁束の変化を受けるコイル2を**二次コイル**といいます。

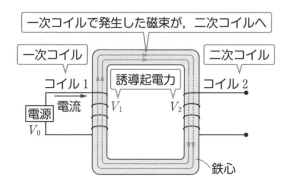

一次コイルで発生した磁束が，二次コイルへ

一次コイル コイル1 誘導起電力 二次コイル コイル2

電源 電流 V_1 V_2 V_0

鉄心

コイル1に生じる誘導起電力の大きさ V_1 と，コイル2に生じる誘導起電力の大きさ V_2 はそれぞれ，

$$V_1 = N_1 \left| \frac{\Delta \Phi}{\Delta t} \right|, \qquad V_2 = N_2 \left| \frac{\Delta \Phi}{\Delta t} \right|$$

2式を辺々割ると，$\dfrac{V_1}{V_2} = \dfrac{N_1}{N_2}$　　これより，　　$V_1 : V_2 = N_1 : N_2$

つまり，**誘導起電力の大きさ（コイルの電圧）の比は，巻き数の比に等しくなります。**

> **ポイント** 変圧器の関係式
>
> 　1次コイルと2次コイルの電圧をそれぞれ V_1，V_2，コイルの巻き数をそれぞれ N_1，N_2 とすると，電圧の比は，巻き数の比に等しく，
> 　　$V_1 : V_2 = N_1 : N_2$

発電所でつくられた電力は，大きな電圧で送ると送電線での損失を小さくすることができます。ただ，家庭で使うには大きすぎるので，この変圧器で使いやすい電圧に変えて各家庭に電力が届けられています！

Step **3** 直流回路中のコイルの扱い方を覚えよう

コンデンサーと同じように，コイルも回路部品の1つとして用いられます。Step 3 では，直流回路の中でコイルをどのように扱うか，学んでいきましょう！

Ⅰ コイルに蓄えられるエネルギー

電荷を蓄えたコンデンサーがエネルギーを蓄えているように，**電流が流れているコイルもエネルギーを蓄えています**。コイルを流れる電流は磁場をつくっていますね。「コイルに蓄えられるエネルギー」は，その**磁場に蓄えられている**と考えられます。

> **ポイント** コイルに蓄えられるエネルギー
>
> 　自己インダクタンス L のコイルに電流 I が流れているとき，コイルに蓄えられるエネルギー U は，
>
> $$U = \frac{1}{2}LI^2$$

このかたちは基本公式として覚えましょう。 でちょっと確認してください。

例 次のエネルギーをそれぞれ求めてみましょう。

① 自己インダクタンス L のコイルに電流 i が流れているとき，コイルに蓄えられるエネルギー U_1

　公式 $U = \frac{1}{2}LI^2$ より，

　　$U_1 = \frac{1}{2}Li^2$

② 自己インダクタンス $4.0\,\mathrm{H}$ のコイルに電流 $2.0\,\mathrm{mA}$ が流れているとき，コイルに蓄えられるエネルギー U_2

　電流は [A] を用いるとエネルギーが [J] で求められます。よって，

　　$U_2 = \frac{1}{2} \times 4.0 \times (2.0 \times 10^{-3})^2 = 8.0 \times 10^{-6}\,\mathrm{J}$

II 直流回路中のコイルのようす①

コイルは「コイルに流れる電流の変化を妨げるように電磁誘導を起こす」ので，回路のスイッチを開け閉めするときに，電流が優先的に決まります！

　右の図のような，電池（起電力E），抵抗（抵抗値R），コイル（自己インダクタンスL）からなる回路を用いて，コイルのようすを見ていきます。はじめ，スイッチが開いているときの回路を流れる電流は0です。

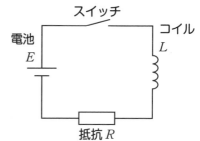

① スイッチを閉じた直後

　スイッチを閉じると，電池は電流を流そうとしますが，**コイルは自分自身を流れる電流が変化するのを妨げようとするため，電磁誘導が起こり，誘導電流が生じます。**

ポイント 直流回路中のコイルの扱い①

　スイッチを切り換えた直後，コイルに流れる電流は，スイッチを切り換える直前と同じ

　⟶ スイッチの切り換えでコイルに流れる電流が変わらないように，誘導起電力が決まる

　スイッチを閉じる直前にコイルに流れる電流は0だったので，スイッチを閉じた直後も電流は0になります。

　次ページの左図のように，電流0なので，回路中の抵抗の電圧も0です。スイッチを閉じた直後のコイルに生じる誘導起電力をVとし，電池の起電力の向き（図の時計まわりの向き）を正とすると，キルヒホッフの第2法則より，

$$\underbrace{E+V}_{\text{起電力}}=\underbrace{R\times 0}_{\text{電圧降下}}\qquad \text{これより，}\qquad V=-E$$

《スイッチを閉じた直後》

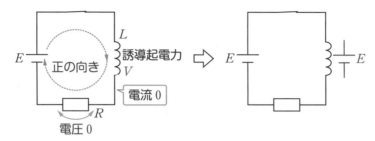

　つまり，コイルには電池の起電力と逆向きに，大きさ E の誘導起電力が生じていることになります。「スイッチを閉じた直後だけ，電池と同じ大きさの起電力をもつ別の電池が，逆向きにコイルに現れた」と考えることができます。

②　スイッチを閉じて十分に時間が経過

　スイッチを閉じて時間が経過していくと，コイルと抵抗には徐々に電流が流れ始めます。そして，下の左図のように，**十分に時間が経過すると流れる電流が一定**となり，電流の変化がなくなるので**コイルの誘導起電力は 0 に**なります。

> **ポイント**　直流回路中のコイルの扱い②
>
> 　スイッチを閉じて十分に時間が経過すると，コイルに流れる電流が一定になる
> 　── コイルの誘導起電力は 0 になる

　誘導起電力が 0 ならば，下の右図のように，コイルはただの**導線とみなせます**。

《十分に時間が経過》

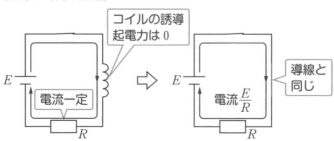

このとき，回路に流れる電流は $\dfrac{E}{R}$ となり，コイルに蓄えられるエネルギーを U とすると，

$$U = \frac{1}{2}L\left(\frac{E}{R}\right)^2 = \frac{LE^2}{2R^2}$$

と求めることができます。

> コイルを含む回路でスイッチの切り換えがある場合は，「コイルにどのような電流が流れるか」をまず考えるようにしましょう！

Ⅲ 直流回路中のコイルのようす②

下の図のような，電池（起電力 E），コイル（自己インダクタンス L），抵抗1（抵抗値 R）と抵抗2（抵抗値 r）からなる回路を用いて，コイルのようすを考えます。はじめ，スイッチが開いているときの回路を流れる電流は0です。

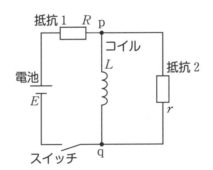

① スイッチを閉じた直後

まず，スイッチを閉じた直後，コイルは電流0を保とうとして誘導起電力を生じます。あくまでも「コイルに流れる電流が0」であればいいので，**コイルを通らない回路の1周があれば，その1周で電流は流れます**。ここでは次ページの図のように，2つの抵抗を通る1周があるので，電流が流れますね。この電流 I_1 や，コイルに生じる誘導起電力 V_1 を求めてみましょう。

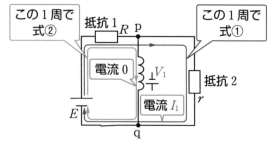

《スイッチを閉じた直後》

この1周で
式②

抵抗1 R p

この1周で
式①

電流 0

V_1

抵抗2

電流 I_1

E

r

q

上の図を参考に，キルヒホッフの第2法則より，

$$\underbrace{E}_{起電力}=\underbrace{RI_1+rI_1}_{電圧降下} \quad \cdots\cdots①$$

よって， $I_1=\dfrac{E}{R+r}$

また，p→qの向きを正としてコイルに生じる誘導起電力を V_1 とすると，キルヒホッフの第2法則より，

$$\underbrace{E+V_1}_{起電力}=\underbrace{RI_1}_{電圧降下} \quad \cdots\cdots②$$

よって， $V_1=-E+RI_1=-\dfrac{r}{R+r}E\,(=-rI_1)$

と求めることができます。$V_1<0$ なので，誘導起電力の向きはq→pですね。

② スイッチを閉じて十分に時間が経過

その後，十分に時間が経過するとコイルに流れる電流が一定になるので，コイルの誘導起電力（電圧）は 0 です。そのため，右の図のように，コイルと並列である抵抗2の電圧も同じく0となり，抵抗2には電流が流れません。

《十分に時間が経過》

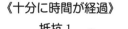
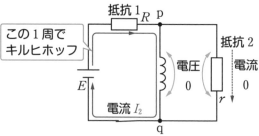

抵抗1 R p

この1周で
キルヒホッフ

抵抗2

電圧

電流

E

0

0

電流 I_2

r

q

コイルを導線とみなして，回路に流れている電流を I_2 とすると，キルヒホッフの第2法則より，

$$\underbrace{E}_{起電力}=\underbrace{RI_2}_{電圧降下} \quad これより， \quad I_2=\dfrac{E}{R}$$

となります。このとき，コイルに蓄えられているエネルギー U は，

$$U = \frac{1}{2}LI_2{}^2 = \frac{LE^2}{2R^2}$$

です。

③ スイッチを開く

コイルに電流 I_2 が流れて
いる状態で，スイッチを開く
とどうなるでしょうか？

**コイルはスイッチを
開く直前の電流 (I_2) を
保とうとします。**そのた
め，コイルに p→q の向きの
誘導起電力 V_2 が発生します。

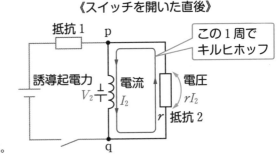

《スイッチを開いた直後》

この1周で
キルヒホッフ

抵抗1 p

誘導起電力 電流

V_2 I_2

電圧

rI_2

r 抵抗2

q

また，スイッチを開くと，電池と抵抗1には電流が流れません（1周が途切れ
るので）が，コイルと抵抗2を通る1周には電流が流れます。

以上より，回路の右側についてキルヒホッフの第2法則を用いると，

$$V_2 = rI_2 = \frac{r}{R}E \quad \blacktriangleleft I_2 を代入$$

起電力　電圧降下

④ スイッチを開いて十分に時間が経過

スイッチを開いてから時間が経過すると，回路を流れる電流が徐々に小さくな
り，最後には電流0になります。

回路から電池が外れているのに，しばらく電流が流れるのは，**スイッチを閉
じているときにコイルに蓄えられたエネルギー U** ◀コイルが電池からも
らったエネルギー！
があるからです。

電流が流れると，抵抗2でジュール熱が発生します。この**ジュール熱とし
て，コイルに蓄えられていたエネルギー U がすべて失われると，
電流が流れなくなります。**

したがって，スイッチを開いてから電流が流れなくなるまでに抵抗2で発生し
たジュール熱は U に等しくなります。

コイルを含む回路でスイッチの切り替えがある場合，スイッチを切り替える直前にコイルにどんな電流が流れているか確認しましょう。切り替え直後にはその電流が流れていると決めて大丈夫です！

練習問題②

右図のように，電池（起電力E），抵抗1（抵抗値R），抵抗2（抵抗値r），コイル（自己インダクタンスL）からなる回路をつくる。はじめ，スイッチは開かれていて回路に電流は流れていない。抵抗以外の抵抗値は無視できるものとして，以下の問いに答えよ。ただし，コイルに生じる誘導起電力の向きは，a→bかb→aで答えよ。

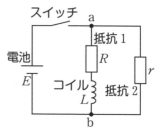

(1) スイッチを閉じた直後，抵抗2に流れる電流の大きさを求めよ。

(2) スイッチを閉じた直後，コイルに生じる誘導起電力の向きと大きさを求めよ。

(3) スイッチを閉じてから十分に時間が経過したとき，抵抗1に流れる電流の大きさを求めよ。

(4) (3)の後，スイッチを開く。開いた直後にコイルに生じる誘導起電力の向きと大きさを求めよ。

(5) スイッチを開いてから電流が流れなくなるまでの間に，抵抗1と抵抗2で発生するジュール熱の和を求めよ。

解説 -

考え方のポイント コイルに流れる電流に注目して考えていきましょう！回路の中の電流や電圧を確実にわかるものから順に決めて，キルヒホッフの第2法則の式を立てていけば解決します！(4)では，「コイルに流れる電流」を保つように誘導起電力が発生します。スイッチの切り換えで抵抗に流れる電流は変化しても構いませんので，コイルの電流を優先して決めましょう。

(1) スイッチを閉じる直前，コイルに流れる電流は 0 だったので，スイッチを閉じた直後もコイルに流れる電流は 0 のままである。そのため，抵抗 1 にも電流は流れない。

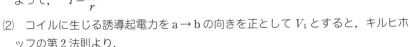

抵抗 2 に流れる電流の大きさを I とすると，キルヒホッフの第 2 法則より，

$$E = rI \quad \cdots\cdots ①$$

よって，　$I = \dfrac{E}{r}$

(2) コイルに生じる誘導起電力を a → b の向きを正として V_1 とすると，キルヒホッフの第 2 法則より，

$$\underset{\text{起電力}}{\underline{E + V_1}} = \underset{\text{電圧降下}}{\underline{R \times 0}} \quad \cdots\cdots ② \qquad \text{これより，} \qquad V_1 = -E \quad \blacktriangleleft 正の向きと逆向き$$

したがって，誘導起電力の向きは b → a，大きさは E となる。

(3) 回路を流れる電流は一定になり，コイルの誘導起電力（電圧）は 0 になる。

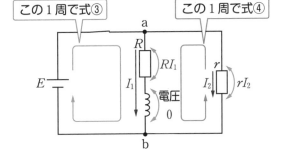

抵抗 1 に流れる電流の大きさを I_1 とすると，キルヒホッフの第 2 法則より，

$$E = RI_1 \quad \cdots\cdots ③$$

よって，　$I_1 = \dfrac{E}{R}$　◀コイルにもこの電流 I_1 が流れている。

なお，このとき抵抗 2 に流れる電流の大きさを I_2 とすると，キルヒホッフの第 2 法則より，

$$0 = RI_1 - rI_2 \quad \cdots\cdots ④$$

よって，　$I_2 = \dfrac{RI_1}{r} = \dfrac{E}{r}$　◀これは(1)の I と同じ

(4)　スイッチを開いた直後，コイルに誘導起電力が発生することで，コイルに流れる電流 I_1 が保たれる。このとき，電流はコイル→b→抵抗2→a→抵抗1→コイルの1周で流れる。

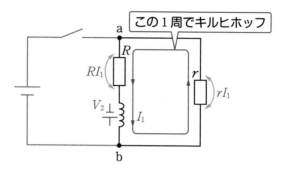

この1周でキルヒホッフ

　　コイルに生じる誘導起電力を a→b の向きを正として V_2 とすると，キルヒホッフの第2法則より，

$$V_2 = rI_1 + RI_1$$

よって，

$$V_2 = (r+R)I_1 = (r+R) \times \frac{E}{R} = \frac{r+R}{R}E$$

したがって，誘導起電力の向きは a→b，大きさは $\frac{r+R}{R}E$ となる。

(5)　スイッチを開く直前，コイルに蓄えられていたエネルギーを U とすると，

$$U = \frac{1}{2}LI_1{}^2 = \frac{LE^2}{2R^2}$$

スイッチを開くと，このエネルギー U は抵抗1と抵抗2でジュール熱としてすべて消費される。よって，求めるジュール熱の和は，$\frac{LE^2}{2R^2}$ となる。

答　(1)　$\frac{E}{r}$　　(2)　向き：b→a，大きさ：E　　(3)　$\frac{E}{R}$

　　　(4)　向き：a→b，大きさ：$\frac{r+R}{R}E$　　(5)　$\frac{LE^2}{2R^2}$

第9講

交流と電気振動

この講で学習すること

Step 1 交流の基本をおさえよう

今までは決まった向きに電流が流れる直流回路について学んできましたが，家電製品に使われる電流は交流電流です。電磁気分野の最後に，交流について学んでいきましょう！

Ⅰ 交流回路とは

電流が決まった向きに流れる直流回路に対して，下の図のように**周期的に電流や電圧の向きが変化する回路**を交流回路といいます。

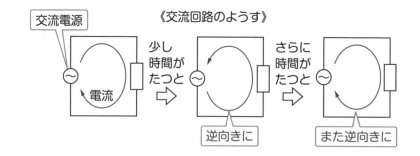

《交流回路のようす》

交流回路では電流や電圧の大きさがつねに変化しているので，回路中にコイルがあれば電磁誘導が起きたり，コンデンサーがあれば蓄えられる電気量もつねに変化します。

交流回路は苦手な人も多いテーマですが，いくつかの覚えるべきことを覚えてしまえば，あとはその組みあわせで考えていくことができて，実はそれほど難しくありません！

II 交流電流の時間変化のようす

交流電流は周期的に向きが変化し，時間変化のようすは下の図のように表されます。 ◀この時間変化は，力学で学習した単振動と同じ！

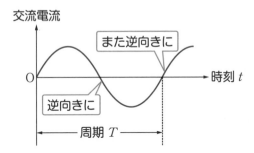

力学で学んだ円運動や単振動では，周期 $T=\dfrac{2\pi}{\omega}$ という式がありました。この式は交流の電気回路でも用いることができ，交流回路では ω を**角周波数**といいます。

▶ **ポイント** 交流の周期

交流回路の角周波数 ω と周期 T の関係は，

$$T=\dfrac{2\pi}{\omega}$$

交流電流の時間変化も，単振動のときと同じように，大きく４つのパターンに分けましょう。時刻 t を用いて，$\sin\omega t$ **型**，$\cos\omega t$ **型**，$-\sin\omega t$ **型**，$-\cos\omega t$ **型**の４つです。

$\sin \omega t$ 型は，下の左図のように，**時刻 $t=0$ のとき交流電流の大きさ 0 からはじまって，次の瞬間に電流が増加していく**時間変化です。また，$\cos \omega t$ 型は，下の右図のように，**交流電流の大きさが最大値からはじまって，次の瞬間に電流が減少していく**時間変化です。

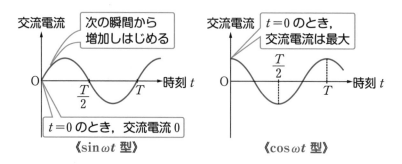

《$\sin \omega t$ 型》　　　　　　《$\cos \omega t$ 型》

一方，$-\sin \omega t$ 型は，下の左図のように，**時刻 $t=0$ のとき交流電流の大きさ 0 からはじまって，次の瞬間に電流が減少していく**時間変化です。　◀$\sin \omega t$ 型のグラフを上下反転させたものと同じ！

また，$-\cos \omega t$ 型は，下の右図のように，**交流電流の大きさが最小値からはじまって，次の瞬間に電流が増加していく**時間変化です。

◀$\cos \omega t$ 型のグラフを上下反転させたものと同じ！

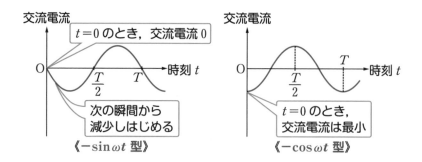

《$-\sin \omega t$ 型》　　　　　　《$-\cos \omega t$ 型》

Ⅲ 抵抗を含む交流回路

　右の図のような，交流電源と抵抗からなる回路
では，抵抗に流れる交流電流は，抵抗にかかる交
流電圧に比例します。つまり，**電圧も電流と
同じ角周波数で同じように時間変化**をし
ていて，交流回路でも直流回路と同様に，**抵抗
についてオームの法則を用いることが
できます。**

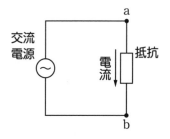

 ポイント 交流回路中の抵抗

　電圧と電流は同じ角周波数で同じように時間変化をする
　—→ オームの法則が成り立つ

例 上の図で交流電源の電圧（bに対するaの電位）が，ある時刻 t のときに
$V = V_0 \sin \omega t$ のかたちで表されるとして，時刻 t で図の矢印の向きに流れ
る電流 I を表してみましょう。抵抗の抵抗値を R とします。
　「bに対するaの電位」は，bを電位 0 にした場合のaの電位のことなの
で，ab間（抵抗）に電圧 V がかかっていると考えればいいですね。
　すると，オームの法則より，

$$I = \frac{V}{R} = \frac{V_0}{R} \sin \omega t$$

と表すことができます。

右図のように，電圧 V（角周波数 ω）の交流電源と抵抗値 R の抵抗からなる回路がある。V と R がそれぞれ次の(1)～(3)で表されるとき，時刻 t において抵抗に流れる電流をそれぞれ求めよ。ただし，図の矢印の向きを電流の正の向きにとり，正の向きに電流を流そうとする向きを電圧 V の正の向きとする。

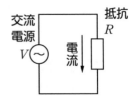

(1) $V = V_0 \cos \omega t$，$R = r$ のとき。

(2) $V = -2V_0 \sin \omega t$，$R = 10R_0$ のとき。

(3) $V = -100 \cos \omega t$ [V]，$R = 50\,\Omega$ のとき。

解説 -

考え方のポイント 交流回路でも，抵抗ではオームの法則がそのまま使えるので，それにしたがって求めましょう！

(1) 流れる電流を I_1 とすると，オームの法則より，

$$I_1 = \frac{V}{R} = \frac{V_0}{r} \cos \omega t$$

(2) 流れる電流を I_2 とすると，オームの法則より，

$$I_2 = \frac{V}{R} = \frac{-2V_0 \sin \omega t}{10R_0} = -\frac{V_0}{5R_0} \sin \omega t$$

(3) 流れる電流を I_3 [A] とすると，オームの法則より，

$$I_3 = \frac{V}{R} = \frac{-100 \cos \omega t}{50} = -2 \cos \omega t \ [\text{A}]$$

答 (1) $\dfrac{V_0}{r} \cos \omega t$　　(2) $-\dfrac{V_0}{5R_0} \sin \omega t$　　(3) $-2 \cos \omega t$ [A]

Step 2 交流回路中のコイルやコンデンサーの扱いを覚えよう

　直流回路と同じように，交流回路にコイルやコンデンサーがある場合について見ていきましょう。ここでは覚えなければいけないことがいくつか出てくるので，頑張って覚えてください！

Ⅰ 交流回路中のコイルやコンデンサー

　交流電源にコイルやコンデンサーを接続した場合，コイルもコンデンサーも，電流と電圧が周期的に時間変化します。ここでしっかり覚えておきたいことは，コイルとコンデンサーは抵抗と違って，**最大の電圧がかかった瞬間に，最大の電流は流れない**ということです。

> **ポイント**　交流回路中のコイルとコンデンサー
>
> ・抵抗と同様に，電流と電圧が周期的に時間変化する
> ・抵抗と違って，「電流最大」のタイミングと「電圧最大」のタイミングが一致しない

理由は少し難しく，回路で成り立つ微分方程式を考える必要があります。これは交流に慣れたらあらためて学習してもらうことにして，まずは覚えるべきことをしっかりと覚えましょう！

Ⅱ コイルを含む交流回路

　右の図のような，交流電源とコイルからなる回路を考えます。コイルに**最大電圧がかかった $\frac{1}{4}$ 周期後に，最大電流が流れます**。

　時刻 t において，コイルにかかる電圧を $V = V_0 \sin\omega t$ として，$V > 0$ のときの高電位→

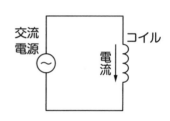

交流電源　コイル　電流

低電位の向きを電流 I の正の向きと定めます。このときの電圧 V と電流 I の時間変化の関係は，下の図のようなグラフになります。 ◀電圧と電流の山（最大値）に注目！

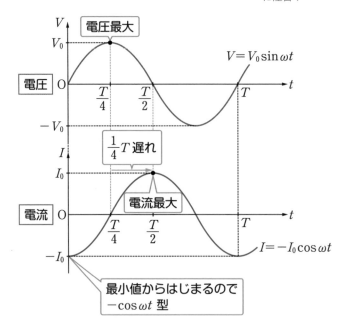

最大電圧がかかった $\dfrac{1}{4}$ 周期後に最大電流が流れるので，**グラフでは電圧の山よりも $\dfrac{1}{4}$ 周期分だけ右側（後の時刻）に，電流の山が現れます**。すると，電流の時間変化のグラフは，$-\cos\omega t$ 型になることがわかります。電流の最大値を I_0 とすれば，コイルに流れる電流 I は，

$$I = -I_0\cos\omega t$$

というかたちで表すことができます。

▶ **ポイント** 交流回路中のコイル①

コイルに最大電圧がかかった $\dfrac{1}{4}$ 周期後に，コイルに最大電流が流れる

コイルは「変化を妨げるように電磁誘導を起こす」ものなので、「最大電圧をかけられても、電磁誘導で逆らって最大電流が流れるのを遅らせる」イメージです！

交流回路において、**最大電流に対する最大電圧の比**をリアクタンスといい、単位は [Ω] で表されます。このリアクタンスは、**オームの法則でいえば抵抗値にあたるもの**です。コイルのリアクタンスは、自己インダクタンスを L とすると、ωL と表されます。

ポイント 交流回路中のコイル②

- リアクタンス$=\dfrac{最大電圧}{最大電流}$

- 自己インダクタンス L のコイルのリアクタンス X_L は、角周波数 ω を用いて、

$$X_\mathrm{L}=\omega L \quad \left(最大電流=\dfrac{最大電圧}{\omega L}\right)$$

よって、最大電流 I_0 は、最大電圧 V_0 とリアクタンス ωL でオームの法則と同様に考えて、$I_0=\dfrac{V_0}{\omega L}$ となります。以上より、コイルに流れる電流 I は、

$$I=-I_0\cos\omega t=-\dfrac{V_0}{\omega L}\cos\omega t$$

と表すことができます。

交流回路で電流や電圧の式を求めるときは、まず時間変化の型をグラフのずれで決めて、最大値はリアクタンスを使って表す、という手順で進めるといいと思います！

右図のように，電圧 V（角周波数 ω）の交流電源と，自己インダクタンス L のコイルを接続した交流回路について，次の問いに答えよ。ただし，図の矢印の向きを電流 I の正の向きにとり，ある時刻 t において正の向きに電流を流そうとする向きを電圧 V の正の向きとする。

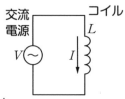

(1) $V = V_0 \cos \omega t$ のとき，コイルに流れる電流 I を求めよ。

(2) $V = -2V_0 \cos \omega t$ のとき，コイルに流れる電流 I を求めよ。

(3) $I = I_0 \sin \omega t$ のとき，交流電源の電圧 V（コイルにかかる電圧）を求めよ。

解説

考え方のポイント　コイルの場合，電流の最大値が電圧の最大値よりも $\dfrac{1}{4}$ 周期だけ後（グラフの右側）になります。最大電流 $= \dfrac{\text{最大電圧}}{\omega L}$ です。

(1) 電流 I の最大値は $\dfrac{V_0}{\omega L}$ となる。また，電圧の時間変化は $\cos \omega t$ 型なので，電流の時間変化は下図より $\sin \omega t$ 型になる。よって，$I = \dfrac{V_0}{\omega L} \sin \omega t$

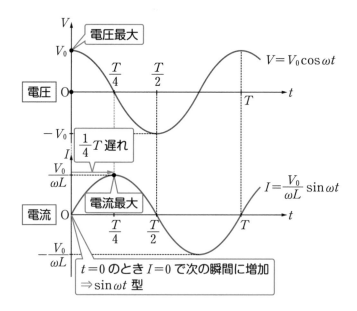

(2)　電流 I の最大値は $\dfrac{2V_0}{\omega L}$ となる。また，電圧の時間変化は $-\cos\omega t$ 型なので，

電流の時間変化は下図より $-\sin\omega t$ 型になる。よって，$I = -\dfrac{2V_0}{\omega L}\sin\omega t$

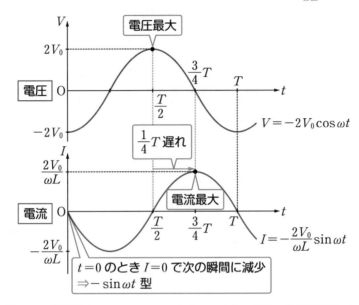

(3)　電圧 V の最大値は $\omega L \times I_0 = \omega L I_0$ となる。また，電流の時間変化は $\sin\omega t$ 型なので，電圧の時間変化は下図より $\cos\omega t$ 型になる。よって，$V = \omega L I_0 \cos\omega t$

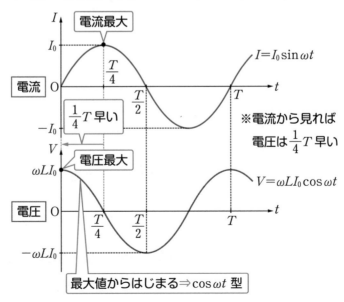

(1) $\dfrac{V_0}{\omega L}\sin\omega t$ (2) $-\dfrac{2V_0}{\omega L}\sin\omega t$ (3) $\omega L I_0 \cos\omega t$

Ⅲ コンデンサーを含む交流回路

右の図のような，交流電源とコンデンサーからなる回路では，コンデンサーに**最大電圧がかかる$\dfrac{1}{4}$周期前に，最大電流が流れています**。これは**コイルとは逆**ですね。

時刻 t において，コンデンサーにかかる電圧を $V = V_0 \sin\omega t$ として，$V > 0$ のときの高電位→

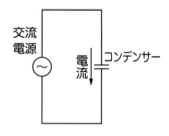

低電位の向きを電流 I の正の向きと定めます。このときの電圧 V と電流 I の時間変化のグラフは，下の図のようになります。　◀電圧と電流の山（最大値）に注目！

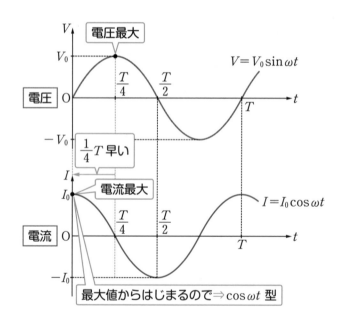

最大電圧がかかる $\dfrac{1}{4}$ 周期前に最大電流が流れているので，**グラフでは電圧の山よりも $\dfrac{1}{4}$ 周期分だけ左側（前の時刻）に，電流の山が現れます**。すると，電流の時間変化のグラフは，$\cos\omega t$ 型になることがわかります。

電流 I の最大値を I_0 とすれば，コンデンサーに流れる電流 I は，

$$I = I_0 \cos \omega t$$

というかたちで表すことができます。また，コンデンサーのリアクタンスは，電気容量を C とすると，$\dfrac{1}{\omega C}$ と表されます。

第9講 交流と電気振動

ポイント 交流回路中のコンデンサー

・コンデンサーに最大電圧がかかる $\dfrac{1}{4}$ 周期前に，コンデンサーに最大電流が流れる

・電気容量 C のコンデンサーのリアクタンス X_C は，角周波数 ω を用いて，

$$X_C = \frac{1}{\omega C} \quad (\text{最大電流} = \omega C \times (\text{最大電圧}))$$

最大電流 I_0 は，コイルのときと同じようにオームの法則と同様に考えて，

$$I_0 = \frac{V_0}{\dfrac{1}{\omega C}} = \omega C V_0$$

となります。以上より，コンデンサーに流れる電流 I は，

$$I = I_0 \cos \omega t = \omega C V_0 \cos \omega t$$

と表すことができます。

コンデンサーのリアクタンスは ωC ではなく，$\dfrac{1}{\omega C}$ のかたちになっていることに注意してください。基本的に，コイルに関することをまず覚えて，「コンデンサーはコイルの逆！」としておくといいかなと思います！

　右図のように，電圧 V（角周波数 ω）の交流電源と，電気容量 C のコンデンサーを接続した交流回路について，次の問いに答えよ。ただし，図の矢印の向きを電流 I の正の向きにとり，ある時刻 t において正の向きに電流を流そうとする向きを電圧 V の正の向きとする。

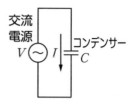

(1)　$V = V_0 \cos \omega t$ のとき，コンデンサーに流れる電流 I を求めよ。

(2)　$V = -2V_0 \cos \omega t$ のとき，コンデンサーに流れる電流 I を求めよ。

(3)　$I = I_0 \sin \omega t$ のとき，交流電源の電圧 V（コンデンサーにかかる電圧）を求めよ。

解説

考え方のポイント　コンデンサーの場合，電流の最大値が電圧の最大値よりも $\dfrac{1}{4}$ 周期だけ前（グラフの左側）になります。最大電流＝$\boldsymbol{\omega C} \times$（最大電圧）です。

(1)　電流 I の最大値は $\omega C V_0$ となる。また，電流の時間変化は下の図より $-\sin \omega t$ 型になるので，$I = -\omega C V_0 \sin \omega t$

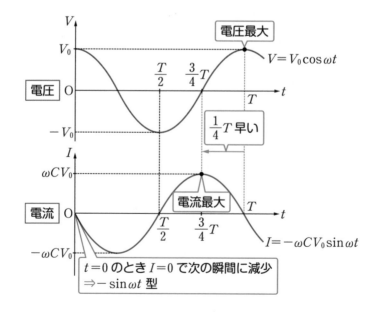

(2) 電流 I の最大値は $\omega C \times 2V_0 = 2\omega C V_0$ となる。また，電流の時間変化は下図より $\sin \omega t$ 型になるので，$I = 2\omega C V_0 \sin \omega t$

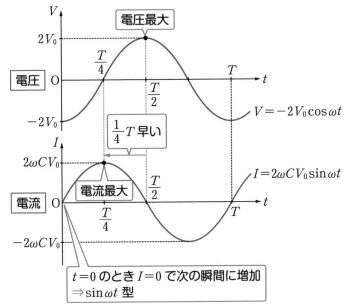

(3) 電圧 V の最大値は $\dfrac{1}{\omega C} \times I_0 = \dfrac{I_0}{\omega C}$ となる。また，電圧の時間変化は下図より $-\cos \omega t$ 型になるので，$V = -\dfrac{I_0}{\omega C} \cos \omega t$

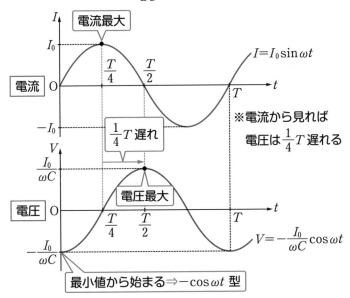

Ⅳ 交流回路での位相のずれ

コイルとコンデンサーでは，電流と電圧の最大値をとるタイミングが「$\dfrac{1}{4}$ 周期ずれる」のですが，より詳しくは周期ではなく，「位相が $\dfrac{\pi}{2}$ 〔rad〕ずれる」といいます。周期と位相の関係について，

└→電流・電圧の式の角度を表す部分 ωt のこと。

「$\dfrac{1}{4}$ 周期遅れ」⟶「位相が $\dfrac{\pi}{2}$ 〔rad〕遅れている」

「$\dfrac{1}{4}$ 周期早い」⟶「位相が $\dfrac{\pi}{2}$ 〔rad〕進んでいる」

という言い方に対応しています。

　まず，コイルを含む交流回路について，位相のずれを考えます。電圧・電流の時間変化を**等速円運動**として考えてみましょう。

◀等速円運動の正射影が単振動なので，単振動のような交流の電圧・電流のグラフを等速円運動に置き換えて考えます

　コイルに電圧 $V = V_0 \sin \omega t$ がかかっているとき，電流 $I = -I_0 \cos \omega t$ が流れます。この時間変化を示すグラフの横に，次ページの図のように，等速円運動をあわせて描いてみます。等速円運動は反時計まわりで考えるのが基本です。すると，電圧の $\sin \omega t$ 型ははじめ $V = 0$ で，次の瞬間に増加する変化なので，反時計まわりの円運動では右端から動き出すことに対応します。

　一方，電流の $-\cos \omega t$ 型は最小値から増加する変化なので，円運動では下端から動き出すことに対応します。

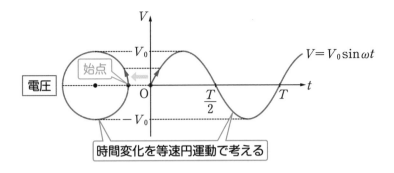

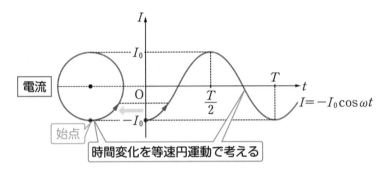

　下の図のように，この2つの円運動を重ねてみると，円運動の中で，**電流が電圧を追いかけている**ようになります。その差はちょうど

$90° = \dfrac{\pi}{2}$ [rad] ですね。これを「**電圧の位相に対して電流の位相が $\dfrac{\pi}{2}$ だけ遅れている**」と表現します。

次に，コンデンサーを含む交流回路について，位相のずれを考えます。コンデンサーに電圧 $V = V_0 \sin \omega t$ がかかっているとき，電流 $I = I_0 \cos \omega t$ が流れます。コイルと同様に，対応する等速円運動とあわせて時間変化のグラフを描いてみます。

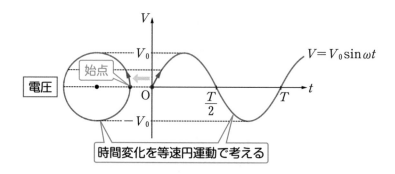

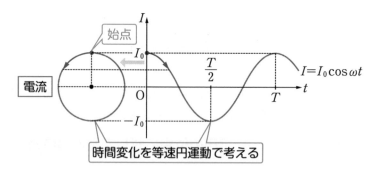

次ページの図のように，2つの円運動を重ねてみると，コンデンサーでは**電圧が電流を追いかけている**かたちになっています。その差はやはり $90° = \dfrac{\pi}{2}$〔rad〕で，これを「**電圧の位相に対して電流の位相が $\dfrac{\pi}{2}$ だけ進んでいる**」と表現します。

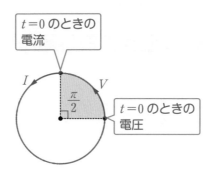

ポイント 交流回路中の電圧と電流の位相のずれ

コイル ⟶ 電圧の位相に対して電流の位相が

$\dfrac{\pi}{2}$ [rad] だけ遅れている

コンデンサー ⟶ 電圧の位相に対して電流の位相が

$\dfrac{\pi}{2}$ [rad] だけ進んでいる

電圧や電流の時間変化についてより詳しく考えるときには，この位相のずれで表現する必要があります。交流に慣れてきたら，徐々に位相で考えていくようにしましょう！

Step 3 RLC 回路に取り組んでみよう

交流回路中での抵抗，コイル，コンデンサーについて，それぞれの基本知識を身につけることができましたか？次はそれらをあわせた回路について学びましょう。

I RLC 回路とは

抵抗 (R)，コイル (L)，コンデンサー (C) を含む回路を **RLC 回路**といいます。この RLC 回路について考えてみます。

下の図のように，抵抗R (抵抗値 R)，コイルL (自己インダクタンス L)，コンデンサーC (電気容量 C) を直列に電圧 V (角周波数 ω) の交流電源に接続します。回路に流れる電流が $I = I_0 \sin \omega t$ で表されるとき，交流電源の電圧 V の式を求めてみましょう。図の矢印の向きを電流 I の正の向きにとり，正の向きに電流を流そうとする向きを電圧 V の正の向きとします。

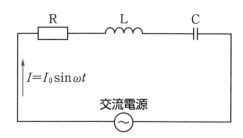

まず，抵抗，コイル，コンデンサーそれぞれにかかる電圧を求め，それらを合成することで，交流電源の電圧を求めていきます。

II RLC 直列回路の抵抗の電圧

抵抗では電圧も電流と同じ時間変化をするので，抵抗の電圧を V_R とすると $\sin \omega t$ 型です。オームの法則をそのまま使えるので，

$$V_R = RI = RI_0 \sin \omega t$$

となります。

直列回路なので，回路を流れる電流はどこでも同じです。つまり，コイルもコンデンサーも，流れる電流は $I = I_0 \sin \omega t$ です。これを手掛かりにして，コイルの電圧 V_L，コンデンサーの電圧 V_C を表しましょう。

下の図のように，時間変化のグラフを描いてみると，V_L は $\cos \omega t$ 型，V_C は $-\cos \omega t$ 型とわかります。

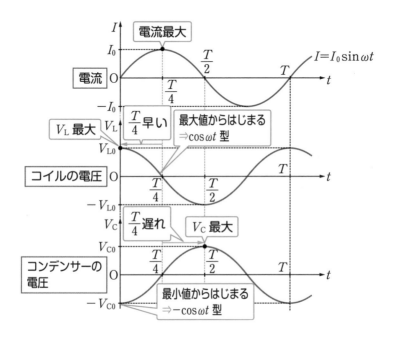

また，それぞれの最大電圧 V_{L0}，V_{C0} は，コイルのリアクタンス ωL，コンデンサーのリアクタンス $\dfrac{1}{\omega C}$ を用いて，

コイル：$V_{L0} = \omega L \times I_0 = \omega L I_0$

コンデンサー：$V_{C0} = \dfrac{1}{\omega C} \times I_0 = \dfrac{I_0}{\omega C}$

よって，コイルの電圧 V_L とコンデンサーの電圧 V_C はそれぞれ，

コイル：$V_L = V_{L0} \cos \omega t = \omega L I_0 \cos \omega t$

コンデンサー：$V_C = -V_{C0} \cos \omega t = -\dfrac{I_0}{\omega C} \cos \omega t$

となります。

Ⅳ RLC 直列回路の交流電源の電圧

前項 Ⅱ，Ⅲ で求めた電圧を用いて交流電源の電圧 V を表しましょう。下の図のように電圧がかかっているので，

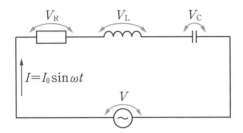

$$V = V_R + V_L + V_C$$
$$= RI_0 \sin\omega t + \omega L I_0 \cos\omega t - \frac{I_0}{\omega C}\cos\omega t$$

と表すことができます。ここまでできれば，第 1 段階は OK です！

Ⅴ インピーダンス

この式はちょっと長くて面倒な感じがするので，もう少し整理してまとめてみると，

$$V = I_0 \left\{ R\sin\omega t + \left(\omega L - \frac{1}{\omega C}\right)\cos\omega t \right\}$$

電圧 V は時刻 t で変化しますが，今のところ，t が sin と cos の 2 か所にありますね。そこで，**三角関数の合成公式**を使って，t を 1 か所にまとめます。

> **ポイント** 三角関数の合成公式
>
> $$a\sin\theta + b\cos\theta = \sqrt{a^2 + b^2}\sin(\theta + \phi)$$
> ただし，$\tan\phi = \dfrac{b}{a}$

この合成公式の，a にあたるのは R，b にあたるのは $\left(\omega L - \dfrac{1}{\omega C}\right)$，$\theta$ にあたるのは ωt です。よって，式(a)は次のように書き換えられます。

$$V = I_0 \sqrt{R^2 + \left(\omega L - \frac{1}{\omega C}\right)^2}\sin(\omega t + \phi) \qquad \text{ただし，} \quad \tan\phi = \frac{\omega L - \dfrac{1}{\omega C}}{R}$$

ϕ があるので $\sin \omega t$ 型から少しずれますが，時間変化が $\sin$ 関数で表せることに変わりありません！

交流電源の最大電圧を V_0 とすると，V_0 は ϕ の値がどうであろうと，**$\sin(\omega t + \phi) = 1$ の場合を考えればよく**，

$$V_0 = I_0 \sqrt{R^2 + \left(\omega L - \frac{1}{\omega C}\right)^2}$$

となります。

◀交流回路全体の
最大電圧＝（最大電流）$\times \sqrt{R^2 + \left(\omega L - \frac{1}{\omega C}\right)^2}$

リアクタンスと同様に考えると，$\dfrac{\text{最大電圧}}{\text{最大電流}}$ **は交流回路全体の抵抗**，つまり抵抗，コイル，コンデンサーをまとめた**合成抵抗の抵抗値のようなもの**になります。この抵抗値に相当する値を**インピーダンス**といいます。したがって，今回の RLC 直列回路のインピーダンスを Z とすると，

$$Z = \frac{V_0}{I_0} = \sqrt{R^2 + \left(\omega L - \frac{1}{\omega C}\right)^2}$$

と求めることができます。

インピーダンスは覚えるものではなく，今のような手順でつくることができればいいものです。練習問題で，並列の場合について取り組んでみてください！

練習問題④

右図のように，交流電源に抵抗（抵抗値 R），コイル（自己インダクタンス L），コンデンサー（電気容量 C）を並列に接続する。時刻 t における交流電源の電圧 V が，角周波数を ω として $V = V_0 \sin \omega t$ と表されるとき，以下の問いに答えよ。ただし，図の矢印の向きを電流 I の正の向きにとり，正の向きに電流を流そうとする向きを電圧 V の正の向きとする。

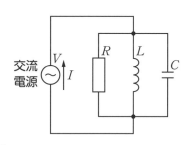

(1) 時刻 t に抵抗，コイル，コンデンサーに流れる電流をそれぞれ求めよ。

(2) 時刻 t に交流電源を流れる電流 I を求めよ。必要があれば，次の公式を用いること。

$$a\sin\theta + b\cos\theta = \sqrt{a^2+b^2}\,\sin(\theta+\phi) \qquad \text{ただし，} \qquad \tan\phi = \frac{b}{a}$$

(3) (2)の電流 I の最大値 I_0 を ω，R，L，C，V_0 を用いて表せ。

(4) $\dfrac{V_0}{I_0}$ を求めよ。

考え方のポイント 抵抗，コイル，コンデンサーは並列に接続されているので，かかる電圧はすべて同じ（共通）で，$V = V_0\sin\omega t$ になります。(2)はキルヒホッフの第1法則から，(1)の各電流を足しあわせればいいですね。「必要があれば」と書いていますが，ここで公式を使ってまとめておかないと(3)を答えられませんので，しっかりまとめましょう！(4)ではこの回路のインピーダンスを求めます。

(1) 抵抗に流れる電流を I_R とすると，オームの法則より，

$$I_R = \frac{V}{R} = \frac{V_0}{R}\sin\omega t$$

コイルに流れる電流を I_L とする。コイルのリアクタンスは ωL なので，最大電流は $\dfrac{V_0}{\omega L}$，電圧 V が $\sin\omega t$ 型なので，電流 I_L の時間変化は $-\cos\omega t$ 型になる。よって，

$$I_L = -\frac{V_0}{\omega L}\cos\omega t$$

コンデンサーに流れる電流を I_C とする。コンデンサーのリアクタンスは $\dfrac{1}{\omega C}$ なので，最大電流は $\omega C V_0$，電圧 V が $\sin\omega t$ 型なので，電流 I_C の時間変化は $\cos\omega t$ 型になる。よって，

$$I_C = \omega C V_0 \cos\omega t$$

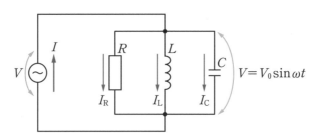

(2) 前ページの図を参考に，キルヒホッフの第1法則より，

$$I = I_R + I_L + I_C$$

$$= \frac{V_0}{R}\sin\omega t - \frac{V_0}{\omega L}\cos\omega t + \omega C V_0 \cos\omega t$$

$$= V_0 \left\{ \frac{1}{R}\sin\omega t + \left(\omega C - \frac{1}{\omega L}\right)\cos\omega t \right\}$$

与えられた公式を用いると，

$$I = V_0 \sqrt{\left(\frac{1}{R}\right)^2 + \left(\omega C - \frac{1}{\omega L}\right)^2}\ \sin(\omega t + \phi) \quad \cdots\cdots ①$$

ただし，　$\tan\phi = \dfrac{\omega C - \dfrac{1}{\omega L}}{\dfrac{1}{R}}$

(3) 式①より，電流 I の最大値は $\sin(\omega t + \phi) = 1$ のときで，

$$I_0 = V_0 \sqrt{\left(\frac{1}{R}\right)^2 + \left(\omega C - \frac{1}{\omega L}\right)^2} \quad \cdots\cdots ②$$

(4) 式②より，　$\dfrac{V_0}{I_0} = \dfrac{1}{\sqrt{\left(\dfrac{1}{R}\right)^2 + \left(\omega C - \dfrac{1}{\omega L}\right)^2}}$

答　(1)　抵抗：$\dfrac{V_0}{R}\sin\omega t$，　コイル：$-\dfrac{V_0}{\omega L}\cos\omega t$

　　　　　コンデンサー：$\omega C V_0 \cos\omega t$

(2)　$V_0 \sqrt{\left(\dfrac{1}{R}\right)^2 + \left(\omega C - \dfrac{1}{\omega L}\right)^2}\ \sin(\omega t + \phi)$　$\left(\text{ただし，}\ \tan\phi = \dfrac{\omega C - \dfrac{1}{\omega L}}{\dfrac{1}{R}}\right)$

(3)　$V_0 \sqrt{\left(\dfrac{1}{R}\right)^2 + \left(\omega C - \dfrac{1}{\omega L}\right)^2}$

(4)　$\dfrac{1}{\sqrt{\left(\dfrac{1}{R}\right)^2 + \left(\omega C - \dfrac{1}{\omega L}\right)^2}}$

実効値や消費電力を求めよう

生活の中で多く使われている電流は交流です。ここでは，交流回路での消費電力を見ていきましょう。

Ⅰ 実効値と最大値の関係

交流回路では，電流や電圧の向きが周期的に変化しますね。下の図のように，回路を流れる電流の正の向きを決めて，1周期の電流の波形から，そのまま電流の平均をとると0になります。つまり，電流が流れていないことと同じになってしまいます。

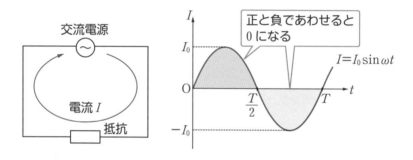

でも，抵抗に電流が流れてジュール熱が発生しているはずなので，平均の電流が0というのはちょっと変な感じがします。平均の電流が0になるのは，正の向きを決めて平均をとったからですが，抵抗に電流が右向きに流れても左向きに流れてもジュール熱は発生しますよね。つまり，**交流回路においては，正の向きを決めてそのまま平均をとることは，あまり意味がない**ということです。

そこで，**交流回路における平均値にあたるもの**として，実効値というものがあります。電流・電圧ともに**実効値は最大値の $\dfrac{1}{\sqrt{2}}$ 倍**になります。これは覚えてしまいましょう！

交流回路において，電流・電圧ともに，

$$実効値 = \frac{最大値}{\sqrt{2}} \quad または \quad 最大値 = \sqrt{2} \times (実効値)$$

例　抵抗にかかる電圧 V が $V = V_0 \sin \omega t$ で表されるとき，実効値 V_e を表してみましょう。

電圧の最大値は V_0 なので，$実効値 = \dfrac{最大値}{\sqrt{2}}$ より，

$$V_e = \frac{V_0}{\sqrt{2}}$$

になります。

なお，$最大値 = \sqrt{2} \times (実効値)$ より，

$$V_0 = \sqrt{2}\, V_e$$

なので，電圧 V は，

$$V = \sqrt{2}\, V_e \sin \omega t$$

と表すこともできます。

この実効値という考え方は，抵抗に限らずコイルやコンデンサーでも使うことがあります。最大値がわかれば実効値がわかるし，実効値がわかれば最大値がわかります。交流回路では，はじめに実効値が与えられるケースもあるので，実効値と最大値の関係をしっかり覚えましょう！

練習問題⑤

次の(1)〜(3)をそれぞれ求めよ。

(1)　交流電圧 $V = V_0 \sin \omega t$ がかかっている抵抗（抵抗値 R）に流れる電流の実効値。

(2)　交流電流 $I = I_0 \sin \omega t$ が流れているコイル（自己インダクタンス L）にかかる電圧の実効値。

(3)　電気容量 C のコンデンサーに流れる電流の実効値が I_e であるとき，コンデンサーに流れる電流の最大値。

考え方のポイント 最大値か実効値か，与えられた値で表せる方から考えま
す。それから，もう一方を 実効値＝$\dfrac{最大値}{\sqrt{2}}$ の関係を用いて求めましょう！

(1) 抵抗にかかる電圧の最大値が V_0 なので，抵抗に流れる電流の最大値を I_0 とす
ると，$I_0 = \dfrac{V_0}{R}$ である。よって，電流の実効値を I_e とすると，

$$I_e = \dfrac{I_0}{\sqrt{2}} = \dfrac{V_0}{\sqrt{2}\,R}$$

(2) コイルに流れる電流の最大値が I_0 なので，コイルにかかる電圧の最大値を V_0
とすると，コイルのリアクタンス ωL を用いて $V_0 = \omega L I_0$ である。よって，電圧
の実効値を V_e とすると，

$$V_e = \dfrac{V_0}{\sqrt{2}} = \dfrac{\omega L I_0}{\sqrt{2}}$$

(3) コンデンサーに流れる電流の最大値を I_0 とすると，

$$I_0 = \sqrt{2}\,I_e \qquad ◀ 最大値 = \sqrt{2} \times (実効値)$$

答 (1) $\dfrac{V_0}{\sqrt{2}\,R}$　　(2) $\dfrac{\omega L I_0}{\sqrt{2}}$　　(3) $\sqrt{2}\,I_e$

Ⅱ 交流回路における抵抗の平均消費電力

　抵抗では電流や電圧の向きによらず，電流が流れていればジュール熱が発生します。**抵抗の平均消費電力（1周期で時間平均をとった消費電力）は，実効値を用いて求める**ことができます。

> **ポイント　交流回路における抵抗の平均消費電力**
>
> 　電圧の実効値が V_e，電流の実効値が I_e のとき，抵抗の平均消費電力 $\overline{P}$ は，
> $$\overline{P} = V_e I_e$$
> 　電圧の最大値を V_0，電流の最大値を I_0 とすると，
> $$\overline{P} = \frac{V_0}{\sqrt{2}} \times \frac{I_0}{\sqrt{2}} = \frac{1}{2} V_0 I_0$$
> ◀抵抗の平均消費電力は，最大消費電力 $(V_0 I_0)$ の $\frac{1}{2}$ 倍！

Ⅲ 交流回路におけるコイルとコンデンサーの消費電力

　理想的なコイルやコンデンサーは，エネルギーを蓄えたり放出したりすることはできますが，抵抗のようにジュール熱でエネルギーを消費しません。これも知識として覚えておきましょう！

> **ポイント　交流回路におけるコイルとコンデンサーの平均消費電力**
>
> 　コイルとコンデンサーの平均消費電力は 0

（注）　コイルをつくっている金属そのものに抵抗がある場合にはジュール熱が発生します。

　実際に，コイル，コンデンサーの消費電力を計算してみましょう。
　まず，コイル（自己インダクタンス L）にかかる電圧が $V = V_0 \sin \omega t$，流れる電流が $I = -\dfrac{V_0}{\omega L} \cos \omega t$ のとき，消費電力 P は，

$$P = VI$$

$$= -\frac{V_0{}^2}{\omega L}\sin\omega t\cos\omega t$$

三角関数の公式 $\sin\omega t\cos\omega t = \dfrac{1}{2}\sin 2\omega t$ より

$$= \underbrace{-\frac{V_0{}^2}{2\omega L}}_{\text{定数}}\underbrace{\sin 2\omega t}_{\text{時間変化する部分}}$$

となります。このかたちで消費電力の平均値 $\overline{P}$ を考えましょう。

電流や電圧は，1周期ごとに同じ時間変化をするので，時間平均は1周期で求めます。中途半端な時間で平均をとらないようにしましょう！

　消費電力 P の時間変化をグラフで表すと，下の図のようになります。T は周期で，$T = \dfrac{2\pi}{\omega}$ と表されましたね。

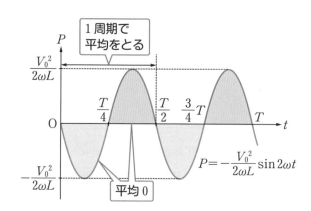

1周期での平均は 0 になりますね。したがって，

$$\overline{P} = -\frac{V_0{}^2}{2\omega L}\overline{\sin 2\omega t} = 0$$

となり，**コイルの平均消費電力は 0** であることがわかります。

　次に，コンデンサー（電気容量 C）にかかる電圧が $V = V_0\sin\omega t$，流れる電流が $I = \omega CV_0\cos\omega t$ のとき，消費電力 P は，

$$P = VI$$
$$= \omega C V_0^2 \sin \omega t \cos \omega t$$
$$= \underbrace{\frac{\omega C V_0^2}{2}}_{\text{定数}} \underbrace{\sin 2\omega t}_{\text{時間変化する部分}}$$

消費電力Pの時間変化をグラフで表すと，下の図のようになります。

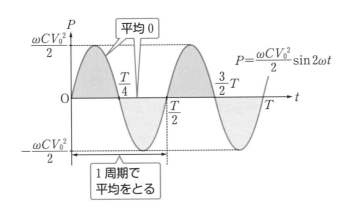

1周期での平均は0とわかるので，消費電力の平均値$\overline{P}$は，

$$\overline{P} = \frac{\omega C V_0^2}{2} \overline{\sin 2\omega t} = 0$$

となり，**コンデンサーの平均消費電力は0**であることがわかります。

Ⅳ 消費電力と抵抗，リアクタンスの関係

抵抗では，消費電力Pを求めるときに電圧V，電流Iのほかに抵抗値Rも使って，

$$P = VI = \frac{V^2}{R} = RI^2$$

などのかたちもありますね。これは交流回路でも使えます。

一方，コイルやコンデンサーには「抵抗値に相当するもの」としてリアクタンスがありますが，消費電力を求めるときには使うことができません。**リアクタンスは抵抗値に相当するだけで，抵抗そのものではありません。**

そのため，**コイルやコンデンサーで消費電力を求めるときは，(電圧)×(電流)のかたちだけで考える**ようにしましょう！

右図のように，交流電源に抵抗（抵抗値R），コイル（自己インダクタンスL），コンデンサー（電気容量C）を並列に接続する。時刻tにおける交流電源の電圧Vが，角周波数をωとして $V = V_0 \sin \omega t$ と表されるとき，以下の問いに答えよ。

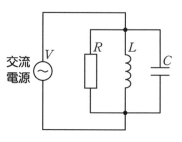

(1) 抵抗の平均消費電力を求めよ。

(2) コイルの平均消費電力を求めよ。

(3) コンデンサーの平均消費電力を求めよ。

(4) 1周期において，回路全体で発生するジュール熱を求めよ。

解説 --

考え方のポイント　　コイルやコンデンサーではエネルギーを消費しないので，その知識があれば計算は不要ですね。(4)は抵抗についてのみ考えて，周期をきちんと表せば求めることができます。

(1) 抵抗の最大消費電力をP_0とすると，$P_0 = \dfrac{V_0{}^2}{R}$ となる。よって，平均消費電力 $\overline{P}$ は，

$$\overline{P} = \frac{1}{2} P_0 = \frac{V_0{}^2}{2R}$$ ◀抵抗の平均消費電力は，最大消費電力の $\dfrac{1}{2}$ 倍となる！

(2) コイルの平均消費電力は0である。

(3) コンデンサーの平均消費電力は0である。

(4) 周期 $T = \dfrac{2\pi}{\omega}$ より，1周期で発生するジュール熱は，

$$\overline{P} \times T = \frac{V_0{}^2}{2R} \times \frac{2\pi}{\omega} = \frac{\pi V_0{}^2}{\omega R}$$

答　(1) $\dfrac{V_0{}^2}{2R}$　　(2) 0　　(3) 0　　(4) $\dfrac{\pi V_0{}^2}{\omega R}$

Step 5 電気振動を考えよう

　電磁気の最後に，交流電源を使わないで交流と同じ電流を流す電気振動に取り組んでみましょう。

I 電気振動とは

　コイル (L) と，コンデンサー (C) を導線でつないだ **LC 回路**では，交流電源で電流を流した場合と同じように，周期的に向きを変える電流が流れます。この現象を**電気振動**といい，流れる電流を**振動電流**といいます。

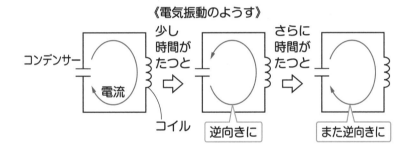

《電気振動のようす》

Ⅱ 電気振動の仕組み

説明が長いので，文の番号⓪〜⑧と図の番号⓪〜⑧
を照らしあわせて学習してください！

⓪　まず，右図のような，自己インダクタンスL
のコイル，電気容量Cのコンデンサー，スイッ
チからなる LC 回路を準備します。**コンデン
サーはあらかじめ充電してあり，電気
量Qを蓄えています。**

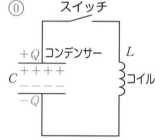

①　ここで，スイッチを閉じると，コンデンサー
が電池の役割をして回路に電流を流そうとしま
す。しかし，**コイルはスイッチを閉じる前の電流の状態を保とう
とする**ので，**スイッチを閉じた直後は電流 0** です。

②　その後，徐々に電流が流れていきます。電流が流れているということは，電
荷が移動しているということで，コンデンサーの極板から電荷はどんどん減少
していきます。

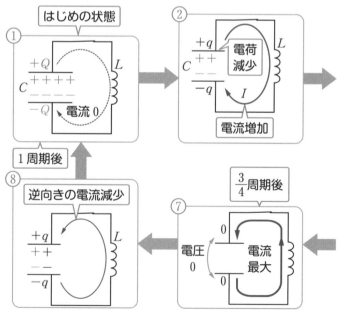

③ そして，コンデンサーの極板の電荷が 0 になったとき，コンデンサーのエネルギーは 0 になりますが，そのエネルギーはすべてコイルに移ります。このとき，コイルのエネルギーは最大で，**電流は最大**になります。

④ コンデンサーの電荷が 0 のときは電圧も 0 で，コンデンサーは電池としてのはたらきがなくなったようになります。しかし，コイルには電流が流れているので，**コイルが自分自身を流れる電流を保とうとして，そのままの向きに電流を流します。**

⑤ すると，はじめと正負は逆になりますが，コンデンサーは電荷を蓄えていき，再び電気量 Q を蓄えた状態になります。このとき，電流は 0 になっています。

⑥⑦⑧ はじめの状態①と電荷の正負が逆になった状態から，回路に電流が逆向きに流れていって，はじめの状態①に戻ります。これが電気振動の 1 周期です。

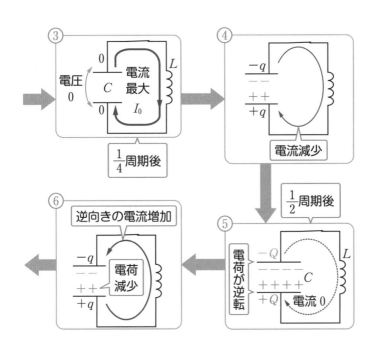

Ⅲ 電気振動の周期

電気振動の周期は，コイルの自己インダクタンスとコンデンサーの電気容量だけで表すことができます。

ポイント 電気振動の周期

自己インダクタンス L のコイル，電気容量 C のコンデンサーからなる LC 回路において，電気振動の周期 T は，

$$T = 2\pi\sqrt{LC}$$

この式は基本形として覚えましょう！

例 コイルの自己インダクタンスとコンデンサーの電気容量が，次のような LC 回路について，電気振動の周期 T を求めてみましょう。

① コイルの自己インダクタンスが $2L$，コンデンサーの電気容量が $3C$ のとき

電気振動の周期の公式 $T = 2\pi\sqrt{LC}$ を用いて，

$$T = 2\pi\sqrt{2L \times 3C} = 2\pi\sqrt{6LC}$$

となります。

② コイルの自己インダクタンスが 2.0×10^{-3} H，コンデンサーの電気容量が 5.0×10^{-10} F のとき。円周率を 3.14 とし，有効数字 2 桁で答えましょう。

$$T = 2\pi\sqrt{2.0 \times 10^{-3} \times 5.0 \times 10^{-10}}$$
$$= 2 \times 3.14 \times 10^{-6} = 6.28 \times 10^{-6} \fallingdotseq 6.3 \times 10^{-6} \text{ s}$$

となります。

Ⅳ 電気振動でのエネルギー保存

電気振動という現象を，**エネルギーに注目して**考えてみましょう！

Step 4 で学習したように，**コンデンサーやコイルではエネルギーを消費しません**。そのため，**LC 回路全体でエネルギーは保存される**ことがわかります。

エネルギーを蓄えておけるのはコンデンサーとコイルだけなので，次の関係が成り立ちます。

> **ポイント** 電気振動のエネルギー保存の法則
>
> （コンデンサーに蓄えられたエネルギー）
>
>   ＋（コイルに蓄えられたエネルギー）＝（一定）

前項 Ⅱ の①②③⑤を用いて，LC 回路のエネルギーのようすを見てみましょう。コイルのエネルギーは $U=\dfrac{1}{2}LI^2$，コンデンサーのエネルギーは $U=\dfrac{Q^2}{2C}$ で表せるので，表にまとめると次のようになります。

	①	②	③	⑤
コイルの エネルギー	0	$\dfrac{1}{2}LI^2$	$\dfrac{1}{2}LI_0{}^2$	0
コンデンサーの エネルギー	$\dfrac{Q^2}{2C}$	$\dfrac{q^2}{2C}$	0	$\dfrac{Q^2}{2C}$

よって，エネルギー保存の法則は，

$$\underset{①⑤}{\underline{\dfrac{Q^2}{2C}}}=\underset{②}{\underline{\dfrac{1}{2}LI^2+\dfrac{q^2}{2C}}}=\underset{③}{\underline{\dfrac{1}{2}LI_0{}^2}}=一定$$

となり，$\dfrac{Q^2}{2C}=\dfrac{1}{2}LI_0{}^2$ から，最大電流 $I_0=\dfrac{Q}{\sqrt{LC}}$ と表すことができます。

または，はじめにコンデンサーを電圧 V_0 で充電したとすると，

   $Q=CV_0$

が成り立つので，上の式は状態②におけるコンデンサーの電圧を V とすると，

$$\frac{1}{2}CV_0{}^2=\frac{1}{2}LI^2+\frac{1}{2}CV^2=\frac{1}{2}LI_0{}^2=一定$$

となります。

ある瞬間にどんな電流が流れているか，コンデンサーにどれぐらいの電気量があるかなどは，回路のエネルギー保存の法則を立てることで求めることができますね！

例 自己インダクタンス L のコイル，電気容量 C のコンデンサーを用いて，下の図のような LC 回路をつくります。時刻 t_1 におけるコンデンサーの電気量を Q_1，コイルを流れる電流を I_1，時刻 t_2 におけるコンデンサーの電気量を Q_2，コイルを流れる電流を I_2 とし，時刻 t_1 と t_2 で成り立つエネルギー保存の法則の式を立ててみましょう。

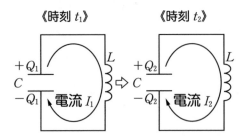

時刻 t_1 のとき，コンデンサーのエネルギーは $\dfrac{Q_1{}^2}{2C}$，コイルのエネルギーは $\dfrac{1}{2}LI_1{}^2$ です。また，時刻 t_2 のとき，コンデンサーのエネルギーは $\dfrac{Q_2{}^2}{2C}$，コイルのエネルギーは $\dfrac{1}{2}LI_2{}^2$ なので，エネルギー保存の法則より，

$$\underbrace{\frac{Q_1{}^2}{2C}+\frac{1}{2}LI_1{}^2}_{時刻\,t_1}=\underbrace{\frac{Q_2{}^2}{2C}+\frac{1}{2}LI_2{}^2}_{時刻\,t_2}$$

それでは最後に，Step 5のまとめ問題に挑戦してみましょう！

練習問題⑦

　右図のように，起電力Eの電池，電気容量Cのコンデンサー，自己インダクタンスLのコイルと抵抗値Rの抵抗を接続する。はじめ，スイッチ1と2はどちらも開かれており，コンデンサーは電荷を蓄えていないものとして，以下の問いに答えよ。ただし，抵抗以外の抵抗値は無視できるものとし，円周率をπとする。

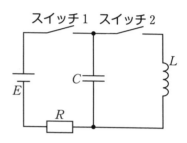

(1)　スイッチ1だけを閉じて十分に時間が経過したとき，コンデンサーの電圧と蓄えている電気量をそれぞれ求めよ。

　次に，スイッチ1を開いてスイッチ2を閉じると，電気振動が生じた。

(2)　電気振動の周期を求めよ。

(3)　スイッチ2を閉じてから，回路に流れる電流がはじめて最大となるまでの時間を求めよ。

(4)　回路に流れる電流の最大値を求めよ。

解説

考え方のポイント　電気振動を起こすためには，はじめにコンデンサーかコイルのどちらかにエネルギーを蓄えておく必要があります。今回は，コンデンサーの方にエネルギーを蓄えさせる，というのが(1)です。スイッチ2を閉じて電気振動が生じたとき，周期は公式で，最大電流はエネルギー保存の法則で求めましょう！

(1)　スイッチ1を閉じて十分に時間が経過したとき，コンデンサーの電圧はEとなる。よって，コンデンサーが蓄えている電気量は，CEとなる。

(2)　電気振動の周期をTとすると，
$$T = 2\pi\sqrt{LC}$$

(3) スイッチ2を閉じた直後の回路に流れる電流は0で，$\dfrac{1}{4}T$ 後に電流は最大となる。よって，

$$\dfrac{1}{4}T = \dfrac{\pi}{2}\sqrt{LC}$$

(4) 回路に流れる電流の最大値を I_0 とする。このとき，コンデンサーに蓄えられているエネルギーは0なので，回路のエネルギー保存の法則より，

$$\dfrac{1}{2}CE^2 = \dfrac{1}{2}LI_0^2 \qquad よって， \qquad I_0 = E\sqrt{\dfrac{C}{L}}$$

答 (1) 電圧：E，電気量：CE　　(2) $2\pi\sqrt{LC}$

(3) $\dfrac{\pi}{2}\sqrt{LC}$　　(4) $E\sqrt{\dfrac{C}{L}}$

第 1 講

光の粒子性

原子編

この講で学習すること

1 光を粒子として考えよう

2 光電効果の基本をおさえよう

3 光電効果によって流れる電流を考えよう

4 コンプトン効果について考えよう

Step 1 光を粒子として考えよう

I 原子分野を学習する前に

① 原子分野は奥が深い！

原子分野を完全に理解しようと思ったら大変です。というか，「原子の世界を完全に理解した人」って世の中にどれくらいいるの？というレベルです。

わからないことや見つかっていないことが，まだまだたくさんあり，世界中の研究者が日々研究に励んでいます。

② 高校で扱う原子分野を学ぶときのポイント

原子の世界は奥深いという話をしましたが，高校で扱う原子分野の内容をそれなりに理解すること，大学入試の問題に答えること自体は，実は難しくありません。

「理由はともかくそういうものなんだ」という，いくつかの「受け入れるべきこと」を受け入れてしまえば，これまでに学んだ知識で納得できるようになります。

> 原子分野では「受け入れるべきこと」を軸にして，色々な現象を説明していきます。覚えやすさ，とらえやすさを重視していくので，物理量や現象の正しい定義から外れることもありますが，それらの正しい定義は大学などであらためて専門的に学んでください！

II 光の二重性

① 光の粒子性

まずはじめに受け入れてほしいのは，**光は光子（こうし）（または光量子（こうりょうし））という粒として考えてもよい**ということです。

例えば，

「物体に光波があたる」＝「物体に光源から出てきた光子が衝突する」

ととらえることができます。

② 光の波動性

　波動分野では光の干渉を学習しましたね。**光が干渉するのは，波の性質（波動性）をもっているから**です。例えば「ヤングの実験」は，この光の波動性を確かめるための実験です。

③ 光の二重性

　ただ，光は完全に波だ！と考えてしまうと説明のつかないことも出てきます。そこで，**光は波動性とともに，粒子としての性質（粒子性）ももつ**と考えることになりました。これを**光の二重性**といいます。

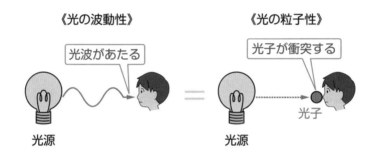

《光の波動性》　　　　　　　《光の粒子性》

光波があたる　　　　　　光子が衝突する

＝

光源　　　　　　　　　　光源　　　　　光子

ポイント　光の二重性

　光は波動としての性質（波動性）と，粒子としての性質（粒子性）をもつ

Ⅲ　光子の質量

　右の図のように，ある光源から出された光子について考えてみましょう。

　光子の進む速さは光速そのもので，真空中の光速を c [m/s] で表します。

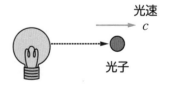

光速
c

光子

世の中で一番速いのは真空中における光速ですが，この**光速になるためには質量があってはならない**ということがわかっています。質量をもつと，それが「足かせ」になってどんなに加速しても光速には届きません。また，質量がどれだけ小さくても，光速に近づくとその質量がどんどん大きくなってしまうこともわかっています。

したがって，光速で進む**光子の質量は** 0 です。これは「質量が無視できるぐらい小さい」ではなく，明確に 0 となります。

　光子は，質量をもたない，光速で進む粒子である

Ⅳ 光子のエネルギーと運動量

　また，光子は**エネルギーや運動量をもっています**。しかし，質量 m をもたないので，運動エネルギーを $\frac{1}{2}mc^2$ で，運動量を mc のようなかたちで表すことができません。

　光子のエネルギーは，「光波としての振動数」に「比例」することがわかっています。

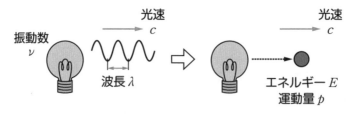

振動数 ν　　光速 c　　波長 λ　　光速 c　　エネルギー E　運動量 p

覚え方として，激しく振動している方がエネルギーが大きいような気がする，ぐらいのイメージでいいですよ！

　「光波としての振動数」は，原子の世界では f ではなく ν（ニュー）がよく使われ，単位は〔Hz〕です。そのため，光の波長を λ〔m〕とすると，波の速さの式 $v=f\lambda$ は，原子の世界では，

$$c=\nu\lambda \quad \cdots\cdots ①$$

と表されます。

　光のエネルギーは振動数に「比例」すると書きましたが，このときの比例定数にあたる値を**プランク定数**といい，単位は〔J·s〕で表されます。プランク定数を h とすると，光子のエネルギー E〔J〕は，

$$E = h\nu$$

と表すことができます。また，式①より，$\nu = \dfrac{c}{\lambda}$ とすると，

$$E = \dfrac{hc}{\lambda}$$

◀光子のエネルギー E と光波の波長 λ は反比例する！

というかたちにもなりますね。波長が長い光ほど光子のエネルギーは小さく，波長が短い光ほど光子のエネルギーは大きいことになります。

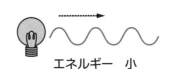

エネルギー　小

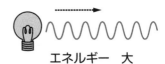

エネルギー　大

　次に，光子の運動量の大きさ p〔kg·m/s〕ですが，**光子のエネルギー E を光速 c で割る**ことで表せます。つまり $E = h\nu$ より，

$$p = \dfrac{E}{c} = \dfrac{h\nu}{c}$$

あるいは，$E = \dfrac{hc}{\lambda}$ より，

$$p = \dfrac{hc}{\lambda} \div c \qquad \text{これより，} \qquad p = \dfrac{h}{\lambda}$$

となります。

ポイント 光子のエネルギーと運動量

　振動数 ν，波長 λ の光について，プランク定数を h，真空中の光速を c とすると，

$$\text{エネルギー}：E = h\nu = \dfrac{hc}{\lambda}$$

$$\text{運動量の大きさ}：p = \dfrac{E}{c} = \dfrac{h\nu}{c} = \dfrac{h}{\lambda}$$

エネルギーと運動量は基本的に，はじめに述べた「受け入れるべきこと」だと思ってください！「エネルギーは振動数に比例する，運動量はエネルギーを光速で割ったもの」という覚え方でいいと思います。覚えられるところから1つずつ身につけてください！

次の問いに答えよ。ただし，真空中の光速を c，プランク定数を h とし，数値で答える場合は，$c = 3.0 \times 10^8$ m/s，$h = 6.6 \times 10^{-34}$ J·s を用いよ。

(1) 振動数 4.0×10^{14} Hz の光の光子1個がもつエネルギーと運動量の大きさを，それぞれ数値で求めよ。

(2) 波長 5.0×10^{-7} m の光の光子1個がもつエネルギーと運動量の大きさを，それぞれ数値で求めよ。

(3) 光子1個のエネルギーが E である光の，振動数と波長をそれぞれ文字式で求めよ。

解説

考え方のポイント 光子のエネルギー $E = h\nu = \dfrac{hc}{\lambda}$ や，運動量の大きさ

$p = \dfrac{E}{c} = \dfrac{h\nu}{c} = \dfrac{h}{\lambda}$ のうち，与えられた数値で求めることができるかたちを選んで使いましょう！

(1) エネルギーを E_1 とすると，$E = h\nu$ より，
$$E_1 = 6.6 \times 10^{-34} \times 4.0 \times 10^{14} = 26.4 \times 10^{-20} \fallingdotseq 2.6 \times 10^{-19} \text{ J}$$

運動量の大きさを p_1 とすると，$p = \dfrac{E}{c}$ より，

$$p_1 = \frac{E_1}{c} = \frac{26.4 \times 10^{-20}}{3.0 \times 10^8} = 8.8 \times 10^{-28} \text{ kg·m/s}$$

(2) エネルギーを E_2 とすると，$E = \dfrac{hc}{\lambda}$ より，

$$E_2 = \frac{6.6 \times 10^{-34} \times 3.0 \times 10^8}{5.0 \times 10^{-7}} = 3.96 \times 10^{-19} \fallingdotseq 4.0 \times 10^{-19} \text{ J}$$

運動量の大きさを p_2 とすると，$p = \dfrac{h}{\lambda}$ より，

$$p_2 = \frac{6.6 \times 10^{-34}}{5.0 \times 10^{-7}} = 1.32 \times 10^{-27} \fallingdotseq 1.3 \times 10^{-27} \ \mathrm{kg \cdot m/s}$$

(3) 振動数を ν_3 とすると，$E = h\nu$ より，

$$E = h\nu_3 \qquad \text{よって,} \quad \nu_3 = \frac{E}{h}$$

波長を λ_3 とすると，$E = \dfrac{hc}{\lambda}$ より，

$$E = \frac{hc}{\lambda_3} \qquad \text{よって,} \quad \lambda_3 = \frac{hc}{E}$$

答

(1) エネルギー：2.6×10^{-19} J，運動量の大きさ：$8.8 \times 10^{-28} \ \mathrm{kg \cdot m/s}$

(2) エネルギー：4.0×10^{-19} J，運動量の大きさ：$1.3 \times 10^{-27} \ \mathrm{kg \cdot m/s}$

(3) 振動数：$\dfrac{E}{h}$，波長：$\dfrac{hc}{E}$

Step 2 光電効果の基本をおさえよう

光を粒子として考えることで説明できる現象はいくつかありますが，この講では，光電効果とコンプトン効果の 2 つを取り上げることにします。

I 光電効果とは

まずは，**光電効果**という現象です。光電効果をものすごく簡単にいうと，次のようになります。

> **ポイント** 光電効果
>
> 　金属に光をあてると，金属から電子が飛び出す現象

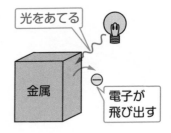

II 光電効果のしくみ

　金属中にはたくさんの電子があります。「金属に光をあてる」ということは，「**金属中の電子に光子を衝突させる**」と考えることができます。

　あてる光の振動数が ν のとき，プランク定数を h とすると，光子 1 個がもつエネルギーはすべて $h\nu$ と表されますね。右の図のように，光電効果では，この**光子 1 個のエネルギー $h\nu$ がすべて，金属中の電子 1 個に与えられる**と考えていきます。

　金属中の電子は当然，金属中にいるのが基本ですが，エネルギーをもらうと金

属から飛び出すことができます。**光をあてることで金属から飛び出した電子**のことを**光電子**といいます。光電子は，金属から飛び出してもまだエネルギーが残っていれば，それを運動エネルギーとして使って，金属から飛び去っていきます。

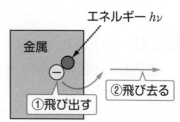

ポイント 光電効果のエネルギーのやりとり

　光子から電子に与えられたエネルギーは，
　　① 電子が金属から飛び出すため
　　② 電子が金属から飛び去るため
に使われる（必ず①→②の順です）

エネルギーをすべて電子に与えて，エネルギー 0 になった光子は消滅します！

　例えば，光子がエネルギー 100 J をもっているとすると，このエネルギー 100 J はすべて電子に移ります。

　電子が金属から飛び出すためにエネルギー 70 J が必要なら，金属から飛び出した後の電子のエネルギーは 30 J ですね（右図③）。このエネルギー 30 J は運動エネルギーとなり，電子はそれに対応する速さで金属から飛び去っていきます（右図④）。

光電効果に必要なエネルギー

　この「電子が金属から飛び出すためのエネルギー」は，電子が金属中のどのあたりにいるかで変わってきます。金属から飛び出しやすい状態にある電子や，飛び出しにくい状態にある電子などさまざまですが，**金属から最も飛び出しやすい電子が，飛び出すために必要な最小限のエネルギー**のことを**仕事関数**といいます。単位は〔J〕です。

> **ポイント　仕事関数**
>
> 　電子が，金属から飛び出すために必要な最小限のエネルギー

> 仕事関数は金属の種類によって変わります。「関数」とありますが，数式ではなく，エネルギーを示す値なので，難しくとらえなくていいですよ！

Ⅳ **エネルギーの関係式**

　金属から飛び出した後，電子に残っているエネルギーはすべて運動エネルギーになります。仮に，ある電子が**必要最小限のエネルギーで飛び出した場合，飛び去る運動エネルギーは最大**となります。

> **ポイント　光電効果のエネルギーの関係式①**
>
> 　仕事関数 W の金属に振動数 ν の光をあてたとき，金属から飛び去る電子の最大運動エネルギーを K，プランク定数を h とすると，
>
> $$h\nu = W + K$$ ◀ $\begin{pmatrix}光子から与えら\\れたエネルギー\end{pmatrix}=\begin{pmatrix}飛び出すのに必\\要なエネルギー\end{pmatrix}+\begin{pmatrix}飛び去る\\エネルギー\end{pmatrix}$

Ⅴ **限界振動数**

　光の振動数が小さいと，光子のエネルギーが小さいので，

→電子に与えられるエネルギーも小さくなり

　→電子は金属から飛び出すだけでほとんどのエネルギーを使ってしまい

　　→飛び去る運動エネルギーは少ししか残らない

という場合もあります。特に，電子が飛び去るための運動エネルギーが 0 になるとき，金属にあてた光の振動数は**光電効果を起こすことができる最小の振動数**で，**限界振動数**といいます。限界振動数を ν_0 [Hz] とすると，

$$h\nu_0 = W$$ ◀限界振動数のとき，運動エネルギー $K=0$

という関係式ができます。

Ⅵ 限界波長

金属にあてる光について，振動数ではなく波長で表す場合もあります。光の波長を λ [m]，真空中の光速を c [m/s] とすると，光子のエネルギーは $\dfrac{hc}{\lambda}$ [J] と表せますね。これより，光電効果のエネルギーの関係式は，

$$\frac{hc}{\lambda} = W + K$$

とも書けます。

波長 λ が長いほど光子のエネルギーは小さいので，波長が長くなると光電効果が起きなくなります。限界振動数と同じように，**光電効果を起こすことができる最大の波長**を**限界波長**といいます。限界波長を λ_0 [m] とすると，

$$\frac{hc}{\lambda_0} = W$$ ◀限界波長のとき，運動エネルギー $K=0$

という関係式ができますね。

> **ポイント** 限界振動数，限界波長
>
> ・限界振動数 ν_0：光電効果が起きる最小の光の振動数
> ・限界波長 λ_0：光電効果が起きる最大の光の波長
> ・真空中の光速を c，プランク定数を h，金属の仕事関数を W とすれば，エネルギーの関係式は，
>
> $$h\nu_0 = \frac{hc}{\lambda_0} = W$$

次の問いに答えよ。ただし，電子の質量を m，真空中の光速を c，プランク定数を h とする。

(1) 振動数 ν_1 の光を仕事関数 W_1 の金属にあてた場合，金属から飛び去る光電子の最大運動エネルギーを求めよ。

(2) 波長 λ_2 の光を仕事関数 W_2 の金属にあてた場合，金属から飛び去る光電子の最大の速さを求めよ。

(3) 仕事関数 W_3 の金属について，限界波長を求めよ。

解説 --

考え方のポイント まずは光電効果のエネルギーの関係式を立てて，それから求めたいかたちに変形しましょう！限界振動数や限界波長の光では，光電効果が起きるか起きないかの境目なので，光電子の最大運動エネルギーを **0** とします。

(1) 光電子の最大運動エネルギーを K_1 とすると，エネルギーの関係式は，
$$h\nu_1 = W_1 + K_1 \qquad \text{よって，} \qquad K_1 = h\nu_1 - W_1$$

(2) 光電子の最大の速さを v_2 とすると，エネルギーの関係式は，
$$\frac{hc}{\lambda_2} = W_2 + \frac{1}{2}mv_2{}^2 \qquad \text{よって，} \qquad v_2 = \sqrt{\frac{2}{m}\left(\frac{hc}{\lambda_2} - W_2\right)}$$

(3) 限界波長を λ_3 とすると，エネルギーの関係式は，
$$\frac{hc}{\lambda_3} = W_3 + 0 \qquad \blacktriangleleft \text{限界波長のときは光電効果が起きるギリギリなので，}$$
運動エネルギー 0 ！

よって，　$\lambda_3 = \dfrac{hc}{W_3}$

答 (1) $h\nu_1 - W_1$ 　(2) $\sqrt{\dfrac{2}{m}\left(\dfrac{hc}{\lambda_2} - W_2\right)}$ 　(3) $\dfrac{hc}{W_3}$

Step	**3**	光電効果によって流れる電流を考えよう

電子を目で見ることはできないので，光電効果によって金属から電子が飛び出す瞬間を見ることはできません。そこで，光電効果を電流で調べていきます。

Ⅰ 光電効果を調べる装置

電源，2つの極板（金属），電流計，電圧計を用いて，下の左図のような回路をつくります。2つの極板（陽極Pと陰極C）は，ふつうは中が真空のガラスで囲まれていて，これを**光電管**といいます。今回は見やすいように，ガラスは描かないことにします。

まず，大まかに説明すると，次のようになります。陰極Cに光をあてると，陰極Cで光電効果が起き，回路に電流が流れます。さらに，電源電圧を調整することで，Cに対する陽極Pの電位を変化させると，回路に流れる電流も下の右図の
　　└→Cの電位を0としたときのPの電位
ように変化します。

これらをもう少し詳しく見ていきましょう。

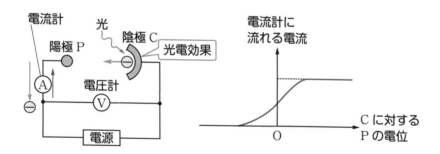

Ⅱ 装置に電流が流れる仕組み

上の図の回路では，陰極Cで光電効果が起き，飛び出した光電子が陽極Pに達すると，回路中を光電子が流れるようになります。電子が流れているので，回路には電流が流れているということです。この**飛び出した光電子による電流**を**光電流**といいます。　◀電子は負電荷なので，光電流の向きと光電子の進む向きは，逆になる！
こうでんりゅう
陰極Cから飛び出す光電子の数が多いほど光電流も大きくなりそうですが，陽

極Pまで達しないと，電流が流れることにはならないですね。

　陰極Cから飛び出した光電子がす
べて陽極Pに向かうかというと，そ
うとは限りません。右の図のように，
飛び出したのはいいけれど陽極Pと
は全然違う向きに進んでしまう光電
子もあれば，飛び出しただけでエネ
ルギーを使い切って陰極C付近にと
どまる光電子もあるでしょう。

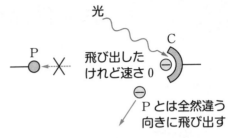

　そこで，陰極Cで飛び出した光電子をすべて陽極Pに進ませるために，極板間
に電圧を加え**光電子に電場による力を与える**ことにします。それが回路
図中にある電源の役割で，陰極Cに対する陽極Pの電位が正になるように調整し
ます。電位を調整すると，下の図のようにP→C向きの電場が生じます。**光電
子は負電荷なので，電場とは逆向きのC→P向きの力を受ける**こ
とになりますね。

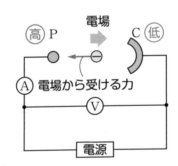

　陽極Pの電位が高くなるほど光電子を引きつける力も強くなり，ある一定以上
の電位になると，陰極Cから飛び出した光電子はすべて陽極Pに進みます。

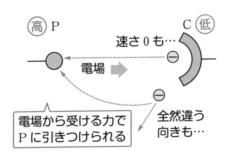

Ⅲ　飽和電流

陰極Cから何個の光電子が飛び出すかは，あてる光の強さによって決まります。
→光子の数など

そこで，次の **ポイント** のように考えることにします。

ポイント　光電効果の光子と光電子

　　光電効果において，光子1個がエネルギーを与えるのは，
金属中の電子1個に対してのみ

「とても高いエネルギーをもつ光子1個が，複数の
電子にエネルギーを与える」ということはないもの
とします！

　したがって，**一定の強さの光を陰極Cにあてると，一定の割合で光電子が陰極Cから飛び出します**。これが光電流になるかどうかは，PC間の電圧次第，すなわち陽極Pの電位の高さ次第です。

　陽極Pの電位を高くしていき，**飛び出した光電子がすべて陽極に到達するようになったとき，電流計の示す値は光電流の最大値**となります。このときの光電流を**飽和電流**といいます。

③Pの電位が高いと光電子100個がすべてPへ
①光子100個に対して…
⑤このときの光電流が飽和電流
④光電子100個が電流計を通過
②飛び出す光電子も100個

　陽極Pの電位をさらに高くしても，光の強さが一定で光電子数が増えるわけではないので，光電流は一定の値（飽和電流）のままになります。

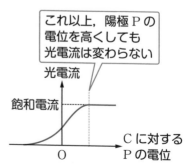

これ以上，陽極Pの電位を高くしても光電流は変わらない

光電流

飽和電流

Cに対するPの電位

O

光電流の最大値。陽極の電位をこれ以上高くしても，光電流は一定値（飽和電流）のまま

Ⅳ 阻止電圧

前項 Ⅱ Ⅲ とは逆に，光電子が陽極Pに入らないようにするには，どうすればいいでしょうか？陰極Cに対する陽極Pの電位を低くすればいいですね。つまり，Cに対するPの電位を負にしていくと，光電子には陰極Cに向かう力がはたらいて，下の図のように，光電子を追い戻すようなかたちになります。

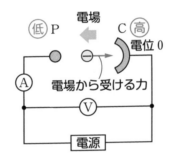

どんどん陽極Pの電位を低くしていくと，光電子にはたらく力も強くなり，陽極Pに入ることのできる光電子が減っていきます。そして，ある電位 $(-V_0)$ を下回ると陽極Pに入る光電子の数が0になり，光電流は0となります。

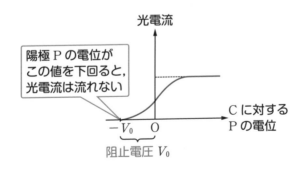

陽極Pの電位が $-V_0$ のとき, PC間の電位差 (電圧) は, $0-(-V_0)=V_0$ です

↳高電位側 (C) から低電位側 (P) を引く

ね。この電圧 V_0 は, **すべての光電子が陽極Pに到達するのを阻止できる電圧**なので, <u>阻止電圧</u>といいます。

ポイント 阻止電圧

光電流が **0** になるときの, 陽極と陰極間の電圧

Ⅴ 阻止電圧とエネルギーの関係

「陽極Pに入る光電子の数が 0 になった」ということは, 少し見方を変えると,「陰極Cを飛び出した光電子の中で, 最大の速さ v_0 をもつ光電子ですら, ギリギリ陽極Pに到達しないようになった」となります。

電子の質量を m, 電荷の大きさ (<u>電気素量</u>) を e とすると, 下の図のように, 光電子が陰極Cでもつ最大運動エネルギーは $K=\dfrac{1}{2}mv_0{}^2$ となり, 陽極P (のギリギリ手前) では速さ 0 なので運動エネルギーも 0 になります。

また, 電場から受ける力による位置エネルギーは, (電荷)×(電位) で求めることができたので, 陰極Cで電場から受ける力による位置エネルギーは $-e×0=0$, 陽極P (のギリギリ手前) における電気力による位置エネルギーは $(-e)×(-V_0)=eV_0$ となります。

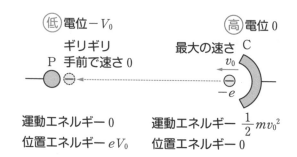

電子の質量はとても小さいので, 重力については無視することにします。すると, 力学的エネルギー保存の法則は,

↳運動エネルギー＋位置エネルギー

$$\underbrace{\frac{1}{2}mv_0{}^2+0}_{\substack{\text{Cでの}\\\text{力学的エネルギー}}}=\underbrace{0+eV_0}_{\substack{\text{Pでの}\\\text{力学的エネルギー}}} \qquad これより, \qquad \frac{1}{2}mv_0{}^2=eV_0$$

となります。つまり，光電子の最大運動エネルギーKについて，

$$K=eV_0$$

という関係式が成り立ちます。

阻止電圧とエネルギーの関係

> 光電子の最大運動エネルギー K は，電気素量 e と阻止電圧 V_0 を用いて，
> $$K=eV_0$$

$K=eV_0$ を用いると，Step 2 で学習した光電効果のエネルギーの関係式 $h\nu=W+K$ は，

$$h\nu=W+eV_0$$

と表すこともできます。

光電効果のエネルギーの関係式②

> 仕事関数 W の金属に振動数 ν の光をあてたとき，阻止電圧を V_0 とすると，
> $$h\nu=W+eV_0 \quad \begin{pmatrix} h : \text{プランク定数} \\ e : \text{電気素量} \end{pmatrix}$$

光電効果の実験で，実際に測定できるのは阻止電圧なので，上の関係式もしっかり覚えておきましょう！

　図1のような回路をつくり，陰極Cに一定の振動数 ν の光をあてたところ，電流計に電流が流れた。電源を操作することによって，陰極Cに対する陽極Pの電位を変化させると，電流計に流れる電流は図2のように変化し，電位が $-V_0$ になったときに電流は0となった。電流計の内部抵抗は無視できるものとし，電気素量を e，プランク定数を h として，以下の問いに答えよ。

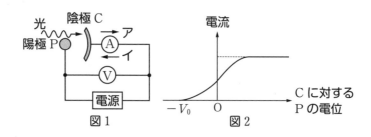

図1　図2

(1)　陰極Cに入射する光子のエネルギーを，ν, h を用いて表せ。

(2)　電流計に流れる電流の向きは，図1のア，イのどちらか答えよ。

(3)　陰極Cから飛び出す光電子の最大運動エネルギーを，e, V_0 を用いて表せ。

(4)　陰極Cの仕事関数を，e, V_0, ν, h を用いて表せ。

解説

考え方のポイント　(2)では光電子の流れを考えて，(3)と(4)では陰極Cに入射する光子のエネルギーを，陰極C中の電子が受け取ってどのように使うのかを思い出しましょう。

(1)　光子のエネルギーは，$h\nu$ となる。

(2)　光が入射した陰極Cからは光電子が飛び出し，陽極Pへ向かう。電流計を通過する光電子の流れは図のイの向きであるから，光電流の向きは逆向きのアとなる。

(3)　陰極Cから飛び出した光電子の最大運動エネルギーを K とする。

　図2より，陰極Cに対する陽極Pの電位が $-V_0$ になったとき，最大運動エネルギーをもつ光電子が陽極Pに到達しなくなることがわかる。光電子の力学的エネルギー保存の法則は，

$$\underbrace{K+(-e)\times 0}_{\substack{\text{Cでの}\\\text{力学的エネルギー}}}=\underbrace{0+(-e)(-V_0)}_{\substack{\text{Pでの}\\\text{力学的エネルギー}}}\qquad \text{よって，}\quad K=eV_0$$

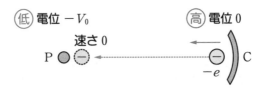

⑭ 低 電位 $-V_0$ 高 電位 0

速さ 0

P ⬤ ◯ ⬅ - - - - - - - - - - ◯) C

                                    $-e$

運動エネルギー 0   運動エネルギー K
位置エネルギー eV_0 位置エネルギー 0

(4) 陰極Cの仕事関数を W とすると，光電効果のエネルギーの関係式は，

$h\nu = W + eV_0$ よって， $W = h\nu - eV_0$

答 (1) $h\nu$ (2) ア   (3) eV_0 (4) $h\nu - eV_0$

Step **4** コンプトン効果について考えよう

光電効果では光子の「エネルギー」を用いていましたが,「運動量」については登場しませんでした。次は,この運動量も考えていきましょう。

Ⅰ コンプトン効果とは

光を粒子として考える現象でもう1つ,**コンプトン効果**を取り上げます。

コンプトン効果は,「物質にX線をあてると,あてる前よりも波長の長いX線が出てくる」という現象です。

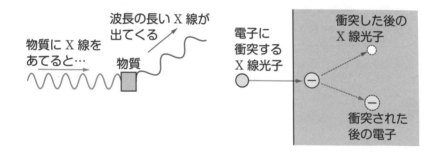

X線は,波動分野では電磁波という波の1つとして扱いますが,このコンプトン効果を理解するためには,**X線を光子として扱う**必要があります。

X線は物質によって散乱しますが,X線を光子として考えると,物質中で,**X線光子と電子の弾性衝突が起きた**として理解ができます。

▶ **ポイント** コンプトン効果の考え方

X線光子と電子の弾性衝突として考えることができる

コンプトン効果は「衝突」なので，**運動量保存の法則**が成り立ちます。そして，**エネルギー保存の法則**も成り立ちます。この2種類の式を立てることで，X線の波長の変化を求めることができます。

> **ポイント** コンプトン効果で成り立つ法則
>
> コンプトン効果では，「運動量保存の法則」と「エネルギー保存の法則」が成り立つ

実際に，衝突することによるX線の波長の変化を求めてみましょう！

下の図のように，水平面内で物質に波長 λ のX線を入射させると，入射方向から角 θ だけ傾いた方向に波長 λ' のX線が観測され，電子も角 ϕ だけ傾いた方向
└→入射X線という
└→散乱X線という
に速さ v で飛び出した，という場合を考えます。

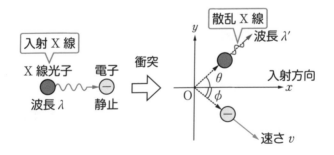

真空中の光速を c，プランク定数を h，電子の質量を m とします。

求めたい波長の変化は $\lambda' - \lambda$ ですね。これを，近似式も使って h, c, m と θ で表してみましょう。

Ⅲ コンプトン効果での運動量保存の法則

運動量は，向きと大きさをもつベクトル量でしたね。衝突の前後で運動方向が傾いているならば，**運動量は分解して，成分ごとに保存の法則を考えます**。ここでは，X線の入射方向（x軸方向）と，それに対して垂直な方向（y軸方向）に分けることにしましょう。

ポイント コンプトン効果での運動量保存の法則

> **X線の入射方向と，それに垂直な方向に分解して，運動量保存の法則の式を立てる**

① 衝突前

前ページの図より，衝突前のX線光子の運動量はx成分のみで，大きさは$\dfrac{h}{\lambda}$とわかります。また，電子は静止しているので，運動量は0です。よって，衝突前のx軸方向の運動量の和は$\dfrac{h}{\lambda}$，y軸方向の運動量の和は0と求まります。

② 衝突後

衝突後のX線光子の運動量の大きさを$\dfrac{h}{\lambda'}$，電子の運動量の大きさをmvと表せます。運動方向が傾いたので，それぞれx軸方向，y軸方向に分解しましょう。
└→X線の入射方向，それに垂直な方向

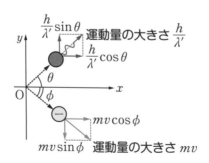

上の図のように，x軸方向については，散乱X線光子の運動量の成分は

$\dfrac{h}{\lambda'}\cos\theta$，電子の運動量の成分は $mv\cos\phi$ と表せます。

また，y 軸方向については，散乱 X 線光子の運動量の成分は $\dfrac{h}{\lambda'}\sin\theta$，電子の

運動量の成分は $-mv\sin\phi$ と表せます。

　└→符号に注意！

③　保存の法則の立式

以上より，運動量保存の法則は，

$$x\text{軸方向}:\underbrace{\frac{h}{\lambda}+0}_{\text{衝突前}}=\underbrace{\frac{h}{\lambda'}\cos\theta+mv\cos\phi}_{\text{衝突後}}\quad\cdots\cdots①$$

$$y\text{軸方向}:\underbrace{0+0}_{\text{衝突前}}=\underbrace{\frac{h}{\lambda'}\sin\theta-mv\sin\phi}_{\text{衝突後}}\quad\cdots\cdots②$$

となります。

Ⅳ　コンプトン効果でのエネルギー保存の法則

電子は運動エネルギーのみを考えます。**エネルギーについては，運動の向きで分ける必要はありません。**

衝突前の X 線光子のエネルギーは $\dfrac{hc}{\lambda}$，電子の運動エネルギーは静止している

ので 0 です。また，衝突後の X 線光子のエネルギーは $\dfrac{hc}{\lambda'}$，電子の運動エネルギ

ーは $\dfrac{1}{2}mv^2$ になっています。よって，エネルギー保存の法則は，

$$\underbrace{\frac{hc}{\lambda}+0}_{\text{衝突前}}=\underbrace{\frac{hc}{\lambda'}+\frac{1}{2}mv^2}_{\text{衝突後}}\quad\cdots\cdots③$$

Ⅴ　X 線の波長の変化

式①〜③を立てることができれば，あとは計算です！この計算は，初見ではかなり解きにくいと思いますので，少し詳しく見ていきましょう！

最終的に求めたいかたちは $\lambda'-\lambda$ ですが，近似式を用いてそのかたちにたどり

着くために，$\dfrac{1}{\lambda}-\dfrac{1}{\lambda'}$ をまず表してみます。

① 電子が飛び出す角 ϕ を消去

$\sin^2\phi + \cos^2\phi = 1$ を利用して，$\sin\phi$ と $\cos\phi$ を一気に消すこと

にしましょう。式① $\dfrac{h}{\lambda} = \dfrac{h}{\lambda'}\cos\theta + mv\cos\phi$ より，

$$\frac{h}{\lambda} - \frac{h}{\lambda'}\cos\theta = mv\cos\phi$$

$$\left(\frac{h}{\lambda} - \frac{h}{\lambda'}\cos\theta\right)^2 = (mv)^2\cos^2\phi \quad \cdots\cdots④$$

辺々2乗する

次に，式② $0 = \dfrac{h}{\lambda'}\sin\theta - mv\sin\phi$ より，

$$\frac{h}{\lambda'}\sin\theta = mv\sin\phi$$

$$\left(\frac{h}{\lambda'}\sin\theta\right)^2 = (mv)^2\sin^2\phi \quad \cdots\cdots⑤$$

辺々2乗する

式④と式⑤を辺々加えると，

$$\left(\frac{h}{\lambda} - \frac{h}{\lambda'}\cos\theta\right)^2 + \left(\frac{h}{\lambda'}\sin\theta\right)^2 = (mv)^2\cos^2\phi + (mv)^2\sin^2\phi$$

なので，式を整理して，

$$\left(\frac{h}{\lambda}\right)^2 - 2\times\frac{h}{\lambda}\times\frac{h}{\lambda'}\cos\theta + \left(\frac{h}{\lambda'}\cos\theta\right)^2 + \left(\frac{h}{\lambda'}\sin\theta\right)^2$$
$$= (mv)^2\underbrace{(\sin^2\phi + \cos^2\phi)}_{=1}$$

式を整理

$$\left(\frac{h}{\lambda}\right)^2 - 2\frac{h^2}{\lambda\lambda'}\cos\theta + \left(\frac{h}{\lambda'}\right)^2\underbrace{(\sin^2\theta + \cos^2\theta)}_{=1} = (mv)^2$$

式を整理

$$\left(\frac{h}{\lambda}\right)^2 - 2\frac{h^2}{\lambda\lambda'}\cos\theta + \left(\frac{h}{\lambda'}\right)^2 = (mv)^2 \quad \cdots\cdots⑥$$

② $\dfrac{1}{\lambda} - \dfrac{1}{\lambda'}$ を表す

まだ式③を使っていないので，ちょっと強引に $(mv)^2$ のかたちに変形して，式⑥とうまくつなげることを考えます。

式③ $\dfrac{hc}{\lambda} = \dfrac{hc}{\lambda'} + \dfrac{1}{2}mv^2$ の両辺に $2m$ をかけると，

$$\frac{2mhc}{\lambda} = \frac{2mhc}{\lambda'} + (mv)^2 \qquad よって，\qquad (mv)^2 = 2mhc\left(\frac{1}{\lambda} - \frac{1}{\lambda'}\right)$$

これを式⑥に代入すれば，

$$\left(\frac{h}{\lambda}\right)^2 - 2\frac{h^2}{\lambda\lambda'}\cos\theta + \left(\frac{h}{\lambda'}\right)^2 = 2mhc\left(\frac{1}{\lambda} - \frac{1}{\lambda'}\right)$$

よって，　$\dfrac{1}{\lambda}-\dfrac{1}{\lambda'}=\dfrac{h}{2mc}\left(\dfrac{1}{\lambda^2}+\dfrac{1}{\lambda'^2}-\dfrac{2}{\lambda\lambda'}\cos\theta\right)$　……⑦

③ $\lambda'-\lambda$ を求める

実際には，λ と λ' はほとんど等しい値になります。λ よりも λ' は長く，差はちゃんとあるのですが，ある程度の近似が可能です。ここでは，$\dfrac{\lambda'}{\lambda}+\dfrac{\lambda}{\lambda'}\fallingdotseq2$ という近似式を用います。これは「$\dfrac{\lambda'}{\lambda}$ は1よりもほんのわずか大きく，$\dfrac{\lambda}{\lambda'}$ は1よりもほんのわずか小さいので，足せば2になる」というイメージです。

式⑦の左辺をまとめると，

$$\dfrac{\lambda'-\lambda}{\lambda\lambda'}=\dfrac{h}{2mc}\left(\dfrac{1}{\lambda^2}+\dfrac{1}{\lambda'^2}-\dfrac{2}{\lambda\lambda'}\cos\theta\right)$$

両辺に $\lambda\lambda'$ をかける

$$\lambda'-\lambda=\dfrac{h}{2mc}\left(\dfrac{\lambda'}{\lambda}+\dfrac{\lambda}{\lambda'}-2\cos\theta\right)$$

ここで，近似式 $\dfrac{\lambda'}{\lambda}+\dfrac{\lambda}{\lambda'}\fallingdotseq2$ を用いると，

$$\lambda'-\lambda\fallingdotseq\dfrac{h}{2mc}(2-2\cos\theta)$$

よって，　$\lambda'-\lambda\fallingdotseq\dfrac{h}{mc}(1-\cos\theta)$　◀波長の変化を求めることができた！

$\cos\theta$ が1を超えることはないので，衝突後のX線光子の波長 λ' は必ず，衝突前の波長 λ 以上の長さになります。

光電効果のときは，光子はすべてエネルギーを電子に与えてしまうので光子は消えてしまいますが，コンプトン効果では光子はエネルギーを残しているので消えずにいます。コンプトン効果の計算，難しいですが攻略すれば得点源になります！しっかり計算できるようになりましょう！！

第 2 講

物質波

この講で学習すること

1 物質波という考え方を身につけよう

2 水素原子の構造について考えてみよう

3 エネルギー準位の知識を活用しよう

Step **1** 物質波という考え方を身につけよう

　第1講は，今まで波として考えてきた光が粒子として考えることもできる，という話でした。すると，今まで粒子として考えてきたものを波として考えることもできるのでは……という話が第2講です。

Ⅰ 物質波とは

　20世紀のはじめ，フランスの物理学者ド・ブロイは次のような理論を考え出しました。

 運動する物体は… 波として考えることができる

　つまり，質量をもつ粒子には波の性質があるということです。この波を**物質波**，あるいは**ド・ブロイ波**といいます。

> **ポイント** 物質波（ド・ブロイ波）の考え方
>
> 　世の中の物質は，波としてもふるまう

何を言っているのか，よくわからないかもしれませんが…第1講と同じように「そういうものだ」と受け入れることにしましょう！

II 物質波の波長

波ということならば，波長を決めることもできるはずです。物質波の波長 λ [m] は**ド・ブロイ波長**ともいい，質量 m [kg] の粒子が速さ v [m/s] で運動しているとき，**プランク定数 h [J·s]**と**粒子としての運動量 mv [kg·m/s]**を用いて，次ページのように表すことができます。

> **ポイント** 物質波の波長（ド・ブロイ波長）
>
> 　質量 m の粒子が速さ v で運動しているとき，物質波の波長 λ は，プランク定数を h として，
>
> $$\lambda = \frac{h}{mv}$$

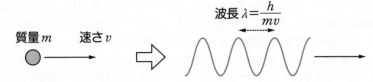

例 仮に，質量 1.0 kg の粒子が速さ 1.0 m/s で運動しているとします。プランク定数を 6.6×10^{-34} J·s として，物質波の波長 λ を求めてみましょう。

$$\lambda = \frac{h}{mv} \quad より，\quad \lambda = \frac{6.6 \times 10^{-34}}{1.0 \times 1.0} = 6.6 \times 10^{-34} \text{ m}$$

となります。

　これは長さとしてあまりにも短いですよね。原子 1 個の大きさでも，だいたい 1.0×10^{-10} m です。そう考えると，10^{-34} という桁は「無い」のとほとんど同じです。つまり，**身近なサイズの物体における物質波は，波長が短すぎて波と認識できない**ということになります。

次に，小さい粒子の代表として電子を取り上げます。

例 電子の質量 m は非常に小さいです。$m = 9.1 \times 10^{-31}$ kg，速さ $v = 1.0$ m/s として，物質波の波長 λ を求めてみましょう。

$$\lambda = \frac{h}{mv} \quad より，\quad \lambda = \frac{6.6 \times 10^{-34}}{9.1 \times 10^{-31} \times 1.0} ≒ 7.3 \times 10^{-4} \text{ m}$$

となります。

　ここでは速さを適当に 1.0 m/s としましたが，電子の速さがもっと大きくなると波長が短くなり，電磁波のX線と同じくらいの波長（10^{-10} m 程度）

になります。

　つまり，**質量の小さな粒子ほど物質波という波の性質が強く見られる**ようになります。

この「小さな粒子」の代表は電子で，電子の物質波は特に**電子波**といいます。

電子波

　質量の小さな粒子ほど，波の性質が強く現れる。特に，電子の物質波のことを電子波という

練習問題①

　次の(1)～(3)の粒子について，物質波の波長を求めよ。ただし，プランク定数を $h=6.6\times10^{-34}$ J·s とする。

(1)　運動量の大きさ p で運動する粒子の物質波の波長 λ_1 を，p，h を用いて表せ。

(2)　質量 M，速さ V で運動する粒子の物質波の波長 λ_2 を，M，V，h を用いて表せ。

(3)　電子の質量は 9.1×10^{-31} kg である。電子が 6.0×10^{6} m/s で運動しているとき，電子波の波長 λ_3 を有効数字 2 桁で求めよ。

解説

考え方のポイント　物質波の波長は，プランク定数を粒子の運動量で割った値に等しくなります。問題を通して定着させましょう！

(1)　求める波長 λ_1 は，

$$\lambda_1=\frac{h}{p}$$ ◀物質波の波長＝$\dfrac{\text{プランク定数}}{\text{運動量}}$

(2)　粒子の運動量の大きさは MV なので，求める波長 λ_2 は，

$$\lambda_2=\frac{h}{MV}$$

(3)　求める波長 λ_3 は，

$$\lambda_3=\frac{6.6\times10^{-34}}{9.1\times10^{-31}\times6.0\times10^{6}}$$ ◀$\dfrac{\text{プランク定数}}{\text{運動量}}$

$$=\frac{6.6}{9.1\times6.0}\times10^{-9}\fallingdotseq1.2\times10^{-10}\text{ m}$$ ◀X線の領域の波長になっている

答　(1)　$\dfrac{h}{p}$　　(2)　$\dfrac{h}{MV}$　　(3)　1.2×10^{-10} m

Step 2 水素原子の構造について考えてみよう

電子波というものを受け入れてみると，原子の構造についても少し見方が変わってきます。ここでは，構成が一番単純な原子である，水素原子について学びましょう。

I 水素原子の原子模型

水素原子は下の図のように，「原子核（陽子 1 個）」と，そのまわりを運動する「電子 1 個」からなります。負電荷である電子の電気量は $-e$ [C] で，$e=1.6\times10^{-19}$ C です。

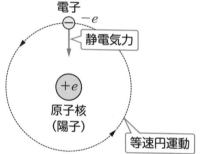

《水素原子の原子模型》

陽子の電気量は $+e$ [C] なので，電子と原子核の間には，引きあう静電気力が生じます。しかし，静電気力に対して原子核は非常に重く，静電気力を受けても原子核は運動しません。そのため，**電子は静電気力を向心力として，原子核のまわりを等速円運動している**と考えることができます。

> ポイント 原子核まわりの電子の運動
>
> 電子は原子核のまわりを等速円運動している

II 水素原子中の電子のエネルギー

電子は運動しているので，運動エネルギーをもちます。さらに，**原子核（陽子）のつくる電場の中にいる**ので，静電気力による位置エネルギーももちます。

水素原子中の電子がもつ全エネルギーを求めてみましょう！

右の図のように，原子核（陽子）のまわりを電子が速さ v，半径 r で等速円運動しているとします。陽子の電気量は $+e$，電子の電気量は $-e$，電子の質量は m とします。

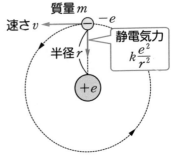

電子にはたらく力は静電気力だけで，クーロンの法則の比例定数を k とすると $k\dfrac{e^2}{r^2}$ です。

よって，電子の円運動の運動方程式は，

$$m\frac{v^2}{r}=k\frac{e^2}{r^2} \quad \cdots\cdots ①$$ ◀円運動の向心加速度 $a=\dfrac{v^2}{r}$

となります。この式①を少し変形すると$\left(両辺に \dfrac{1}{2}r を掛ける\right)$，電子の運動エネルギー K は，

$$K=\frac{1}{2}mv^2=\frac{ke^2}{2r}$$

と求められます。

また，原子核（陽子）がつくる電位の式より電子の位置 r での電位 V は，下の図のように無限遠を基準（$V=0$）として，

$$V=k\frac{e}{r}$$

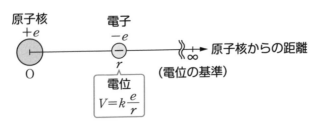

よって，この位置で電子がもつ静電気力による位置エネルギー U は，

$$U=(-e)\times V=-\frac{ke^2}{r}$$ ◀（電気量）×（電位）

と求められます。以上より，水素原子中の電子がもつ力学的エネルギー E は，

$$E = K + U$$

$$= \frac{ke^2}{2r} - \frac{ke^2}{r} = -\frac{ke^2}{2r} \quad \cdots\cdots ②$$

◀ k と e は一定の値なので，半径 r が
変化するとエネルギー E も変化する

と求められます。

> 「エネルギー E が負」であることが気になる人もいる
> かもしれません。これは万有引力による位置エネルギ
> ーと同じで，陽子が電子を引きつける能力をもっている
> ことを示しています。0 になると，その引きつける能力
> がなくなり，電子は陽子から完全に離れることができま
> す！

Ⅲ 量子条件

　式②は r のみの関数ですね。電子の円運動の半径 r によって，力学的エネルギ
ー E は色々な値になりそうです。ところが，**電子の半径 r は，とびとびの
決まった値**にしかなりません。これは**量子条件**という縛りがあるためです。

ポイント 量子条件

　　電子が安定的に存在できる円軌道の円周は，電子波の波長
　の自然数倍 (1, 2, 3, …) になる

　図のイメージで見ていきましょう。
　電子は原子核 (陽子) のまわりを「粒子」として円運動していますが，電子波と
いう「波」でもあるので，下の図のように**軌道を波形で描いてみます**。

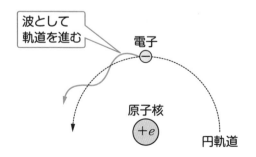

円周が波長の自然数倍になっていないときは，下の左図のように1周すると波形がずれてしまいます。こうなると，電子は安定的に存在できません。

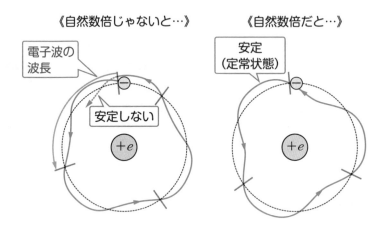

《自然数倍じゃないと…》　　　《自然数倍だと…》

電子波の波長

安定しない

安定（定常状態）

$+e$

　一方，上の右図のように**円周が波長の自然数倍**になっていれば，何周しても波形がずれることなくきれいに重なります。これが**電子にとって安定な状態**で，**定常状態**といいます。
　量子条件は，電子がこの定常状態になることを示しています。

Ⅳ 量子条件を式で表すと

　量子条件を式で表してみましょう。
　円軌道の半径をr，電子波の波長をλ，そして自然数を$n\,(n=1,\ 2,\ 3,\ \cdots)$とすると，量子条件は，

$$\underbrace{2\pi r}_{\text{円周}}=\underbrace{n\lambda}_{\text{波長の自然数倍}}$$

と書けます。また，電子の質量mと円運動の速さvから，電子波の波長λはプランク定数hを用いて，$\lambda=\dfrac{h}{mv}$となるので，上の量子条件の式は，

$$2\pi r=n\frac{h}{mv}\quad\cdots\cdots③$$

と表すことができます。

Ⅴ 電子の軌道半径

ここまでで表した式を使って，**電子の円軌道の半径 r はとびとびの決まった値をとる**ということを，式で確かめてみましょう。

まず，式①の両辺に mr をかけて，

$$(mv)^2 = \frac{mke^2}{r} \quad \cdots\cdots ①'$$

次に，式③を $mv = \dfrac{nh}{2\pi r}$ と変形してから両辺を2乗すると，

$$(mv)^2 = \left(\frac{nh}{2\pi r}\right)^2 \quad \cdots\cdots ③'$$

式①′ と式③′ より，$(mv)^2$ を消去すると，

$$\frac{mke^2}{r} = \frac{n^2 h^2}{4\pi^2 r^2}$$

r について整理すると，

$$r = \underbrace{\frac{h^2}{4\pi^2 mke^2}}_{\text{定数}} \times n^2 \quad \cdots\cdots ④ \quad \blacktriangleleft 電子の軌道半径 r を表す式！$$

式④より，**軌道半径 r は $\dfrac{h^2}{4\pi^2 mke^2}$ の n^2 倍**になっていることがわかります。つまり，**電子はとびとびの軌道に存在する**ことを示しており，この自然数 n を**量子数**といいます。

量子数 n が大きいということは，半径が大きい，つまり下の図のように，より外側に軌道があるということですね。

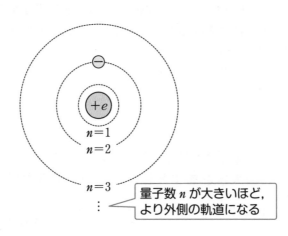

量子数 n が大きいほど，より外側の軌道になる

Ⅵ エネルギー準位

量子条件を理解した上で，あらためて水素原子中の電子がもつエネルギーEに注目してみます。式④を式②に代入すると，

$$E = -\frac{ke^2}{2} \times \frac{4\pi^2 mke^2}{h^2} \times \frac{1}{n^2} \qquad \text{よって，} \qquad E = -\underbrace{\frac{2\pi^2 mk^2 e^4}{h^2}}_{\text{定数}} \times \frac{1}{n^2} \quad \cdots\cdots⑤$$

式⑤より，**Eもとびとびの値になる**ことがわかります。この，量子数nで決まる**定常状態における電子の全エネルギー**Eを原子の**エネルギー準位**といいます。式⑤からわかるように，**エネルギー準位は負の値**になっています。

> **ポイント** エネルギー準位
>
> 原子核まわりの定常状態にある電子がもつ全エネルギー

> このように，電子の波動性を考えると，原子核まわりの電子はとびとびの軌道に存在して，とびとびのエネルギーをもつことになります。

エネルギーの単位は〔J〕の他に，〔eV〕(または**エレクトロンボルト**と読みます)を用いることもあります。これは**静止している電子1個を電圧1V で加速したときに得られる運動エネルギーの大きさを1とした単位**で，電気素量 $e=1.6\times10^{-19}$ C を用いると，

e〔C〕×1 V=1.6×10^{-19} J=1 eV

という関係になります。

> **ポイント** 電子ボルト〔eV〕
>
> 静止している電子1個を，電圧1V で加速して得られる運動エネルギーの大きさを1とした単位で，電気素量を用いて，
>
> $$1\,\text{eV}=1.6\times10^{-19}\,\text{J} \qquad \text{または，} \qquad 1\,\text{J}=\frac{1}{1.6\times10^{-19}}\,\text{eV}$$

Step 3 エネルギー準位の知識を活用しよう

Step 2で登場したエネルギー準位という知識は一体何を理解するために必要なのか，もう少し考えていきましょう。

I 量子数とエネルギー準位の関係

Step 2で学習したように，電子が n 番目の軌道（量子数 n）にあるときのエネルギー準位は $E=-\dfrac{4\pi^2 mk^2 e^4}{h^2} \times \dfrac{1}{n^2}$ というかたちで表すことができましたが，もう少しシンプルなかたちにしてみましょう。

量子数 $n=1$ のエネルギー準位を E_1 とすると，

$$E_1=-\frac{4\pi^2 mk^2 e^4}{h^2} \times \frac{1}{1^2}=-\frac{4\pi^2 mk^2 e^4}{h^2}$$

すると，量子数 n のエネルギー準位は，E を E_n と表すことにして，

$$E_n=E_1 \times \frac{1}{n^2}=\frac{E_1}{n^2}$$ ◀ E_1 がわかれば，あとは量子数 n だけで E_n を求められる！

というかたちになります。

> **ポイント** 量子数とエネルギー準位の関係
>
> 　量子数 1 のエネルギー準位を E_1 とすると，量子数 n
> （$n=1$，2，3，$\cdots$）のエネルギー準位 E_n は，
>
> $$E_n=\frac{E_1}{n^2}$$

また，E_1 が負の値ですから E_n も負となり，n が大きくなるほど E_n も大きく（負の値なので 0 に近づくほど大きく）なります。

例 $E_1 = -13.6 \text{ eV}$ として，E_2，E_3，E_4 の値を求めてみましょう。

$E_n = \dfrac{E_1}{n^2} = \dfrac{-13.6}{n^2}$ より，

$E_2 = \dfrac{-13.6}{2^2} = -3.4 \text{ eV}$，$E_3 = \dfrac{-13.6}{3^2} \fallingdotseq -1.5 \text{ eV}$，$E_4 = \dfrac{-13.6}{4^2} = -0.85 \text{ eV}$

と求められます。また大きさは絶対値をとって，

$|E_2| = 3.4 \text{ eV}$，$|E_3| = 1.5 \text{ eV}$，$|E_4| = 0.85 \text{ eV}$

と小さくなり，どんどん 0 に近づいていきます。

Ⅱ 電子の軌道とエネルギー準位

量子数 n が大きいということは，より外側の軌道に電子が存在しているということです。下の図のように，**電子が原子核から離れるほどエネルギー準位は高く**なります。

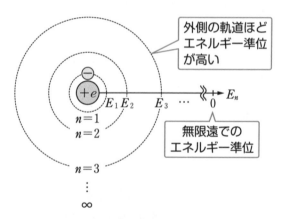

したがって，**E_n の最大値は n が無限遠 (∞) のとき**で，

$$E_\infty = \dfrac{E_1}{\infty^2} \to 0$$

となります。

ポイント 電子の軌道とエネルギー準位

電子が外側の軌道にあるほどエネルギー準位は高く，内側の軌道にあるほどエネルギー準位は低い。無限遠でのエネルギー準位は 0 となる

Ⅲ 基底状態と励起状態

　一般的に，エネルギーが低いほど，物体は安定な状態です。原子についても，**エネルギー準位が低いほど安定な状態**にあります。すると，原子が一番安定な状態は，電子が一番内側の**量子数 $n=1$ の軌道にあるとき**で，この状態を**基底状態**といいます。また，**外側の $n=2$ 以上の軌道にあるとき**は，**励起状態**といいます。

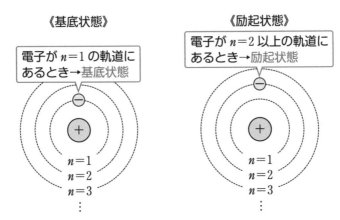

《基底状態》　　　　　　　《励起状態》

電子が $n=1$ の軌道に
あるとき→基底状態

電子が $n=2$ 以上の軌道に
あるとき→励起状態

$n=1$
$n=2$
$n=3$
⋮

$n=1$
$n=2$
$n=3$
⋮

ポイント　基底状態と励起状態

　　電子が一番内側の $n=1$ の軌道にあるとき，エネルギー準
　位は最小 ⟶ 基底状態
　　$n=2$ 以上の軌道にあるとき ⟶ 励起状態

Ⅳ 電子がエネルギーを吸収・放出するとき

　何事もそうですが，安定な状態が一番落ち着きますね。**原子も，基本的には基底状態**にあります。しかし，**電子が原子外部からエネルギーを受け取ると，エネルギーが高くなって電子が外側の軌道に移ります。**

① エネルギーを吸収するとき

電子は，外部からエネルギーを，光というかたちで受け取ります。
　　　　　　　　　　　└→光子　　　　　　　└→吸収する

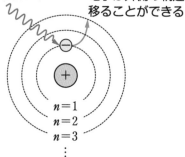

外部からの光によってエ
ネルギーを吸収すると…
　　　　　　　　　　　電子は外側の軌道に
　　　　　　　　　　　移ることができる

例 仮の話として，簡単な数で考えます。量子数 $n=1$ のときのエネルギー準位を $E_1=-10\,\text{eV}$，$n=2$ のときを $E_2=-7\,\text{eV}$，$n=3$ のときを $E_3=-5\,\text{eV}$ とし，電子ははじめ $n=1$ の軌道にあるとします。

　電子が $n=1$ の軌道から $n=2$ の軌道に移る場合，どれだけのエネルギーが必要か求めてみましょう。

　$n=1$ の軌道から $n=2$ の軌道に移るためには，エネルギー準位が E_1 から E_2 にならなくてはいけません。その変化分を求めて，

$$E_2-E_1=(-7)-(-10)=3\,\text{eV}$$

だけ，エネルギーが必要です。このエネルギーを吸収することで，下の左図のように移ることができます。

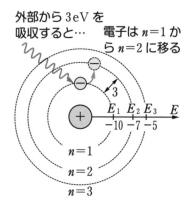

外部から3eVを
吸収すると…　電子は $n=1$ か
　　　　　　　ら $n=2$ に移る

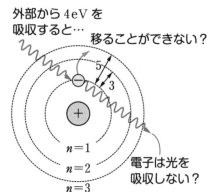

外部から4eVを
吸収すると…　移ることができない？

電子は光を
吸収しない？

しかし，光のエネルギーが $4\,\mathrm{eV}$ だった場合，$n=1$ の軌道にある電子がこの光を吸収したとすると，

$$E_1+4=(-10)+4=-6\,\mathrm{eV} \quad \blacktriangleleft E_2 \text{と} E_3 \text{の間の値になってしまう……}$$

というエネルギーになります。軌道を移るとすると $n=2$ と $n=3$ の間になってしまいますが，そんな中途半端なところに移ることはできません。

この場合，**電子がこの光を吸収することはありません**。前ページの右図のように，電子が中途半端な位置に移るようなエネルギーの光を，電子は吸収しない…ということですね。

第2講

物質波

> **ポイント** エネルギーの吸収
>
> 電子は，移り先のエネルギー準位とちょうど等しくなるエネルギーの光しか，吸収しない

② エネルギーを放出するとき

逆に，電子が外側の軌道にあるときは，より安定な状態に戻ろうとして，電子が内側の軌道に移ります。外側から内側の軌道に移ると，エネルギー準位は減少しますが，この**減少したエネルギーは光として外部に放出**されます。

前ページの **例** で電子が $n=3$ から $n=2$ の軌道に移る場合，エネルギー準位の減少は，

$$E_3-E_2=(-5)-(-7)=2\,\mathrm{eV}$$

となるので，この $2\,\mathrm{eV}$ の光が外部に放出されるということになります。

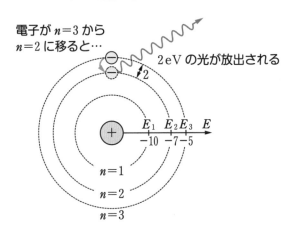

電子が $n=3$ から
$n=2$ に移ると…

$2\,\mathrm{eV}$ の光が放出される

$E_1 \quad E_2 E_3 \quad E$
$-10 \quad -7 -5$

$n=1$

$n=2$

$n=3$

電子が**内→外の軌道に移るときは光を吸収**し，**外→内の軌道に移るときは光を放出**します。吸収または放出される光の振動数をνとすると，プランク定数hを用いて，この光（光子）のエネルギーは$h\nu$と表すことができましたね。それを踏まえると，電子が軌道を移るときに吸収・放出される光についての，**振動数条件**というエネルギーの関係式が，次のように表されます。

ポイント 振動数条件

電子が外側の軌道（エネルギー準位$E_\text{外}$）と内側の軌道（エネルギー準位$E_\text{内}$）に移るときに，吸収・放出される光の振動数をνとすると，

$$h\nu = E_\text{外} - E_\text{内} \quad (h：プランク定数)$$

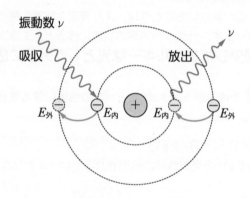

光子のエネルギー$h\nu$については，真空中の光速cと波長λを用いて$\dfrac{hc}{\lambda}$という表し方もあるので，

$$\frac{hc}{\lambda} = E_\text{外} - E_\text{内} \quad \cdots\cdots(*)$$

というかたちで使うこともあります。

Ⅵ 移る軌道の組合せ

水素原子において，電子が移る軌道の組合せはいくつもあり，色々な振動数や波長の光が吸収されたり，放出されたりします。この中で，特に**外側の軌道から $n=2$ の軌道に移るときに放出される光の波長のグループ**を**バルマー系列**といいます。この他，外側の軌道から $n=1$ の軌道に移る場合を**ライマン系列**，$n=3$ の軌道に移る場合を**パッシェン系列**とよびますが，放出される光の波長はいずれも Ⅴ の式（＊）で求めることができます。

> バルマー系列は可視光線の領域にあるので，最も早く発見されています。「$n=2$ に移る」というのが中途半端な気もしますが，よく取り上げられることなのでバルマー系列はしっかり覚えておきましょう！

練習問題②

水素原子が基底状態のとき（電子が $n=1$ の軌道にあるとき）のエネルギー準位を E_1（$E_1<0$）とすると，電子が n 番目の軌道にあるときのエネルギー準位は $\dfrac{E_1}{n^2}$ と表される。真空中の光速を c，プランク定数を h として，次の問いに答えよ。

(1) 水素原子が光を吸収し，電子が $n=2$ の軌道から $n=3$ の軌道に移るとき，この光の振動数を求めよ。

(2) 電子が $n=3$ の軌道から $n=1$ の軌道に移るとき，水素原子から放出される光の振動数を求めよ。

(3) 水素原子が光を吸収し，電子が $n=1$ の軌道から $n=2$ の軌道に移るとき，この光の波長を求めよ。

解説

考え方のポイント　求めたい振動数や波長を文字で置いて，振動数条件の関係式 $h\nu=E_外-E_内$ を立てて考えましょう！

(1) 問題文より，電子が $n=2$ の軌道にあるときのエネルギー準位は $\dfrac{E_1}{2^2}$，
　　$\underset{\text{↳内側の軌道}}{}$
$n=3$ の軌道にあるときのエネルギー準位は $\dfrac{E_1}{3^2}$ と表せる。吸収される光の振動
$\underset{\text{↳外側の軌道}}{}$

数を ν_1 とすると，振動数条件より，

$$h\nu_1 = \frac{E_1}{3^2} - \frac{E_1}{2^2} = -\frac{5}{36}E_1 \quad \blacktriangleleft h\nu = E_外 - E_内$$

よって，

$$\nu_1 = -\frac{5E_1}{36h} \quad \blacktriangleleft E_1 \text{ は負の値なので，} \nu_1 \text{ は正の値}$$

(2)　放出される光の振動数を ν_2 とすると，振動数条件より，

$$h\nu_2 = \frac{E_1}{3^2} - \frac{E_1}{1^2} = -\frac{8}{9}E_1 \quad \blacktriangleleft h\nu = E_外 - E_内$$

よって，　$\nu_2 = -\frac{8E_1}{9h} \quad \blacktriangleleft E_1 \text{ は負の値なので，} \nu_2 \text{ は正の値}$

(3)　吸収される光の波長を λ_3 とすると，振動数条件より，

$$\frac{hc}{\lambda_3} = \frac{E_1}{2^2} - \frac{E_1}{1^2} = -\frac{3}{4}E_1 \quad \blacktriangleleft \frac{hc}{\lambda} = E_外 - E_内$$

よって，

$$\lambda_3 = -\frac{4hc}{3E_1} \quad \blacktriangleleft E_1 \text{ は負の値なので，} \lambda_3 \text{ は正の値}$$

答　(1)　$-\dfrac{5E_1}{36h}$　　(2)　$-\dfrac{8E_1}{9h}$　　(3)　$-\dfrac{4hc}{3E_1}$

第 3 講

核反応

Step 1 原子核の構造を確認しよう

原子分野の最後に，原子核について学びましょう！

Ⅰ 原子核の構造と表し方

原子核はすでに学んだように，電荷をもたない中性子と，正電荷をもつ陽子の集まりです。原子核を構成する中性子と陽子をまとめて**核子**（かくし）といいます。

原子の種類は，**原子核中の陽子の数**で決まり，陽子が1個なら水素，陽子が2個ならヘリウム，と

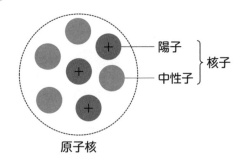

原子核

なります。そして，この原子核中の陽子の数を**原子番号**といいます。下の表の1〜20まではきちんと覚えておきたいですね。

原子番号	1	2	3	4	5	6
元素記号	H	He	Li	Be	B	C
元素名	水素	ヘリウム	リチウム	ベリリウム	ホウ素	炭素
原子番号	7	8	9	10	11	12
元素記号	N	O	F	Ne	Na	Mg
元素名	窒素	酸素	フッ素	ネオン	ナトリウム	マグネシウム
原子番号	13	14	15	16	17	18
元素記号	Al	Si	P	S	Cl	Ar
元素名	アルミニウム	ケイ素	リン	硫黄	塩素	アルゴン
原子番号	19	20				
元素記号	K	Ca				
元素名	カリウム	カルシウム				

また，陽子と中性子は質量がほぼ同じで，これらの個数が原子核の質量の目安になり，**陽子と中性子の数の和**を**質量数**といいます。例えば，陽子が2個，中性子が2個からなる原子核なら質量数は4です。この原子核は陽子が2個，つまり原子番号が2なのでヘリウム(元素記号はHe)ですね。これらの情報をまとめて，「$_2^4$He」のように書きます。元素記号の左下の数値は原子番号，左上の数値は質量数です。

> ### ポイント 原子核の構造と表し方
>
> 原子核は中性子と陽子からなり，中性子と陽子をまとめて核子という。質量数 A，原子番号 Z，元素記号 X の原子核において，
>
> 質量数A → 原子核中の陽子と中性子の数の和
> 原子番号Z → 原子核中の陽子の数
>
> $$_Z^A X$$

核反応を学ぶ前に，まずはこの表し方や見方を身につけましょう！

練習問題①

原子核について，次の問いに答えよ。

(1) $_{92}^{235}$U と表される原子核の，原子番号と質量数をそれぞれ答えよ。
(2) 中性子を3個もつリチウムの原子核について，原子番号と質量数を元素記号とあわせて記せ。
(3) $_{86}^{222}$Rn と表される原子核について，陽子と中性子の数をそれぞれ答えよ。

解説

> **考え方のポイント** (原子番号)＝(陽子の数)，(質量数)＝(核子の数) です。また，核子の数は陽子と中性子の数の和になっていることから考えていきます。

(1) 原子番号は92，質量数は235　(なお，Uはウランの元素記号)
(2) リチウムの元素記号はLi，原子番号(陽子の数)は3なので，中性子の数が3であれば核子の数は 3＋3＝6 になる。つまり，質量数は6であるから，$_3^6$Li
(3) 原子番号は86なので，陽子の数は86
　　質量数は222なので，核子の数は222であり，中性子の数を x とすると，

$$86 + x = 222 \qquad よって，\qquad x = 222 - 86 = 136$$

（なお，Rn はラドンの元素記号）

答　(1)　原子番号：92，質量数：235　　(2)　${}_{3}^{6}\mathrm{Li}$

(3)　陽子の数：86，中性子の数：136

Ⅱ 同位体

　繰り返しになりますが，原子の種類は陽子の個数で決まります。例えば，陽子が 6 個なら炭素ですね。一般的な炭素の場合，中性子は 6 個あり，質量数は 12 になっています。しかし，中には，中性子が 7 個や 8 個ある炭素も存在します。中性子が 7 個なら質量数は 13，中性子が 8 個なら質量数は 14 になります。これらは**すべて「炭素（C）」なのですが，質量数が異なります**。そこで，質量数の違いで区別できるように，元素記号に質量数のみをつけて表すこともあります。質量数 12 の炭素は ${}^{12}\mathrm{C}$，質量数 13 の炭素は ${}^{13}\mathrm{C}$，質量数 14 の炭素は ${}^{14}\mathrm{C}$ と表します。また，質量数 12 の炭素を，炭素 12 のようによぶこともあります。このような，**同じ種類の原子でも，質量数が異なる原子核をもつ原子**を互いに**同位体**といいます。

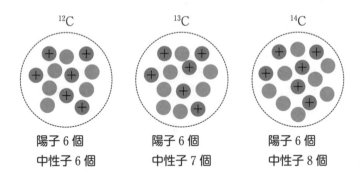

${}^{12}\mathrm{C}$　　　　　${}^{13}\mathrm{C}$　　　　　${}^{14}\mathrm{C}$

陽子 6 個　　　　陽子 6 個　　　　陽子 6 個
中性子 6 個　　　中性子 7 個　　　中性子 8 個

ポイント　同位体

　同じ種類の原子で，質量数が異なる原子核をもつ原子

　水素の場合，原子核中に陽子は 1 個で，中性子がない原子核がほとんどです。つまり，**一般的な水素の原子核は陽子そのもの**，ということですね。記号では ${}_{1}^{1}\mathrm{H}$ と書きます。

ただ，水素の中には，原子核に中性子をもつ水素もあり，陽子1個に加えて中性子を1個もつ水素は重水素（デューテリウム），陽子1個に加えて中性子を2個もつ水素は三重水素（トリチウム）といいます。記号だと，重水素は${}^2_1\mathrm{H}$，三重水素は${}^3_1\mathrm{H}$です。

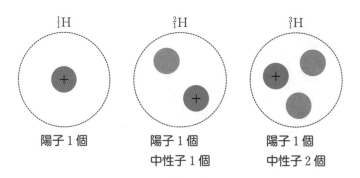

<table>
<tr><td>${}^1_1\mathrm{H}$</td><td>${}^2_1\mathrm{H}$</td><td>${}^3_1\mathrm{H}$</td></tr>
<tr><td>陽子1個</td><td>陽子1個
中性子1個</td><td>陽子1個
中性子2個</td></tr>
</table>

　炭素や水素のように，多くの元素は同位体をもちますが，同位体の中には「不安定」なものがあります。「不安定」というのは，原子核がずっとその状態のままでいることができず，分裂などをして他の原子核へと変化しなくてはならない，ということです。このような同位体を**放射性同位体**といいます。例えば，炭素であれば${}^{14}\mathrm{C}$が不安定な同位体で，時間が経過すると${}^{14}\mathrm{C}$の原子核からβ 線（ベータ）という放射線が放出されて，窒素${}^{14}\mathrm{N}$へと変化します。

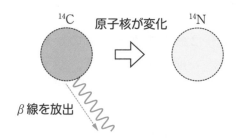

${}^{14}\mathrm{C}$　　原子核が変化　　${}^{14}\mathrm{N}$

β 線を放出

　原子番号92の元素であるウランは，陽子92個にさらに中性子が加わって，質量数が235（${}^{235}_{92}\mathrm{U}$）や238（${}^{238}_{92}\mathrm{U}$）などの同位体が存在します。ウランはすべての同位体が放射性同位体で，長い時間をかけて他の原子核へと変化していきますが，この変化の際に原子核からはβ線のほかにα 線（アルファ）とよばれる放射線も放出されます。α線が放出されるのはα**崩壊**という現象，β線が放出されるのはβ**崩壊**という現象です。この2つの「崩壊」について，少し詳しく考えてみましょう。

① α崩壊

原子核から，**陽子2個と中性子2個のかたまり**が飛び出す現象です。

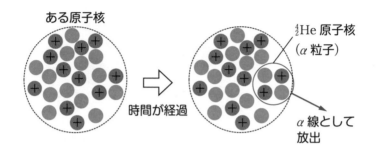

ある原子核

$^4_2$He 原子核
（α粒子）

時間が経過

α線として
放出

　このかたまりは陽子を2個もつので，原子番号が2の**ヘリウム（$^4_2$He）の原子核**であり，**α粒子**ともいいます。このα粒子の流れがα線の正体です。

　また，α崩壊が起こった後の原子核は，陽子2個と中性子2個の，あわせて核子4個が減っています。つまり，α崩壊によって，**原子番号が2だけ減少，質量数が4だけ減少する**ことになります。α崩壊が複数回起きれば，そのたびに原子番号は2減少，質量数は4減少していきます。

> **ポイント**　α崩壊
>
> 　原子核から陽子2個と中性子2個のかたまり（$^4_2$He 原子核）が飛び出す現象。α崩壊1回につき，原子番号は2減少，質量数は4減少する

> かなり大雑把にいうと，もとの原子核が「$^4_2$He 原子核と残りのものに分裂する」という感じです。「崩壊」とはいいますが，原子核がガタガタに崩れていく，というイメージではありません！

② β崩壊

原子核から**電子が飛び出す現象**です。**原子核のまわりにある電子ではない**ので気をつけましょう。

原子核の中にあるのは陽子と中性子なので，電子が飛び出すというのはちょっと変な気がしますね。これは，**原子核中の中性子が陽子に変化する**ということが起きて，この変化のときに電子が放出されるのです。

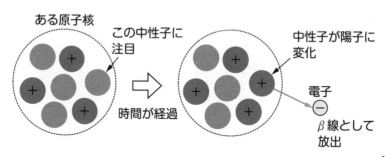

陽子が1個増えて中性子が1個減るので，核子の数は変わりません！

正負どちらの電荷ももたない中性子が，正電荷をもつ陽子に変化するときに負電荷である電子を出すことで，全体として電荷のバランスを保っています。

β崩壊が起きると，中性子が陽子に変化するので，**原子核内の陽子の数が1個増加する**ことになります。陽子と中性子の個数の和が質量数なので，中性子が陽子に変化する**β崩壊で質量数は変わりません**。電子が飛び出しますが，質量数に影響はありません。

ただ，陽子の個数が1個増えたことになるので，**原子番号は1増加する**ことになります。

> **ポイント** β崩壊
>
> 原子核内の中性子1個が陽子に変化するときに，電子1個が飛び出す現象。β崩壊1回につき，原子番号は1増加するが，質量数は変わらない

359

放射性同位体である ^{14}C の β 崩壊を見てみましょう。

炭素Cは原子核内に陽子を 6 個もつ原子番号 6 の元素です。β 崩壊すると，原子核内の陽子は 1 個増えて 7 個，つまり原子番号 7 になるので，これはもう炭素ではありませんね。原子番号 7 は窒素Nです。β 崩壊では質量数が変わらないので 14 のまま，さらに電子（e^- と表します）が飛び出すことも踏まえて，^{14}C の β 崩壊の反応式は次のようになります。

$$^{14}_{6}C \longrightarrow {}^{14}_{7}N + e^-$$

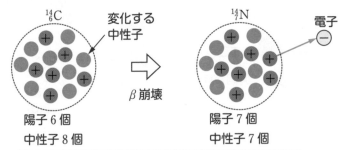

陽子 6 個　　　　　　　　　　陽子 7 個
中性子 8 個　　　　　　　　　中性子 7 個

厳密には，β 崩壊では電子の他に，ニュートリノという質量がすごく小さく電荷をもたない粒子も放出されますが，それはより深く物理を学ぶときに気にするようにしてください！

これらの崩壊は，不安定な原子核が安定な原子核になるために起きています。1 回の崩壊で安定になるとは限らず，α 崩壊や β 崩壊を何回も繰り返して，やっと安定になるものもあります。

では，具体的に原子番号や質量数の変化から，α 崩壊や β 崩壊の回数を求めてみましょう！

 ウラン 238（$^{238}_{92}U$）が，複数回の α 崩壊や β 崩壊によって，安定な鉛 206（$^{206}_{82}Pb$）になるまでの α 崩壊や β 崩壊の回数を求めてみましょう。

α 崩壊の回数を x 回，β 崩壊の回数を y 回とします。

まず，質量数が変化するのは α 崩壊のみなので，**質量数の変化だけで α 崩壊の回数を求める**ことができます。はじめの質量数は 238，安定になったときの質量数は 206 です。α 崩壊 1 回につき質量数は 4 減少するので，x 回では $4x$ 減少することになります。

質量数の関係式は,

$$238-4x=206 \qquad よって, \qquad x=8$$

これで, α 崩壊の回数は 8 回と求めることができました。

次に, 原子番号に注目すると, はじめは 92, 安定になったときは 82 です。原子番号は, α 崩壊 1 回につき 2 減少するので, x 回では $2x$ だけ減少することになります。また, β 崩壊 1 回につき 1 増加するので, y 回では y だけ増加しますね。

原子番号の関係は,

$$92-2x+y=82$$

$x=8$ を代入すると, $y=6$

よって, β 崩壊の回数は 6 回とわかります。

崩壊には, α 崩壊や β 崩壊のほかに, 原子核から γ 線が飛び出す γ 崩壊もあります。γ 線は波長がとても短い電磁波で, α 崩壊や β 崩壊が起きた後の原子核内の余分なエネルギーが電磁波として放出されるものです。この **γ 崩壊では原子番号や質量数は変わりません**。

では, 崩壊の回数と原子番号, 質量数の関係について, 問題に取り組んでみましょう!

練習問題②

放射性同位体である $^{226}_{88}Ra$ (ラジウム) は, α 崩壊と β 崩壊を繰り返して安定な同位体である $^{206}_{82}Pb$ になる。α 崩壊と β 崩壊の回数をそれぞれ求めよ。

解説

考え方のポイント　まず, 質量数の変化から α 崩壊の回数を求めましょう。次に, 原子番号の変化について, β 崩壊の回数も考慮して式を立てます。

質量数は 226 から 206 に変化しているので, α 崩壊の回数を x 回とすると,

$$226-4x=206 \qquad よって, \qquad x=5$$

原子番号は 88 から 82 に変化しているので, β 崩壊の回数を y 回とすると,

$$88-2x+y=82$$

$x=5$ を代入して y を求めると, $y=4$

答　α 崩壊：5 回, β 崩壊：4 回

Step 2 半減期と年代の関係を考えてみよう

　原子核の崩壊という現象がどのような場面で利用されているのか，もう少し考えていきましょう。

I 残存数と半減期

　放射性同位体が α 崩壊や β 崩壊をすると別の元素に変わっていきますが，この崩壊が「いつ起きるか」はわかりません。ただ，放射性同位体はいつか必ず崩壊して，別の元素になります。例えば，下の図のように，ある放射性同位体の原子核が 16 個あったとすると，1 個，また 1 個，と次々と崩壊していきます。そして，時間が経過すると 8 個が崩壊して残り 8 個になる，つまり個数が「半減」します。この，**崩壊によって放射性同位体の原子核の個数が半分になるまでの時間**を半減期といいます。

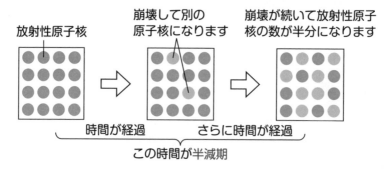

　残りの 8 個はさらに崩壊を続けていきますが，残り 4 個になるまでの時間も半減期で，同じ時間がかかります。残りの 4 個が 2 個に，2 個が 1 個になるまでの時間もすべて同じです。

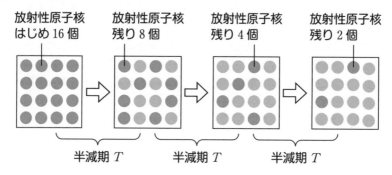

例えば，Step 1 で取り上げた炭素 14（^{14}C）の半減期 T は，おおよそ $T=5700$ 年です。この炭素 14 で半減期の利用の仕方を確認しましょう。

 炭素 14 の原子核がはじめの数の $\frac{1}{8}$ になるまでの時間を求めてみましょう。

　半減を何回繰り返したことになるのかを考えます。半減期の時間が経過するたびに，炭素 14 の原子核の個数は $\frac{1}{2}$ になるので，

$$\frac{1}{8}=\frac{1}{2}\times\frac{1}{2}\times\frac{1}{2}=\left(\frac{1}{2}\right)^{3}$$

とすれば，個数が $\frac{1}{2}$ になるのを 3 回繰り返した，つまり半減期 T の 3 倍の時間が経過したということになります。よって，はじめの数の $\frac{1}{8}$ になるまでの時間を t 年 とすると，

$$t=T\times3=5700\times3=17100 \text{ 年}$$

と求めることができます。

　逆に，ある時間が経過したときの，残りの原子核の個数を求めることもできますね。

　経過時間が $t=22800$ 年だとすると，$\dfrac{t}{T}=\dfrac{22800}{5700}=4$ なので，半減期の 4 倍の時間が経過していることになります。つまり，原子核の個数が $\frac{1}{2}$ 倍になることを 4 回繰り返しているので，残りの個数は，はじめの個数の $\left(\dfrac{1}{2}\right)^{4}=\dfrac{1}{16}$ 倍になっています。

　では，放射性同位体の残りの数（残存数）と半減期について，次の関係式を覚えましょう！

ポイント ▶ 残存数 N と半減期 T の関係

　はじめの原子核の個数を N_0，経過時間を t とすると，

$$N=N_0\left(\frac{1}{2}\right)^{\frac{t}{T}}$$

$\dfrac{t}{T}$ は，経過時間が半減期の何倍かを示しているので，$\left(\dfrac{1}{2}\right)^{\frac{t}{T}}$ は個数

が $\dfrac{1}{2}$ 倍（半分）になることを何回繰り返すかを表しています。また，**放射性同**

位体はまとめて一気に崩壊するのではなく，1個1個が別々に崩
壊して徐々に数を減らしていきます。放射性同位体の残りの個数（残存

数）N と，経過時間 t
をグラフにすると，右
の図のようになります。

　この半減期は，放射
性同位体の種類によっ
て決まっていて，短い
ものではコンマ数秒程
度，長いものでは 40
億年を超えるものもあ
ります。はじめに触れ
たように，どの原子核
がいつ崩壊するかはわ

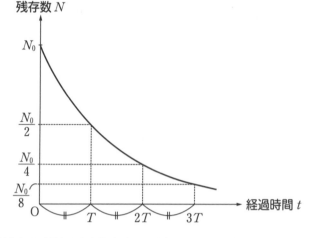

かりませんが，個数が半減する時間は確率的なもので決まっています。

練習問題③

　半減期に関する次の問いに答えよ。

(1)　半減期 3 日の放射性元素の原子核の個数が，はじめの $\dfrac{1}{16}$ になるまでの時間を
　　求めよ。

(2)　ウラン ^{235}U の半減期は約 7 億年である。35 億年が経過したとき，崩壊せずに
　　残っている ^{235}U 原子核の個数ははじめの何％か。有効数字 2 桁で求めよ。

(3)　ラジウム ^{226}Ra の半減期は約 1600 年である。4800 年が経過したとき，崩壊し
　　た ^{226}Ra 原子核の個数ははじめの何％か。有効数字 2 桁で求めよ。

解説

> **考え方のポイント** 半減期の式 $N = N_0 \left(\dfrac{1}{2}\right)^{\frac{t}{T}}$ は，半減期 T と経過時間 t は
>
> 単位をそろえて（年，日，秒など）用います。$\dfrac{N}{N_0} = \left(\dfrac{1}{2}\right)^{\frac{t}{T}}$ のかたちにすると，
>
> はじめの個数に対する残りの個数の割合になります。また，(2)と(3)では「残っ
> ている割合」と「崩壊した割合」で求めるものが異なることに注意しましょう。

(1) $\dfrac{1}{16} = \left(\dfrac{1}{2}\right)^4$ なので，半減期の 4 倍の時間が経過している。よって，

$\quad 3 \times 4 = 12$ 日

(2) 半減期 $T = 7$ 億年，経過時間 $t = 35$ 億年なので，残っている原子核の割合は，

$\quad \dfrac{N}{N_0} = \left(\dfrac{1}{2}\right)^{\frac{35}{7}} = \left(\dfrac{1}{2}\right)^5 = \dfrac{1}{32} = 0.0312\cdots ≒ 3.1\,\%$

(3) 半減期 $T = 1600$ 年，経過時間 $t = 4800$ 年なので，残っている原子核の割合は，

$\quad \dfrac{N}{N_0} = \left(\dfrac{1}{2}\right)^{\frac{4800}{1600}} = \left(\dfrac{1}{2}\right)^3 = \dfrac{1}{8}$

残っている原子核と崩壊した原子核の割合をあわせれば 1 になるので，崩壊した
原子核の割合は，

$\quad 1 - \dfrac{1}{8} = \dfrac{7}{8} = 0.875 ≒ 88\,\%$

答 (1) 12 日　　(2) 3.1 %　　(3) 88 %

II 年代測定

放射性同位体の半減期を利用して，遺跡や化石などの**年代測定**ができます。
その原理を，炭素 14 (^{14}C) の場合で説明して，Step 2 を終わりましょう。

大気中には二酸化炭素などのかたちで炭素が存在しています。ほとんどは安定
な炭素 12 (^{12}C) ですが，ごくわずかに不安定な放射性同位体である ^{14}C もありま
す。Step 1 で触れたように，時間が経過すると ^{14}C は β 崩壊によって窒素 (^{14}N)
になりますが，宇宙からやってくる放射線（**宇宙線**とよばれます）によって，再
び ^{14}C に戻ります。このため，**大気中の ^{14}C の存在比は，過去から現在
まで一定の割合に保たれています。**

植物は光合成によって，大気中と同じ存在比の ^{14}C を体内に取り込んでいます。
動物がその植物を食べ，さらにその動物を他の動物が食べて，という食物連鎖に

よって，生きている生物の体内にはつねに大気中と同じ存在比の ^{14}C があることになります。

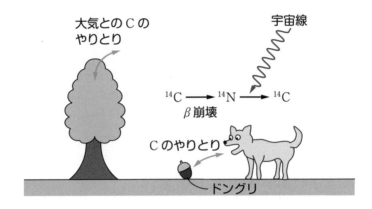

しかし，下の図のように，生物が死んでしまい地中に埋もれていくと，この取り込みがなくなるため，大気中と同じ存在比の ^{14}C をはじめの個数として，体内の ^{14}C は崩壊でどんどん個数を減らしていきます。

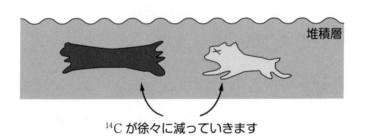

化石として出てくる古生物の遺骸に含まれる ^{14}C の存在比を調べて，**大気中の存在比と比べる**ことで，化石となった生物が死んでからどれぐらい時間が経過したかを推定します。つまり，化石として発見された生物が今からどれくらい前に生きていたのかを推定（これが年代測定です）できるということになります。

例えば，遺骸に含まれる安定な ^{12}C に対する ^{14}C の存在比が，現在の大気中の $\frac{1}{8}=\left(\frac{1}{2}\right)^3$ だったとします。^{14}C の半減期 T は，おおよそ $T=5700$ 年なので，この生物は $T \times 3 = 17100$ 年前に死んだと推定できます。

Step 3 質量とエネルギーの関係を知ろう

原子核の崩壊が年代測定に使われていることがわかりましたね。このような原子核の変化が、エネルギーの面でも利用されています。そのことを理解するために、まずは質量とエネルギーの関係について学びましょう。

I 質量とエネルギーの等価性

α 崩壊や β 崩壊以外にも、**原子核どうしが反応して核子を組み替える**ことで別の元素に変わっていくこともあり、これを**核反応**（または**原子核反応**）といいます。

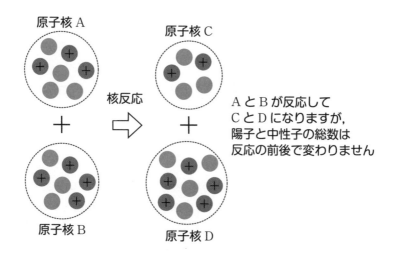

原子核 A　　　　　原子核 C

核反応

AとBが反応して
CとDになりますが、
陽子と中性子の総数は
反応の前後で変わりません

原子核 B　　　　　原子核 D

この**核反応で放出されるエネルギー**を利用したものが**原子力発電**です。どうして核反応でエネルギーが関わってくるのかを考えていきましょう！

まず、原子分野で受け入れなければならない知識として、**「質量をもつ」こ**とは**「エネルギーをもつ」ことと同じ**であるというものです。これを**質量とエネルギーの等価性**といい、アインシュタインが提唱した考え方です。

いきなり出てきた話で，「？！」となる人もいるかも
しれませんが，この考え方は原子分野（核反応）だけ
で必要なものなので，今まで学んできたことに影響
は全然ありません。安心して読み進めてください！

このエネルギーは，静止している粒子でももつエネルギーで，**静止エネルギ
ー**といいます。質量 m [kg] の粒子があるとすると，粒子は動いていなくても質
量 m [kg] に対応する静止エネルギー E [J] をもちます。この m と E の関係は，
真空中の光速 c [m/s²] を用いて，

$$E = mc^2$$

と表されます。有名といえば有名な式ではないでしょうか。なんとなく，テレビ
かどこかで見たような記憶はありませんか？これは覚えるしかないので，しっか
り覚えてください！

> **ポイント** 静止エネルギー
>
> 「質量 m をもつ」ことは「静止エネルギー E をもつ」こと
> に等しい。真空中の光速を c とすると，
>
> $$E = mc^2$$

例 次ページの図のように，質量 M の粒子が速さ V で動いているとき，この粒
子がもつ全エネルギーを表してみましょう。真空中の光速を c とします。

この粒子は，質量 M をもっているので，静止エネルギー Mc^2 をもってい
ます。さらに，速さ V で運動しているので，運動エネルギー $\frac{1}{2}MV^2$ もも
っています。したがって，この粒子がもつ全エネルギーは，

$$Mc^2 + \frac{1}{2}MV^2$$

となります。

M ● → V　静止エネルギー Mc^2
　　　　　　　　運動エネルギー $\frac{1}{2}MV^2$

粒子がもつ全エネルギー

> （粒子がもつ全エネルギー）
> ＝（静止エネルギー）＋（運動エネルギー）

　核反応には，加速した陽子や中性子を原子核に衝突させることで起きるものもあります。このときに発生するエネルギーを求めるとき，反応する原子核や粒子の運動エネルギーも必要になります。核反応では，静止エネルギーだけではなく，今まで通りに運動エネルギーも忘れないようにしましょう！

練習問題④

　粒子のもつエネルギーについて，次の問いに答えよ。真空中の光速を c とし，$c = 3.0 \times 10^8$ m/s とする。
(1) 質量 9.1×10^{-31} kg の粒子の静止エネルギーを有効数字 2 桁で表せ。
(2) 速さ v で運動している質量 m の粒子のもつ全エネルギーを文字式で表せ。
(3) 速さ V_1 で運動する質量 m_1 の粒子Aと，速さ V_2 で運動する質量 m_2 の粒子Bのエネルギーの総和を文字式で表せ。

解説

考え方のポイント　静止エネルギーは $E = mc^2$ の式にあてはめて計算しましょう。粒子の全エネルギーは運動エネルギーと静止エネルギーの和になります。

(1) 求める静止エネルギーは，

$$9.1 \times 10^{-31} \times (3.0 \times 10^8)^2 = 81.9 \times 10^{-15} ≒ 8.2 \times 10^{-14} \text{ J}$$

(2) 粒子のもつ全エネルギーは，

$$mc^2 + \frac{1}{2}mv^2$$

(3) 粒子Aのもつ全エネルギー E_A は，

$$E_A = m_1 c^2 + \frac{1}{2}m_1 V_1^2$$

粒子Bのもつ全エネルギー E_B は，

$$E_B = m_2 c^2 + \frac{1}{2}m_2 V_2^2$$

よって，エネルギーの総和は，

$$E_A + E_B = (m_1 + m_2)c^2 + \frac{1}{2}m_1 V_1{}^2 + \frac{1}{2}m_2 V_2{}^2$$

答　(1)　8.2×10^{-14} J　　(2)　$mc^2 + \frac{1}{2}mv^2$

(3)　$(m_1 + m_2)c^2 + \frac{1}{2}m_1 V_1{}^2 + \frac{1}{2}m_2 V_2{}^2$

Ⅱ 質量欠損と結合エネルギー

次に，静止エネルギーをどのように利用するかについてです。ここで核反応特有の知識が必要になります。

原子核は核子が集まってできていますが，**核子がバラバラでいるときの質量の和よりも，まとまった原子核の質量の方が小さくなっています**。核子がバラバラのときと，原子核としてまとまっているときの質量の差を，**質量欠損**といいます。

ポイント 質量欠損

　原子核の質量は，核子がバラバラになっているときの質量の和よりも小さい

例えば，次ページの図のような核子 6 個からなる原子核について考えてみましょう。話を簡単にするために，中性子と陽子は区別せず，「質量 m の核子」ということにして，この核子がまとまった原子核の質量を M とします。

核子 6 個の質量の和は $6m$ になりますが，原子核の質量 M は $6m$ よりも小さくなります。この質量の差が質量欠損 Δm なので，

　　$\Delta m = 6m - M$

と表すことができます。

核子 6 個がバラバラの状態　　　　　　原子核としてまとまる

質量 m

全質量 $6m$ ──────────→ 質量 M $\begin{bmatrix} 6m \text{ より} \\ \text{も小さい} \end{bmatrix}$

まとまると質量が減少
→減少した質量が質量欠損 Δm

　また，核子 1 個ずつがもつ静止エネルギーは mc^2 なので，6 個では $6mc^2$ になります。一方，原子核としてもつ静止エネルギーは Mc^2 で，$6m > M$ より $6mc^2 > Mc^2$ ですから，原子核の静止エネルギーの方が小さく，静止エネルギーにも差があります。この差を ΔE とすると，

$$\Delta E = 6mc^2 - Mc^2$$

　少し書き換えてみると，

$$\Delta E = (6m - M)c^2 = \Delta m \times c^2$$

となり，ΔE は**結合エネルギー**とよばれ，**質量欠損 Δm に対応する静止エネルギー**になっています。

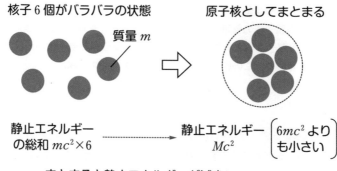

核子 6 個がバラバラの状態　　　　　　原子核としてまとまる

質量 m

静止エネルギー　　　　　　　　静止エネルギー $\begin{bmatrix} 6mc^2 \text{ より} \\ \text{も小さい} \end{bmatrix}$
の総和 $mc^2 \times 6$ ────────→ Mc^2

まとまると静止エネルギーが減少
→減少した静止エネルギーが結合エネルギー ΔE

　もし，「原子核の静止エネルギーを，質量 M を使わずに表せ」となれば，核子の質量 m と結合エネルギー ΔE を用いることで，

$$Mc^2 = 6mc^2 - \Delta E$$

となります。つまり，**核子がバラバラのときにもつ静止エネルギーの和から，結合エネルギーを引く**ことで原子核の静止エネルギーを表すことができます。

> **ポイント** 原子核の静止エネルギー
>
> （原子核の静止エネルギー）
> ＝（核子がバラバラのときにもつ静止エネルギーの和）
> － （結合エネルギー）

　核反応で発生するエネルギーを求めるためには，結合エネルギーをきちんと用いることができるようにならなくてはいけません。実際には，核子は中性子と陽子に分かれているので，それも含めて問題で確認しましょう！

> **練習問題⑤**

　原子核のエネルギーについて，次の問いに答えよ。真空中の光速を c とする。
(1) バラバラで存在しているときの1個あたりの質量 m の核子が，4個集まって質量 M の原子核になるとする。この原子核の質量欠損と結合エネルギーをそれぞれ求めよ。
(2) 質量 m_P の陽子3個と質量 m_n の中性子4個からなる原子核の質量を M とするとき，この原子核の質量欠損と結合エネルギーをそれぞれ求めよ。
(3) 質量 m_P の陽子2個と質量 m_n の中性子2個からなる原子核の結合エネルギーを ΔE とするとき，この原子核の静止エネルギーを求めよ。

> **解説** --

> **考え方のポイント** 核子がバラバラのときの質量と，原子核としてまとまったときの質量の差が質量欠損，質量欠損に対応する静止エネルギーが結合エネルギーです。それらの関係をきちんと式で表して考えましょう！

(1) 質量欠損を Δm_1 とすると，
　　　$\Delta m_1 = 4m - M$
　結合エネルギーを ΔE_1 とすると，
　　　$\Delta E_1 = \Delta m_1 \times c^2 = (4m - M)c^2$

(2) 核子がバラバラのときの質量の和は $3m_P+4m_n$ なので，質量欠損を Δm_2 とすると，

$$\Delta m_2=3m_P+4m_n-M$$

結合エネルギーを ΔE_2 とすると，

$$\Delta E_2=\Delta m_2\times c^2=(3m_P+4m_n-M)c^2$$

(3) 核子がバラバラのときの質量の和は $2m_P+2m_n$ で，このときの静止エネルギーの和は $(2m_P+2m_n)c^2$ と表せる。原子核の静止エネルギーを E_3 とすると，バラバラのときの静止エネルギーの和よりも結合エネルギー ΔE だけ小さいので，

$$E_3=(2m_P+2m_n)c^2-\Delta E$$

答

(1) 質量欠損：$4m-M$，結合エネルギー：$(4m-M)c^2$

(2) 質量欠損：$3m_P+4m_n-M$，結合エネルギー：$(3m_P+4m_n-M)c^2$

(3) $(2m_P+2m_n)c^2-\Delta E$

エネルギーが低いほど安定ということは，すでに何回か出てきました。バラバラの核子がまとまって原子核になると，静止エネルギーが低く(小さく)なって安定な状態になります。

結合エネルギーは，核子がまとまることで減少した静止エネルギーです。逆に見ると，**原子核としてまとまっている状態からバラバラになるために必要なエネルギー**でもあります。結合エネルギーが大きいほど，原子核をバラバラな状態にしようとすると，より大きなエネルギーが必要になります。つまり，結合エネルギーは**原子核の安定の度合いを示すもの**でもあります。

ポイント 結合エネルギー

質量欠損に対応する静止エネルギー

⟶ 原子核の安定度を示す

III 核融合と核分裂

核子のまとまり方によって結合エネルギーは変わります。結合エネルギー(核子1個あたり)は質量数60ぐらいの元素で最も大きく，安定な状態です。水素やヘリウムなどの質量数の小さい元素は，原子核どうしが反応して，より安定な質量数の大きい元素になる**核融合**を起こします。逆に，ウランやプルトニウムの

ような質量数の大きい元素は，もとの原子核がいくつかの原子核に分かれてより安定な質量数の小さい元素になる**核分裂**を起こします。

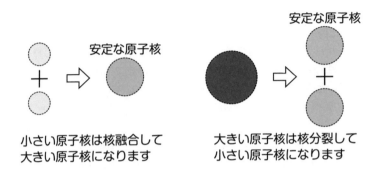

核融合，核分裂どちらも，**原子核がより安定な状態になるため**に起きる現象です。この核反応にともなって，発生するエネルギーが色々なことに利用されますが，原子核1個ずつの核反応で発生するエネルギーはとても小さなものです。

核反応でのエネルギーの計算では〔eV〕の他に〔MeV〕（または**メガエレクトロンボルト**）という単位もよく使われます。M（メガ）は単位の接頭語で，「×10⁶」を示すものです。つまり，

$$1\,\text{MeV}=1\times10^6\,\text{eV} \qquad \text{または,} \qquad 1\,\text{eV}=1\times10^{-6}\,\text{MeV}$$

という関係になっています。「×10⁶」を単位として表すか，数値（桁）として表すかの違いですが，どちらも使えるようになっておきましょう！

原子の世界では，エネルギーが大変小さい値になるので，単位に〔J〕の他に〔eV〕を使うように，質量も〔kg〕で表すには小さすぎるので，別の単位として**統一原子質量単位〔u〕**（そのままユーと読んで構いません）があります。これは，**炭素12（${}_{6}^{12}\text{C}$）の原子1個の質量が12 uと表される単位**で，1 uは**${}_{6}^{12}\text{C}$原子1個の質量の$\dfrac{1}{12}$に等しくなる**というもので，1 uはおよそ核子1個の質量を表します。

${}_{6}^{12}\text{C}$原子1 molあたりの質量はおよそ12 g（12×10^{-3} kg）で，1 molあたりの原子の数はアボガドロ定数6.02×10^{23} /molより，

$$1\,\text{u}=\frac{12\times10^{-3}\,\text{kg/mol}}{6.02\times10^{23}\,\text{/mol}}\times\frac{1}{12}\fallingdotseq1.66\times10^{-27}\,\text{kg}$$

となります。

ポイント 統一原子質量単位 〔u〕

$^{12}_{6}$C 原子 1 個の質量の $\frac{1}{12}$ を 1 とする単位で，

$$1\,\mathrm{u} \fallingdotseq 1.66 \times 10^{-27}\,\mathrm{kg}$$

質量数 1 の水素原子で 1 u にすればいいんじゃないの？めんどくさい！という疑問というか不満も出そうですよね。

昔は酸素で 1 u を定義していたこともあったそうです。ただ，物理学の分野と化学の分野で定義が違い，計算結果がずれるなどの不都合もあって，現在のように炭素 12 を基準にすることに統一されました。

細かいことはさておいて，この単位も使えるようにしましょう！

例 陽子の質量を 1.0073 u，中性子の質量を 1.0087 u，1 u＝1.66×10^{-27} kg，真空中の光速を 3.0×10^8 m/s，として，次の原子核の結合エネルギーを求めてみましょう。

① 重水素 ($^2_1$H) の原子核 (質量 2.0136 u)

$^2_1$H は陽子 1 個と中性子 1 個のかたまりなので，質量欠損 Δm は，

$$\Delta m = (1.0073 + 1.0087) - 2.0136 = 0.0024 = 2.4 \times 10^{-3}\,\mathrm{u}$$

となります。結合エネルギー ΔE 〔J〕は，$\Delta m \times c^2$ のかたちで求めることができますが，〔J〕で求めるなら Δm は〔kg〕で表す必要があります。ですので，

$$\Delta m = 2.4 \times 10^{-3} \times 1.66 \times 10^{-27}\,\mathrm{kg}$$

として，

$$\Delta E = 2.4 \times 10^{-3} \times 1.66 \times 10^{-27} \times (3.0 \times 10^8)^2$$
$$= 35.8 \cdots \times 10^{-14} \fallingdotseq 3.6 \times 10^{-13}\,\mathrm{J}$$

と求めることができます。かなり小さな数ですね。そこで，〔eV〕で表すことにすると，電気素量 1.6×10^{-19} C を用いて，

$$\Delta E = \frac{3.58 \times 10^{-13}}{1.6 \times 10^{19}} \fallingdotseq 2.2 \times 10^6\,\mathrm{eV}$$

となり，今度は少し大きな数になっています。そこで，〔MeV〕で表すと，

$$\Delta E = 2.2 \times 10^6 \times 10^{-6} = 2.2\,\mathrm{MeV}$$

結合エネルギーは〔MeV〕で表すのがちょうどいい感じですね。**結合エネルギーが関わるときにはエネルギーの単位として〔MeV〕がよく使われる**ので，単位の変換にも慣れておきましょう。

② ヘリウム ($^4_2$He) の原子核 (質量 4.0015 u)

$^4_2$He は陽子 2 個，中性子 2 個のかたまりなので，質量欠損 Δm は，

$$\Delta m = (1.0073 \times 2 + 1.0087 \times 2) - 4.0015 = 0.0305 = 3.05 \times 10^{-2} \text{ u}$$

これを 〔kg〕 で表すと，

$$\Delta m = 3.05 \times 10^{-2} \times 1.66 \times 10^{-27} \text{ kg}$$

になります。よって，結合エネルギー ΔE は，

$$\Delta E = 3.05 \times 10^{-2} \times 1.66 \times 10^{-27} \times (3.0 \times 10^8)^2$$
$$= 45.5 \cdots \times 10^{-13} \fallingdotseq 4.6 \times 10^{-12} \text{ J}$$

と求めることができます。これを 〔MeV〕 で表すためには，4.55×10^{-12} を電気素量の 1.6×10^{-19} で割り，さらに 10^{-6} を掛ければいいので，

$$\Delta E = \frac{4.55 \times 10^{-12} \times 10^{-6}}{1.6 \times 10^{-19}} = 2.84 \cdots \times 10 \fallingdotseq 28 \text{ MeV}$$

と表すことができます。

練習問題⑥

リチウム ($^7_3$Li) の原子核の質量は 7.0144 u である。陽子の質量を 1.0073 u，中性子の質量を 1.0087 u，1 u $= 1.66 \times 10^{-27}$ kg，真空中の光速を 3.0×10^8 m/s，電気素量を 1.6×10^{-19} C として，$^7_3$Li の結合エネルギー 〔MeV〕 を有効数字 2 桁で求めよ。

解説

考え方のポイント 本文の例①，②を参考に，単位に注意して取り組んでみましょう！

$^7_3$Li は陽子 3 個と中性子 4 個からなるので，質量欠損 Δm は，

$$\Delta m = (1.0073 \times 3 + 1.0087 \times 4) - 7.0144 = 0.0423 = 4.23 \times 10^{-2} \text{ u}$$

よって，

$$\Delta m = 4.23 \times 10^{-2} \times 1.66 \times 10^{-27} = 7.021 \cdots \times 10^{-29} \fallingdotseq 7.02 \times 10^{-29} \text{ kg}$$

結合エネルギー ΔE は，

$$\Delta E = 7.02 \times 10^{-29} \times (3.0 \times 10^8)^2 = 63.18 \times 10^{-13} \fallingdotseq 6.32 \times 10^{-12} \text{ J}$$

単位を 〔MeV〕 にすると，

$$\Delta E = \frac{6.32 \times 10^{-12} \times 10^{-6}}{1.6 \times 10^{-19}} = 3.95 \times 10 \fallingdotseq 40 \text{ MeV}$$

答 40 MeV

Step 4 核反応の計算に取り組んでみよう

原子分野も最後になりました。第3講で学んできた知識を使って，核反応で発生する（放出される）エネルギーや，反応によってつくられた原子核の運動について考えていきます。

核反応で発生するエネルギーを次の **I** で，反応後の原子核の運動エネルギーの関係を **II** で，それぞれに例をあげて計算の仕方を確認しましょう。最後に，それらをまとめて練習問題に取り組んでみましょう。少し長くなりますが，頑張ってください！

I 核反応で発生するエネルギー

水素の原子核どうしの核反応にはいくつかの種類がありますが，ここでは下の図のような2個の重水素 $^2_1\mathrm{H}$ から，三重水素 $^3_1\mathrm{H}$ と水素 $^1_1\mathrm{H}$ が1個ずつ生じる反応を取り上げます（重水素や三重水素については Step 1 で出てきましたね）。

例 〔重水素の原子核どうしの核反応〕

$$^2_1\mathrm{H} + ^2_1\mathrm{H} \longrightarrow ^3_1\mathrm{H} + ^1_1\mathrm{H}$$

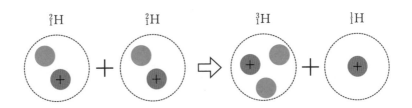

$^2_1\mathrm{H}$ の核子1個あたりの結合エネルギーを E_2，$^3_1\mathrm{H}$ の核子1個あたりの結合エネルギーを E_3 として，この核反応で発生するエネルギー ΔE を求めてみましょう。

反応前について，$^2_1\mathrm{H}$ は陽子1個と中性子1個のかたまりなので，2つの $^2_1\mathrm{H}$ ではあわせて陽子2個と中性子2個です。$^3_1\mathrm{H}$ は陽子1個と中性子2個のかたまりで，$^1_1\mathrm{H}$ は陽子そのものなので，反応後もあわせて陽子2個と中性子2個です。この核反応は，「陽子2個と中性子2個の組み替えが起こったもの」と考えればいいでしょう。**核子のまとまり方によって結合**

エネルギーは異なり，原子核としての静止エネルギーも異なるので，核子の組み替えが起きると反応の前後で静止エネルギーの和は変化します。

　核反応で発生するエネルギーというのは，反応の前後で生じる全体の静止エネルギーの差になります。反応後に全体の静止エネルギーが低く（小さく）なっていれば，その減少分のエネルギーを放出している（**発熱反応**といいます）ことになり，反応後に全体の静止エネルギーが高く（大きく）なっていれば，その増加分のエネルギーが反応に必要なので吸収している（**吸熱反応**といいます）ことになります。

ポイント　**核反応で発生するエネルギー**

　核反応の前後（核子の組み替え）で生じる全体の静止エネルギーの差

　　　静止エネルギーが減少 ⟶ 発熱反応
　　　静止エネルギーが増加 ⟶ 吸熱反応

　陽子 (proton) の質量を m_p，中性子 (neutron) の質量を m_n，真空中の光速を c として，各原子核の静止エネルギーを表してみます。

${}_1^2\mathrm{H}$：核子がバラバラのときの静止エネルギーの和は，$m_p c^2 + m_n c^2$
　　　核子は2個なので，原子核としての結合エネルギーは，$E_2 \times 2 = 2E_2$
　　　よって，原子核としての静止エネルギーは，$m_p c^2 + m_n c^2 - 2E_2$

${}_1^3\mathrm{H}$：核子がバラバラのときの静止エネルギーの和は，$m_p c^2 + 2m_n c^2$
　　　核子は3個なので，原子核としての結合エネルギーは，$E_3 \times 3 = 3E_3$
　　　よって，原子核としての静止エネルギーは，$m_p c^2 + 2m_n c^2 - 3E_3$

${}_1^1\mathrm{H}$：**核子（陽子）1個だけなので，結合エネルギーはありません。**
　　　よって，陽子1個の静止エネルギーを考えればよく，$m_p c^2$

　この核反応で全体の静止エネルギーが減少するものとして，発生するエネルギーは，

$$\Delta E = \underbrace{(m_p c^2 + m_n c^2 - 2E_2) \times 2}_{\text{反応前}} - \underbrace{(m_p c^2 + 2m_n c^2 - 3E_3 + m_p c^2)}_{\text{反応後}}$$

陽子と中性子の個数は変わらないので，$m_p c^2$ と $m_n c^2$ は全

て消えて,

$$\Delta E = (-4E_2) - (-3E_3) = 3E_3 - 4E_2$$

　このように,**核反応で発生するエネルギーは結合エネルギーの変化のみで求めることができます。**

　具体的な値を見ると, $E_2 = 1.1\,\text{MeV}$, $E_3 = 2.8\,\text{MeV}$ なので,

$$\Delta E = 2.8 \times 3 - 1.1 \times 4 = 4.0\,\text{MeV}$$

となります。$\Delta E > 0$ ですが,これは静止エネルギーが減少しているということなので,この反応は**発熱反応**です。

Ⅱ 核反応後の原子核の運動エネルギーの関係

例 放射性同位体であるラドン 222 ($^{222}_{86}\text{Rn}$) は,α 崩壊してポロニウム ($^{218}_{84}\text{Po}$) になります。α 崩壊は原子核から ^4_2He 原子核が α 線として飛び出す現象でしたが,ここでは「^4_2He と残りのかたまり ($^{218}_{84}\text{Po}$) との分裂」ととらえてみるといいでしょう。

　はじめ,ラドンは静止しているものとします。α 崩壊で ^4_2He (質量 m) が速さ v で飛び出したとき,ポロニウム (質量 M) はどのような運動をするか考えてみましょう。

〔ラドンの α 崩壊〕

$$^{222}_{86}\text{Rn} \longrightarrow {}^{218}_{84}\text{Po} + {}^4_2\text{He}$$

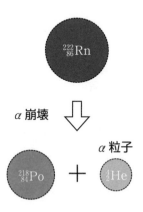

　核反応として見ると,静止エネルギーや結合エネルギーなど新しい知識が必要になりますが,これは 1 物体の分裂でもあるので,**力学で学んだ運動量保存の法則が成り立っており**,使うことができます。

核反応の前後で，運動量の和は保存される

　運動量は向きを決めて扱う物理量なので，とりあえず $^4_2$He が飛び出した向きを正とします。

　下の図のように，はじめラドンは静止していたので運動量は 0 です。$^4_2$He の速度は $+v$ なので，運動量も $m(+v)=+mv$ と正になります。α 崩壊前には運動量は 0 だったので，α 崩壊後の運動量の和も 0 にならなくてはいけません。そのためには，$^{218}_{84}$Po が $^4_2$He と逆向きに動き，負の速度 (運動量) をもてばいいですね。

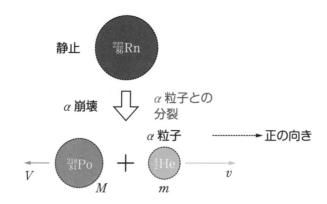

　$^{218}_{84}$Po の速さを V とすると，速度は $-V$ で，運動量は $M(-V)=-MV$ となります。すると，α 崩壊の前後で運動量保存の法則の式は，

　　$0=mv-MV$　……①

と書くことができます。

　次に，$^{218}_{84}$Po と $^4_2$He の運動エネルギーの関係を見てみましょう。

　質量 M の $^{218}_{84}$Po の運動エネルギーは $K_1=\dfrac{1}{2}MV^2$，質量 m の $^4_2$He の運動エネルギーは $K_2=\dfrac{1}{2}mv^2$ なので，運動エネルギーの関係を比の値で表すと，

$$\frac{K_1}{K_2}=\frac{\dfrac{1}{2}MV^2}{\dfrac{1}{2}mv^2}=\frac{M}{m}\left(\frac{V}{v}\right)^2$$

となります。ここで，式①より，$\dfrac{V}{v}=\dfrac{m}{M}$ として代入すると，

$$\frac{K_1}{K_2}=\frac{M}{m}\left(\frac{m}{M}\right)^2=\frac{m}{M}$$

つまり，運動量の和が 0 のとき，運動エネルギーの比は**質量の逆比になる**ことがわかります。

もし，この核反応でエネルギー E が発生したのであれば，この E が K_1 と K_2 に分けられます。エネルギーの関係は，

$$E=K_1+K_2$$

ここで，$K_2=\dfrac{M}{m}K_1$ とすると，

$$E=K_1+\frac{M}{m}K_1=\frac{m+M}{m}K_1 \qquad よって，\qquad K_1=\frac{m}{m+M}E$$

具体的に数値で求めるときは，**質量の比に質量数を用いればよく，** $M \to 218$，$m \to 4$ として，

$$K_1=\frac{4}{4+218}E=\frac{4}{222}E=\frac{2}{111}E$$

と表すことができます。

第3講 核反応

最後に，練習問題でこの講を振り返ってみましょう！

練習問題⑦

静止していたウラン $^{238}_{92}\mathrm{U}$ が α 崩壊してトリウム $^{234}_{90}\mathrm{Th}$ になる。$^{238}_{92}\mathrm{U}$ の結合エネルギーを E_0，$^{234}_{90}\mathrm{Th}$ の結合エネルギーを E_1，$^4_2\mathrm{He}$ の結合エネルギーを E_2 とするとき，α 崩壊した直後の $^{234}_{90}\mathrm{Th}$ の運動エネルギーを求めよ。

解説

考え方のポイント　　まずは，核反応（α 崩壊）で発生するエネルギーを求めます。次に，そのエネルギーがどのように分けられるかを考えます。

Step 4 Ⅰ では，核反応で発生するエネルギーは結合エネルギーの変化で求めることができました。**Ⅱ** では，運動量の和が 0 のとき，反応後の運動エネルギーの関係は質量の逆比になることを確認しました。この問題はそれらを用いて取り組んでみましょう！

α崩壊によって発生するエネルギーをEとすると，原子核の結合エネルギーの変化より，

$$E = E_1 + E_2 - E_0$$

$^{234}_{90}\text{Th}$ と $^{4}_{2}\text{He}$ の運動エネルギーをそれぞれ K_1，K_2 とすると，

$$E = K_1 + K_2$$

$^{234}_{90}\text{Th}$ と $^{4}_{2}\text{He}$ の質量をそれぞれ m_1，m_2 とすると，運動エネルギーは質量の逆比になるので，

$$\frac{K_1}{K_2} = \frac{m_2}{m_1}$$

よって，

$$E = K_1 + \frac{m_1}{m_2} K_1 = \frac{m_1 + m_2}{m_2} K_1$$

$m_1 \rightarrow 234$，$m_2 \rightarrow 4$ として，$^{234}_{90}\text{Th}$ の運動エネルギーは，

$$K_1 = \frac{m_2}{m_1 + m_2} E = \frac{4}{234 + 4}(E_1 + E_2 - E_0) = \frac{2}{119}(E_1 + E_2 - E_0)$$

答 $\dfrac{2}{119}(E_1 + E_2 - E_0)$

練習問題⑧

　静止していた質量 M のポロニウム $^{210}_{84}\text{Po}$ の原子核が α 崩壊し，質量 m_1 の鉛 $^{206}_{82}\text{Pb}$ の原子核と質量 m_2 の α 粒子に分裂した。陽子と中性子の質量をそれぞれ m_p，m_n，真空中の光速を c として，以下の問いに答えよ。

(1) ポロニウムの原子核中の陽子の数と中性子の数をそれぞれ答えよ。

(2) α 粒子の質量欠損と結合エネルギーをそれぞれ求めよ。

(3) α 崩壊によって発生したエネルギー Q を求めよ。

(4) α 粒子の速さを v として，鉛の原子核の速さを，m_1，m_2，v を用いて表せ。

(5) 鉛の原子核の運動エネルギーを，m_1，m_2，Q を用いて表せ。

解説 --

考え方のポイント　　α崩壊で放出されるα粒子はヘリウム $^{4}_{2}\text{He}$ の原子核です。このような核反応で発生するエネルギーは，反応の前後で減少した静止エネルギーに対応します。(4)では，α崩壊は「1物体の分裂」として考えれば運動量保存の法則も成り立っていることを用いましょう。速さの関係から，運動エネルギーの関係も決めることができます。

(1) ポロニウムの原子番号 84 より，陽子の数は 84 である。

また，質量数 210 より，陽子と中性子をあわせた核子の数は 210 であるから，中性子の数は，

$$210-84=126$$

(2) α 粒子はヘリウムの原子核（$^4_2$He）なので，陽子 2 個と中性子 2 個からなる。核子がバラバラのときの質量の和と，原子核としてまとまっているときの質量 m_2 の差が質量欠損 Δm なので，

$$\Delta m=2m_{\mathrm{p}}+2m_{\mathrm{n}}-m_2$$

また，質量欠損に対応する静止エネルギーが結合エネルギー E なので，

$$E=\Delta m\times c^2=(2m_{\mathrm{p}}+2m_{\mathrm{n}}-m_2)c^2$$

(3) α 崩壊によって発生したエネルギー Q は，α 崩壊の前後で減少した原子核の静止エネルギーである。崩壊前のポロニウムの原子核の静止エネルギーは Mc^2，崩壊後の鉛の原子核と α 粒子の静止エネルギーの和は $m_1c^2+m_2c^2$ であるから，

$$Q=Mc^2-(m_1c^2+m_2c^2)=(M-m_1-m_2)c^2$$

(4) 崩壊前のポロニウムの原子核の運動量は 0 である。鉛の原子核の速さを V とすると，運動量保存の法則より，

$$0=m_1V+m_2(-v)\qquad \text{よって，}\qquad V=\frac{m_2}{m_1}v\ \ \cdots\cdots①$$

(5) 鉛の原子核の運動エネルギーを K_1，α 粒子の運動エネルギーを K_2 とすると，α 崩壊によって発生したエネルギー Q が K_1 と K_2 になるので，

$$Q=K_1+K_2\ \ \cdots\cdots②$$

また，運動エネルギーの関係は，

$$\frac{K_1}{K_2}=\frac{\dfrac{1}{2}m_1V^2}{\dfrac{1}{2}m_2v^2}=\frac{m_1}{m_2}\left(\frac{V}{v}\right)^2$$

式①より $\dfrac{V}{v}=\dfrac{m_2}{m_1}$ とすると，

$$\frac{K_1}{K_2}=\frac{m_1}{m_2}\left(\frac{m_2}{m_1}\right)^2=\frac{m_2}{m_1}\qquad \text{よって，}\qquad K_2=\frac{m_1}{m_2}K_1$$

これを式②に代入すると，

$$Q=K_1+\frac{m_1}{m_2}K_1=\frac{m_1+m_2}{m_2}K_1\qquad \text{よって，}\qquad K_1=\frac{m_2}{m_1+m_2}Q$$

答

(1) 陽子の数：84，中性子の数：126

(2) 質量欠損：$2m_{\mathrm{p}}+2m_{\mathrm{n}}-m_2$，結合エネルギー：$(2m_{\mathrm{p}}+2m_{\mathrm{n}}-m_2)c^2$

(3) $(M-m_1-m_2)c^2$ (4) $\dfrac{m_2}{m_1}v$ (5) $\dfrac{m_2}{m_1+m_2}Q$